中等职业学校计算机系列教材

zhongdeng zhiye xuexiao jisuanji xilie jiaocai

Access 2003 中文版 基础教程

刘海波 主编　沈晶 周长建 副主编

人 民 邮 电 出 版 社

北　京

图书在版编目（CIP）数据

Access 2003中文版基础教程 / 刘海波主编. -- 北京 : 人民邮电出版社, 2011.10
中等职业学校计算机系列教材
ISBN 978-7-115-25133-6

Ⅰ. ①A… Ⅱ. ①刘… Ⅲ. ①关系数据库－数据库管理系统，Access 2003－中等专业学校－教材 Ⅳ. ①TP311.138

中国版本图书馆CIP数据核字(2011)第091590号

内 容 提 要

本书通过一个完整的数据库案例，详细介绍使用 Access 2003 开发数据库的全过程，包括数据库、表、查询、窗体、报表、数据访问页和宏的创建与使用以及数据库管理等，结合操作步骤讲解 Access 2003 中各种对象的基本功能、设计和使用方法。本书还精心设计实训项目、拓展项目和练习项目，以帮助读者检验和巩固学习效果。

本书通俗易懂、可读性好，图文并茂、可操作性强，适合作为中等职业学校学习数据库应用技术的教材，也可作为社会培训学校的教材，还可作为广大计算机用户的自学参考书。

中等职业学校计算机系列教材
Access 2003 中文版基础教程

◆ 主　　编　刘海波
副 主 编　沈　晶　周长建
责任编辑　王亚娜

◆ 人民邮电出版社出版发行　　北京市崇文区夕照寺街 14 号
邮编　100061　　电子邮件　315@ptpress.com.cn
网址　http://www.ptpress.com.cn
三河市海波印务有限公司印刷

◆ 开本：787×1092　1/16
印张：12.5　　2011 年 10 月第 1 版
字数：310 千字　　2011 年 10 月河北第 1 次印刷

ISBN 978-7-115-25133-6

定价：24.00 元

读者服务热线：(010)67170985　印装质量热线：(010)67129223
反盗版热线：(010)67171154
广告经营许可证：京崇工商广字第 0021 号

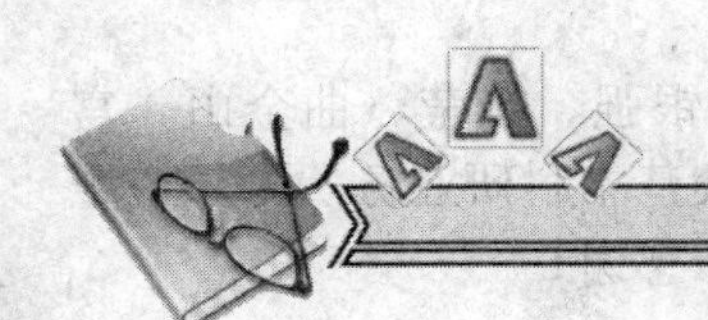

前 言

Access 2003 是办公自动化软件 Microsoft Office 2003 的系列组件之一，是微软公司推出的一款基于 Windows 的桌面关系数据库管理系统，具有界面友好、易学易用、开发简单、接口灵活等特点。它提供了多种向导、生成器、模板，把数据存储、数据查询、界面设计、报表生成等操作规范化，并可以很方便地将数据库与 Web 结合在一起，为建立功能完善的数据库管理系统提供了极大的方便，也使得普通用户不必编写代码就可以完成大部分数据管理的任务，已逐渐成为开发中小型数据库管理系统的常用软件。

本书是根据教育部颁布的《教育部关于进一步深化中等职业教育教学改革的若干意见》的文件精神而编写的，坚持“以就业为导向、以学生为本”的原则，适应中等职业学校计算机应用专业“数据库应用”课程的教学要求。

本书采用“项目式”编写体例，以开发一个“教材管理”数据库系统为例，循序渐进地介绍 Access 2003 中各种对象的基本功能、创建和使用方法。为了便于讲解和实训，本书将整个数据库系统的开发过程分解为 8 个阶段性子项目，各个项目依次衔接，又相对独立，每个项目包含若干任务，每个任务能完成一项具体功能。

建议使用 72 学时来学习本书，各项目的教学课时可参考下面的课时分配表。其中的机动课时可以根据实际教学需要安排精讲多练的内容，如项目二至项目四可以作为重点和难点精讲多练；侧重网络应用的可以多练项目六；侧重数据库管理的可以精讲项目八等。

项 目	课 程 内 容	课 时 分 配	
		讲授	实践训练
项目一	Access 数据库的创建与操作	4	4
项目二	表的创建与维护	4	4
项目三	查询的创建与使用	4	4
项目四	窗体的创建与使用	4	4
项目五	报表的创建与使用	4	4
项目六	数据访问页的创建与使用	4	4
项目七	宏的创建与使用	4	4
项目八	数据库管理	4	4
机 动 课 时		4	4
课 时 总 计		36	36

本书是专门为中等职业学校编写的，适合作为“数据库应用技术”课程的教材，也可作为数据库爱好者的自学参考书。书中所配模拟试题和所用素材可在人民邮电出版社教学服务与资源网（www.ptpedu.com.cn）下载区下载。

本书由刘海波任主编，沈晶、周长建任副主编，参加本书编写工作的还有沈精虎、刘

萌、李平科、宋锋、吴艳霞、郭筝、石磊、朱长明、于义雪、党银强、崔莹、曲金山、宫洁、宁士勇、陆志鹏、沈祺等。本书在编写过程中得到了中央高校基本科研业务费专项资金的支持，也得到了海军潜艇学院宋一兵高工的鼎力相助，在此表示感谢！

由于编者水平有限，书中难免有疏漏之处，敬请读者批评指正。

编者

2011 年 3 月

目 录

Access 数据库的创建与操作

数据库是按照一定的数据结构来组织、存储和管理数据的仓库。数据库技术从 20 世纪 40 年代发展到今天，不再仅仅是存储和管理数据，而是转变成为了用户所需要的各种数据管理的方式。创建数据库是数据库管理的基础，在 Access 2003 中，只有在数据库的基础上才能创建数据库的其他对象，并实现对数据库的操作。数据库文件的扩展名为“*.mdb”，Access 2003 所提供的各种对象都存放在这个数据库文件中。

本项目引导大家建立“教材管理”数据库，主要包括“教材管理”数据库的创建、关闭、设置默认属性、格式转换等操作。创建好的“教材管理”空数据库如图 1-1 所示，设置的数据库默认文件格式如图 1-2 所示。需要注意的是，在 Access 2003 中创建的数据库默认都是 Access 2000 的文件格式。

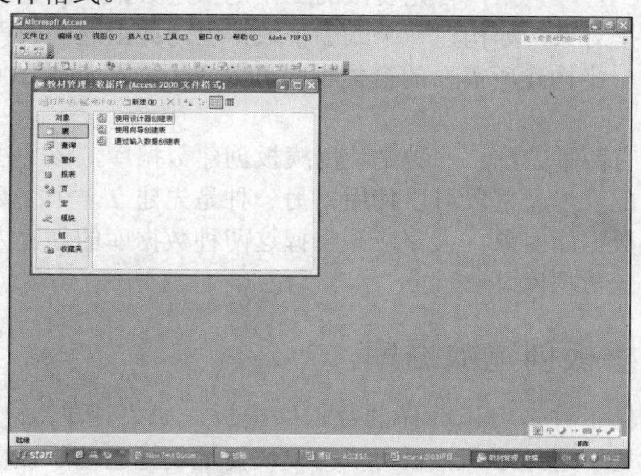

图1-1　创建好的“教材管理”空数据库

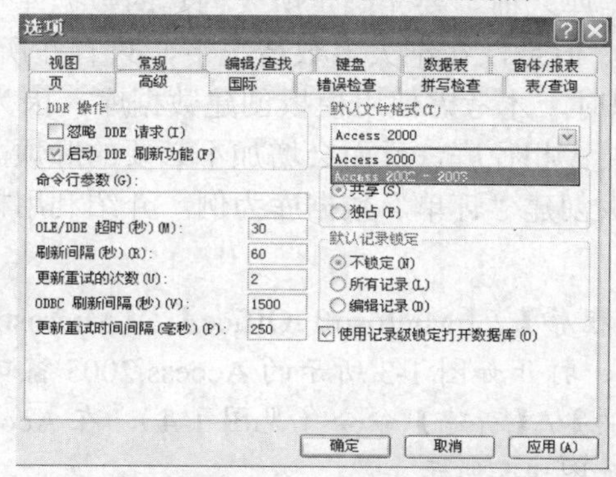

图1-2　设置的数据库默认文件格式

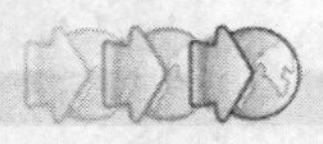

学习目标

了解 Access 2003 的主要功能。
掌握 Access 的启动与退出方法。
掌握使用模板创建数据库的方法。
掌握创建空数据库的方法。
掌握数据库的打开与关闭方法。
掌握设置数据库属性的方法。
掌握数据库格式转换的方法。
熟悉设置数据库默认文件夹的方法。
熟悉设置数据库默认文件格式的方法。

任务一 创建数据库

应用 Access 2003 管理数据，首先要做的工作是创建数据库。有了数据库才能按照要求创建和使用其他的数据对象，如构建一个或多个数据表，并由这些表再生成各种需要的查询视图或报表，然后进一步构建所需要的窗体和网页等应用。Access 2003 数据库就像是存放这些对象的大容器。

创建数据库主要有两种方法：一种是使用模板创建数据库，该方法的优点是创建起来比较方便，有很多现成的表以及字段可以使用；另一种是先建立一个空数据库，然后根据需求逐步创建表、查询等数据库对象。大家应该掌握这两种数据库的创建方法，能够使用这两种方法熟练地创建所需的数据库。

（一） 使用模板创建数据库

Access 2003 提供了许多可供选择的数据库模板，如“订单”、“分类总账”、“讲座管理”、“联系人管理”等。通过这些模板可以方便快捷地创建出基于该模板的数据库。一般情况下，在使用模板创建数据库之前，要先确定所要创建的数据库与模板中的哪个数据库比较接近，以便于以后的修改。但是，在绝大多数情况下，只有在所要创建的数据库与 Access 2003 提供的模板极为相似时，才考虑使用模板创建数据库，因为使用不合适的模板创建出来的数据库往往与实际需要大相径庭，反而会增加不必要的麻烦。

下面以用“订单”模板创建“订单”数据库为例，介绍利用模板创建数据库的方法。

【操作步骤】

1. 选择【开始】/【所有程序】/【Microsoft Office】/【Microsoft Office Access 2003】命令，启动 Access 2003，打开如图 1-3 所示的 Access 2003 窗口。
2. 选择菜单栏中的【文件】/【新建】命令（见图 1-4），在 Access 2003 窗口右侧弹出【新建文件】任务窗格，如图 1-5 所示。

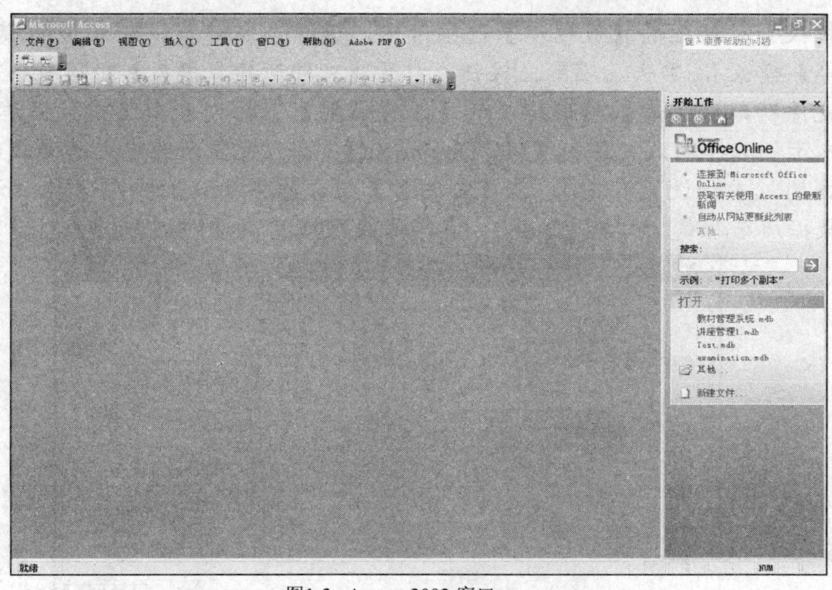

图1-3　Access 2003 窗口

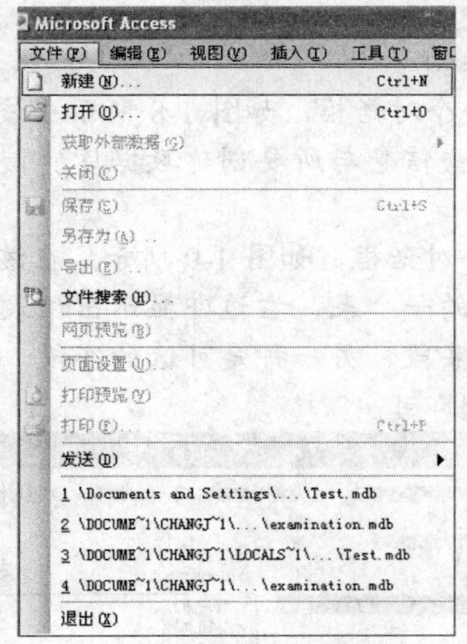

图1-4　【文件】菜单

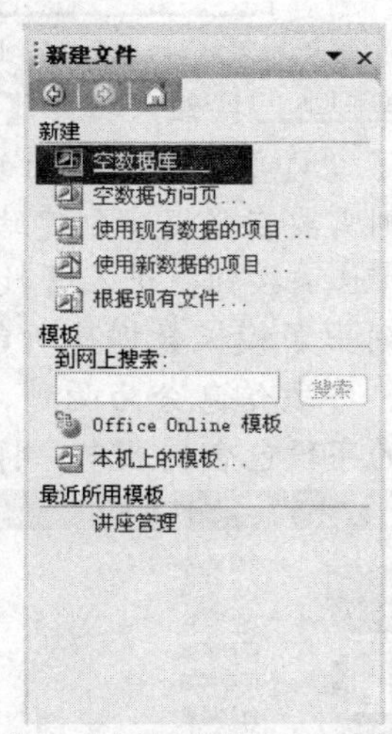

图1-5　【新建文件】任务窗格

3. 在【新建文件】任务窗格中，单击【模板】栏中的【本机上的模板】链接，打开【模板】对话框，如图 1-6 所示。

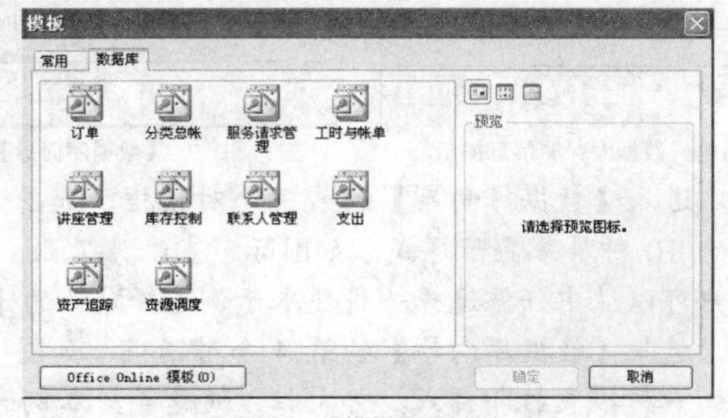

图1-6　【模板】对话框

4. 在【模板】对话框的【数据库】选项卡中，选择与所建数据库相似的模板（这里选择【订单】模板），单击 确定 按钮，打开【文件新建数据库】对话框。
5. 在【文件新建数据库】对话框中的【保存位置】下拉列表中选择数据库所要存放的位置，本示例选择默认文件夹【My Document】（有时也显示为中文的【我的文档】，与操作系统的版本和设置有关），在【文件名】组合框中输入数据库名称“订单.mdb”（默认的数据库名称是“订单1.mdb”，直接修改即可），如图1-7所示。

图1-7 【文件新建数据库】对话框

6. 单击 创建(C) 按钮，打开【数据库向导】的第1个对话框，如图1-8所示。该对话框中列出了“订单”模板上面的有关信息，如果这些信息与所要创建数据库的信息不能吻合，则需要在数据库创建结束后进行更改。
7. 单击 下一步(N) > 按钮，进入【数据库向导】的第2个对话框，如图1-9所示。在该对话框的左边列出了模板数据库所包含的表，单击其中的一个表，右边即显示出该表中的字段信息。字段信息分为两种，一种是必须包含的字段，另一种是可选的字段。如果要将可选的字段包含到表中，将该字段的复选框勾选即可。

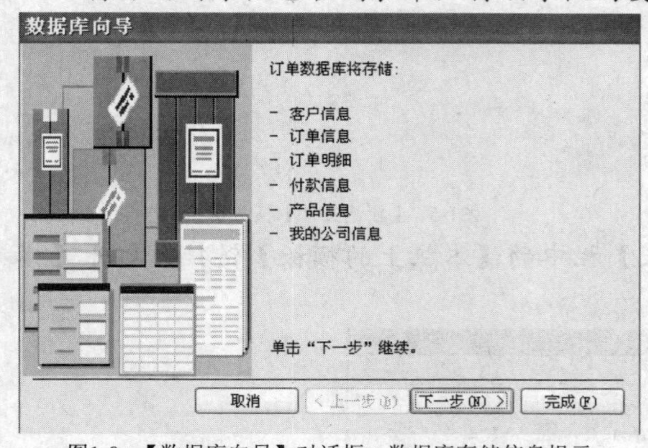

图1-8 【数据库向导】对话框—数据库存储信息提示

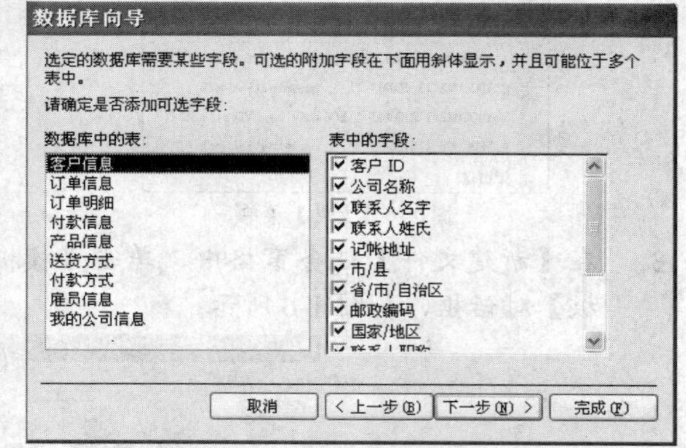

图1-9 【数据库向导】对话框—添加可选字段

8. 单击 下一步(N) > 按钮，进入【数据库向导】的第3个对话框，如图1-10所示。在该对话框中列出了向导提供的10种屏幕显示样式，如国际、宣纸、工业、标准、水墨画、沙岩、混合、石头等，用户可以从中任意选择一种（本示例选择默认的【标准】样式）样式。
9. 单击 下一步(N) > 按钮，进入【数据库向导】的第4个对话框，如图1-11所示。在该对话框中列出了向导提供的6种报表打印样式，如大胆、随意等，本例选择【组织】样式。

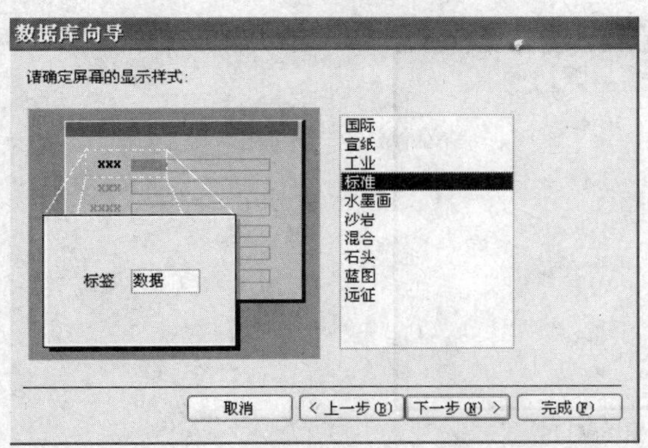

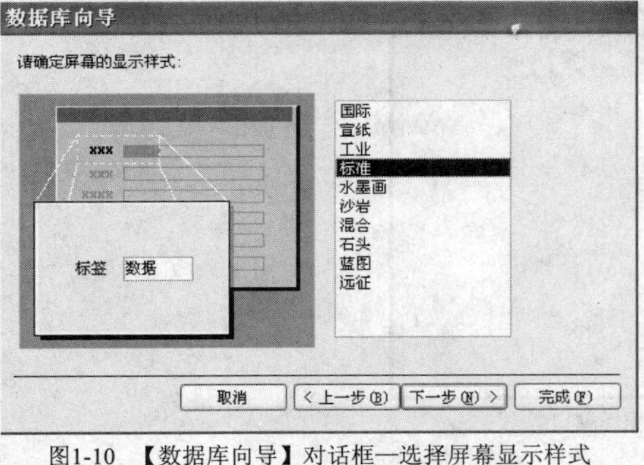

图1-10　【数据库向导】对话框—选择屏幕显示样式

数据库向导

请确定打印报表所用的样式：

大胆
正式
淡灰
紧凑
组织
随意

标题

主体之上的标签

来自主体的控件

取消　< 上一步(B)　下一步(N) >　完成(F)

图1-11　【数据库向导】对话框—选择报表样式

10. 单击 下一步(N) > 按钮，进入【数据库向导】的第 5 个对话框，如图 1-12 所示。在该对话框中的【请指定数据库的标题】文本框中输入数据库标题，本例输入“订单”。在【请确定是否在所有报表上加一幅图片】选项处不勾选【是的，我要包含一幅图片】复选框。

11. 单击 下一步(N) > 按钮，进入【数据库向导】的第 6 个对话框，如图 1-13 所示。

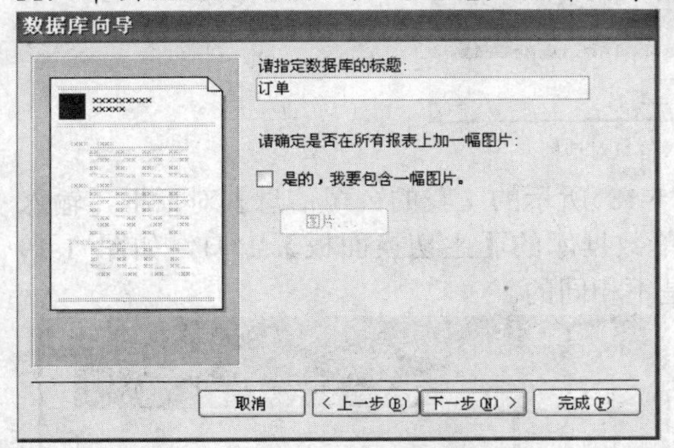

图1-12　【数据库向导】对话框—指定数据库标题及报表图片

图1-13　【数据库向导】对话框—确定是否启动数据库

12. 不勾选【是的，启动该数据库】复选框（注意：默认是勾选的），单击 完成(F) 按钮，弹出数据库创建进度对话框，开始创建数据库，如图 1-14 所示。创建完成后显示如图 1-15 所示的对话框。

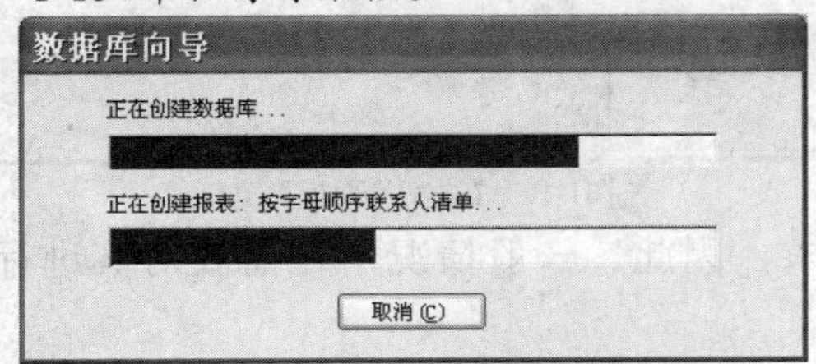

图1-14　数据库创建进度对话框

图1-15　数据库创建完毕对话框

13. 单击 确定 按钮，完成数据库的创建工作。在如图 1-16 所示的数据库窗口中可以查看新建的订单数据库中的各种对象。

> **说明**　使用模板创建数据库的关键是所要创建的数据库必须与模板中的数据库相同或类似。如果在本机中没有合适的模板，可以在如图 1-5 所示的任务窗格中使用搜索功能到网上搜索所需要的模板。

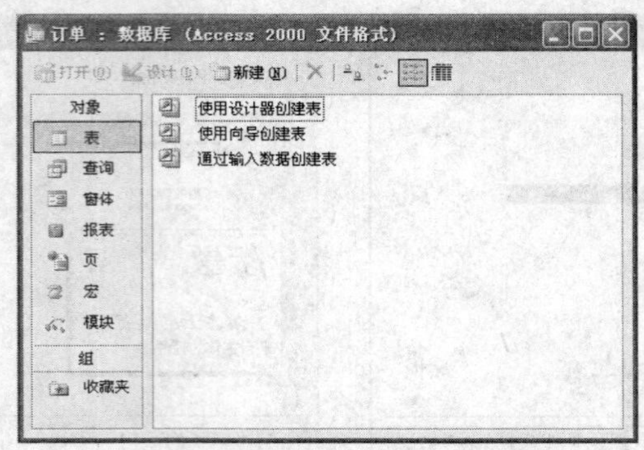
图1-16 订单数据库窗口

【知识链接】

(1) 如果在如图 1-13 所示的对话框中勾选了【是的，启动该数据库】复选框，则数据库创建完成后显示的不是如图 1-15 所示的对话框，而是如图 1-17 所示的对话框，该对话框已经不是数据库向导的内容，而是新创建的订单数据库运行时弹出的对话框。

图1-17 提示输入信息对话框

单击该对话框中的确定按钮，弹出如图 1-18 所示的【我的公司信息】对话框，输入公司信息后，单击×按钮关闭对话框，进入订单数据库的【主切换面板】窗口，如图 1-19 所示。选用不同模板创建的数据库，运行界面是不相同的。

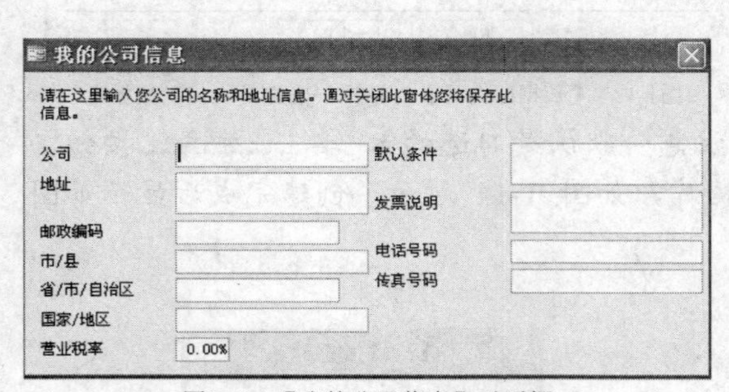

图1-18 【我的公司信息】对话框

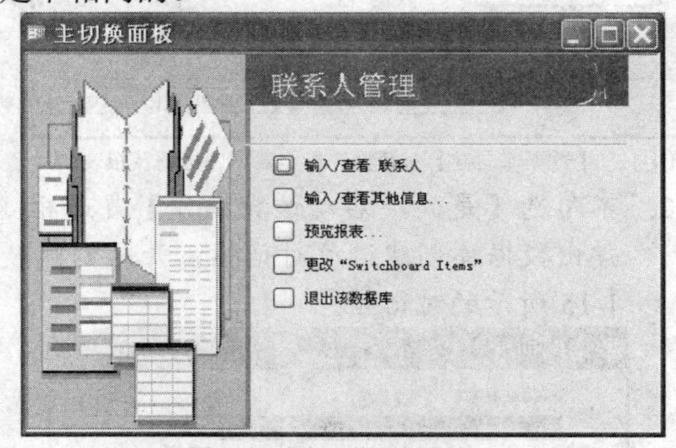

图1-19 【主切换面板】窗口

模板中的数据对象未必能完全满足设计需求，因此，一般情况下还需要对其进行修改，具体的修改方法将在后续章节中详细介绍。

(2) 本书中会经常出现窗口、窗格、窗体、对话框等术语。

- 窗口：桌面上的一个矩形框（有些娱乐软件也常做成不规则形状），是应用程序运行的一个界面，也表示该程序正在运行中，窗口一般由标题栏、菜单栏、工具栏、状态栏、边框、滚动条和工作区等组成（但不一定包括此处列出的所有内容），还可以嵌套子窗口。
- 窗格：窗口中的一个或多个区域，把最常用的功能和快捷方式汇总在那里，使用起来方便。

- 窗体：往往是从程序设计的角度说的，是指所设计的窗口对象，设计好的窗体运行时便显示成窗口。
- 对话框：一类特殊的窗口，主要用于软件与用户进行交互，用户可以在对话框中输入信息、阅读提示信息、设置选项等，对话框中一般有文本框、按钮等多个控件，但没有菜单栏、工具栏，对话框的标题栏中没有最小化、最大化按钮。

（二）　创建“教材管理”空数据库

下面以创建“教材管理”数据库为例，介绍创建空数据库的方法。

【操作步骤】

1. 启动 Access 2003。
2. 选择菜单栏中的【文件】/【新建】命令，在 Access 2003 窗口右侧弹出【新建文件】任务窗格（参见图 1-5）。
3. 在【新建文件】任务窗格中，单击【新建】栏中的【空数据库】链接，弹出【文件新建数据库】对话框，如图 1-20 所示。在【保存位置】下拉列表中选择存储位置，在【文件名】组合框中输入“教材管理.mdb”，然后单击 创建(C) 按钮。

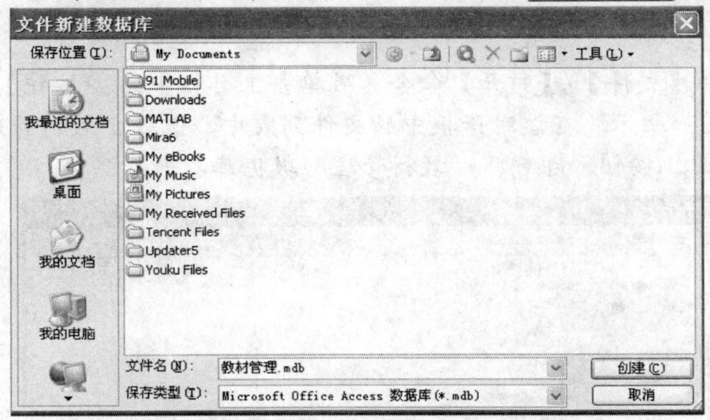

图1-20　【文件新建数据库】对话框

至此，空数据库创建完成，如图 1-21 所示。

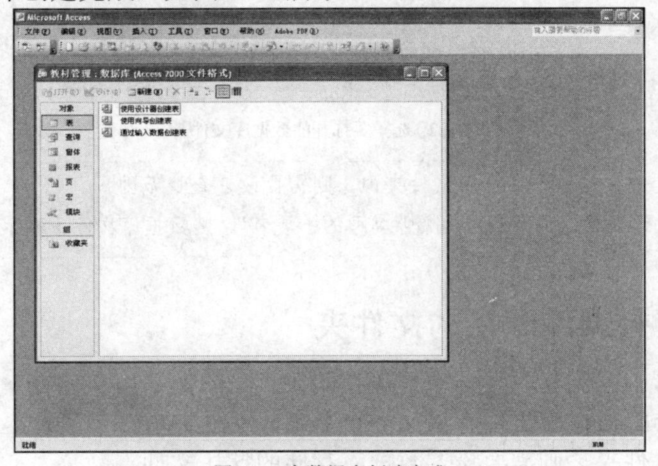

图1-21　空数据库创建完成

【知识链接】

在启动 Access 2003 的时候，窗口右侧会有【开始工作】任务窗格（参见图 1-3），其中包括两栏，上面一栏是【Office Online】，在此可以在线查看 Office 的最新信息、获取 Access 相关的新闻以及更新相关的列表等，下面一栏是【打开】，在此可以打开最近使用过的数据库文件或其他数据库相关文档，也可以新建数据库。

任务二 使用数据库

数据库创建之后便会涉及一些使用和设置的问题。下面的主要任务是学习使用和设置数据库的方法。

（一） 打开“教材管理”数据库

数据库建好以后就要对其进行操作，如添加数据、修改表结构等。当然在这些操作之前应该先打开数据库。打开数据库是数据库操作中最基本的方法，应该熟练掌握。

【操作步骤】

1. 启动 Access 2003。
2. 选择菜单栏中的【文件】/【打开】命令（或单击工具栏中的按钮），弹出【打开】对话框，如图 1-22 所示。在该对话框中的文件列表中，选择“教材管理.mdb”数据库文件，单击打开(O)按钮，即可将“教材管理”数据库打开。

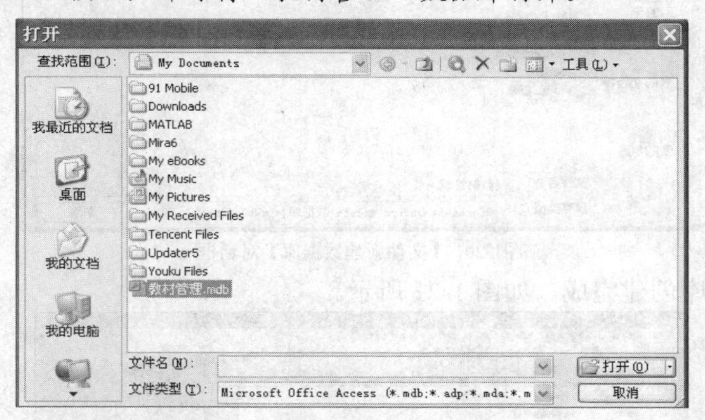

图1-22 选择要打开的数据库文件

如果要打开的数据库不在当前文件夹内，则需要改变查找范围。

如果操作系统设置了“隐藏已知文件类型的扩展名”，则数据库文件不显示“.mdb”扩展名。

（二） 设置数据库默认的文件夹

从上例中可以看出，创建的数据库默认存储在“我的文档”文件夹下。通常为了方便管理数据库文件，都会把数据库文件存储到一个专用的文件夹内，为了让 Access 2003 每次都直接打开这个专用文件夹，则需要设置数据库存储的默认文件夹。

【操作步骤】

1. 启动 Access 2003。
2. 选择菜单栏中的【工具】/【选项】命令，弹出【选项】对话框，如图 1-23 所示。
3. 在【选项】对话框中单击【常规】选项卡，在【默认数据库文件夹】文本框中输入自己定义的文件夹，如本例输入“E:\Access 2003\教材管理”，即把建好的数据库默认存储到 E 盘的“Access 2003”文件夹中的“教材管理”子文件夹里面，如图 1-24 所示。

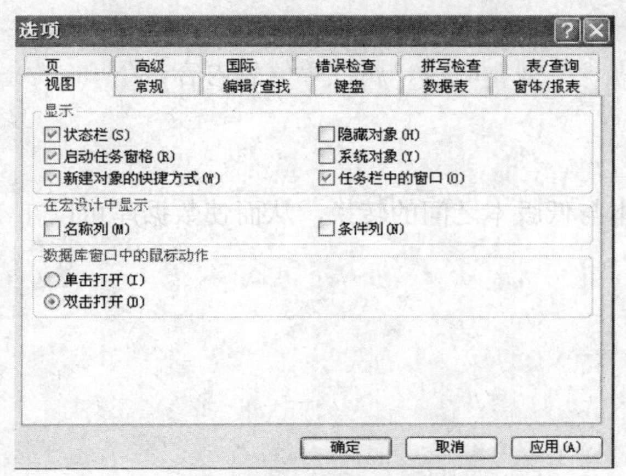

图1-23　【选项】对话框

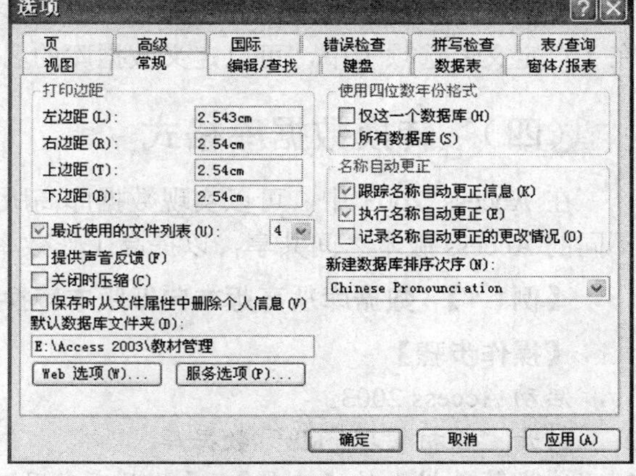

图1-24　设置默认数据库文件夹

（三）　设置数据库属性

在 Access 中，用户可以根据自己的需要对所打开的数据库的属性进行设置，数据库中全部资源的基本属性都可以通过【选项】对话框中不同的选项卡进行设置。同样，数据库文件属性的默认参数以及与数据库文件相关的信息也可以通过数据库属性对话框进行定义或查看。

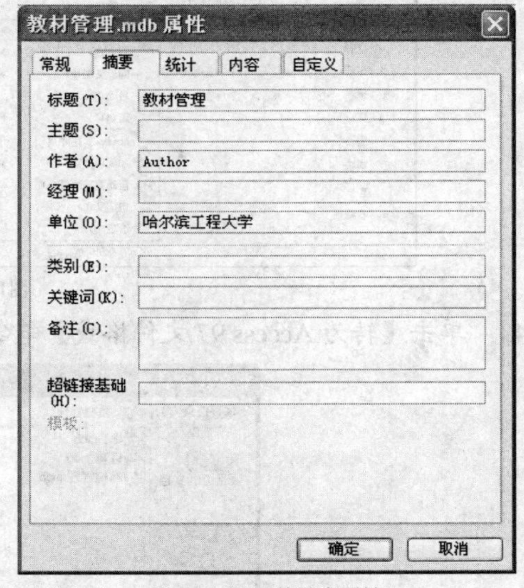

图1-25　设置数据库属性

【操作步骤】

1. 启动 Access 2003。
2. 打开“教材管理.mdb”数据库。
3. 选择菜单栏中的【文件】/【数据库属性】命令，打开【教材管理.mdb 属性】对话框，如图 1-25 所示。
4. 在如图 1-25 所示的对话框中有 5 个不同的选项卡，用户可以根据自己的需要查看或设置所创建的数据库的属性。

数据库属性对话框中的【摘要】选项卡里面显示的作者和单位信息是从创建数据库的计算机上读取的，不同的计算机上可能会有所不同，不过在这里都可以修改。

【知识链接】

【教材管理.mdb 属性】对话框中有【常规】、【摘要】、【统计】、【内容】和【自定义】5个选项卡：【常规】选项卡记录数据库的名称、类型、位置、大小、创建时间、修改时间、存取时间、属性等信息内容；【统计】选项卡记录数据库的创建时间、修改时间、存取时间、打印时间、上次保存者、修订次数、编辑时间总计等信息内容；【摘要】选项卡记录数据库的标题、主题、作者、经理、单位、类别、关键词、备注、超链接基础等信息内容；【内容】选项卡记录数据库的表、查询、窗体、报表、数据访问页、宏、模块等信息内容；在【自定义】选项卡中，可以定义数据库的名称、类型、取值、属性等信息内容。

（四） 转换数据库格式

在 Access 2003 中，可以实现数据库高版本与低版本之间的转换，从而使数据库可以在不同的 Access 版本之间共享，以提高工作效率。

【例1-1】 数据库从高版本向低版本转换。

【操作步骤】

1. 启动 Access 2003。
2. 打开“教材管理.mdb”数据库。
3. 选择菜单栏中的【工具】/【数据库实用工具】/【转换数据库】命令，如图 1-26 所示。

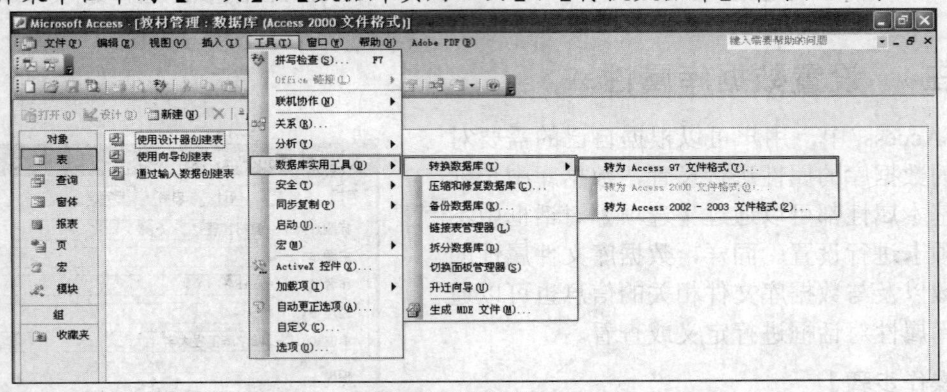

图1-26 转换数据库格式

4. 单击【转为 Access 97 文件格式】命令，打开如图 1-27 所示的【将数据库转换为】对话框。

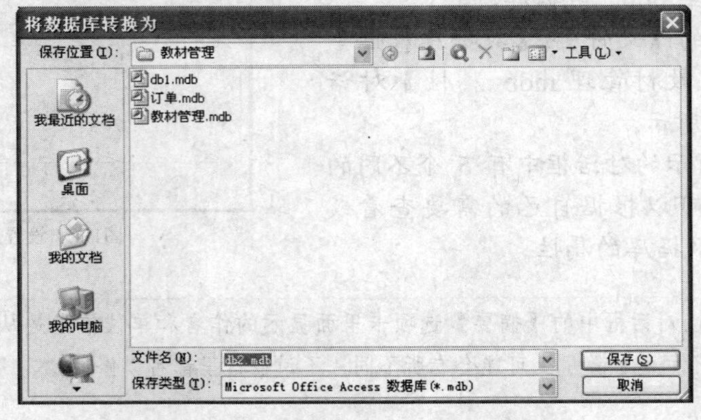

图1-27 【将数据库转换为】对话框

5. 在【保存位置】下拉列表中选择存储位置，在【文件名】组合框中输入转换后的数据库名称，单击 保存(S) 按钮，数据库格式转换完成。

【例1-2】 数据库从低版本向高版本转换。

数据库从低版本向高版本转换时，在高版本 Access 软件中直接打开较低版本的数据库文件即可，系统会自动提示转换。

在数据库版本转换的过程中，要注意保存好自己原来的版本，以备数据恢复之用。

在低版本的 Access 软件中一般不能直接转换出高版本的数据库文件。

【知识链接】

在高版本的软件中可以打开低版本的数据库，称这个软件是向前兼容（或向下兼容）的；低版本的数据库可以在高版本软件中打开，则称这个数据库是向后兼容（或向上兼容）的。

（五） 设置数据库默认的文件格式

在创建新数据库文件时，使用的是默认的文件格式，对这种默认设置可以进行更改。

【操作步骤】

1. 启动 Access 2003。
2. 打开“教材管理.mdb”数据库。
3. 选择菜单栏中的【工具】/【选项】命令，打开【选项】对话框。
4. 在【选项】对话中单击【高级】选项卡，在【默认文件格式】下拉列表中选择所需的数据库文件格式即可，如图 1-28 所示。

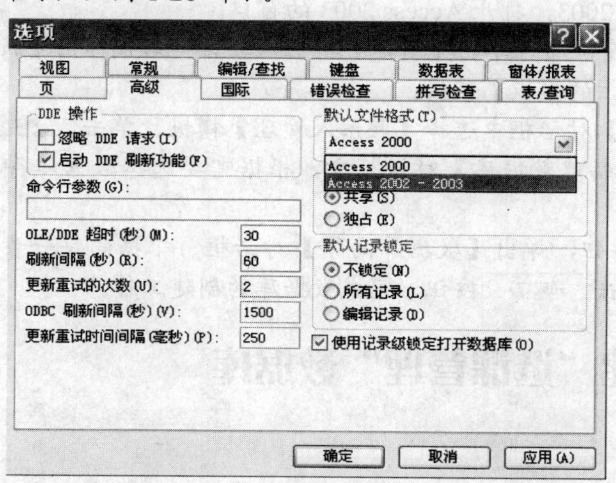

图1-28 设置数据库默认的文件格式

只有在打开一个数据库时，【工具】菜单中的【选项】命令才可以用，但是与打开的是哪个数据库并没有关系。

【知识链接】

在【高级】选项卡的【默认打开模式】栏中有【共享】和【独占】两个单选按钮，选中【共享】单选按钮，则打开数据库后，允许多位用户同时读取或写入数据库；选中【独占】单选按钮，则打开数据库后，其他用户无法打开该数据库。

（六） 关闭数据库

使用以下两种方法中的任意一种可以关闭数据库文件。

(1) 选择菜单栏中的【文件】/【关闭】命令，关闭当前数据库。

(2) 单击数据库窗口右上角的☒按钮关闭数据库。

（七） 退出 Access

使用以下两种方法中的任意一种可以退出 Access。

(1) 选择菜单栏中的【文件】/【退出】命令。

(2) 单击 Access 2003 窗口右上角的☒按钮。

实训一 使用模板创建“联系人管理”数据库

【实训要求】

使用模板创建“联系人管理”数据库，掌握创建方法。

【步骤提示】

1. 选择【开始】/【所有程序】/【Microsoft Office】/【Microsoft Office Access 2003】命令，启动 Access 2003，打开 Access 2003 的窗口。
2. 在 Access 2003 窗口中，单击【新建】按钮，窗口右侧弹出【新建文件】任务窗格，从中单击【本机上的模板】链接。
3. 在弹出的【模板】对话框中选择【联系人管理】模板，单击 确定 按钮。
4. 在弹出的【文件新建数据库】对话框中，根据需要选择数据库存放的位置，并且修改数据库的名称。
5. 单击 创建(C) 按钮，弹出【数据库向导】对话框。根据向导一步一步的提示设置相关的属性，最后单击 完成(F) 按钮，完成数据库的创建工作。

实训二 创建“选课管理”数据库

【实训要求】

创建“选课管理”空数据库，掌握创建方法。

【步骤提示】

1. 启动 Access 2003。
2. 单击工具栏中的按钮，窗口右侧弹出【新建文件】任务窗格。
3. 在【新建文件】任务窗格中，单击【空数据库】链接，更改数据库名称以及存储路径。

实训三　转换“选课管理”数据库格式

【实训要求】

将创建好的“选课管理”空数据库转换成另一种数据库格式。

【步骤提示】

1. 启动 Access 2003。
2. 单击工具栏中的【打开】按钮，打开已经创建好的“选课管理”空数据库。
3. 选择菜单栏中的【工具】/【数据库实用工具】/【转换数据库】/【转换为 Access 97 文件格式】命令，在打开的【将数据库转换为】对话框中选择存储路径即可。
4. 同理，可以利用上述方法转换为 Access 2002-2003 文件格式。

实训四　设置“选课管理”数据库的属性与格式

【实训要求】

掌握设置“选课管理”数据库的属性与默认格式的基本方法。

【步骤提示】

1. 启动 Access 2003。
2. 单击工具栏中的按钮，打开已经创建好的“选课管理”数据库。
3. 选择菜单栏中的【文件】/【数据库属性】命令，打开【选课管理.mdb 属性】对话框，在该对话框中修改或者设置该数据库的属性。
4. 选择菜单栏中的【工具】/【选项】命令，打开【选项】对话框，在【默认文件格式】下拉列表中设置该数据库的格式。

项目拓展　创建与操作“网上书店”数据库

网上书店数据库目前非常流行，通过创建“网上书店”数据库，可以系统地了解数据库的具体创建方法与基本操作，同时可以巩固所学知识，把所学的知识尽快的转化到实际应用中去。

【步骤提示】

1. 创建空的“网上书店”数据库。
2. 打开已经创建好的“网上书店”数据库。
3. 设置“网上书店”数据库默认的文件夹。
4. 转换“网上书店”数据库的格式。
5. 设置“网上书店”数据库默认的文件格式。
6. 关闭“网上书店”数据库。
7. 退出 Access 2003。

思考与练习

一、简答题

1. 创建数据库有哪几种方法？
2. 如何用模板创建数据库？
3. 用模板创建数据库首先要考虑哪些问题？
4. 为什么要进行数据库版本间的转换？
5. 如何设置数据库的属性？
6. 怎样设置数据库默认的文件夹？

二、操作题

1. 使用模板创建“工时与账单”数据库。
2. 创建“员工工资管理”空数据库。
3. 设置“员工工资管理”数据库默认的文件夹。
4. 转换“员工工资管理”数据库的格式。
5. 设置“员工工资管理”数据库默认的文件格式。

项目二

表的创建与维护

表是 Access 2003 数据库的对象之一，它不仅是数据库中最基本的操作对象，还是整个数据库系统中数据的来源。表是用来存储和管理数据的，表结构的好坏制约着其他数据对象的设计与使用，表的合理性与完整性是一个数据库系统设计好坏的关键。

本项目以“教材管理”数据库为例，引导大家学习创建表、修改表的结构、向表中输入数据、设置表字段的属性、操作数据表以及建立表间关系的各种方法。本项目从项目一中创建的“教材管理”空数据库开始，初始窗口如图 2-1 所示。

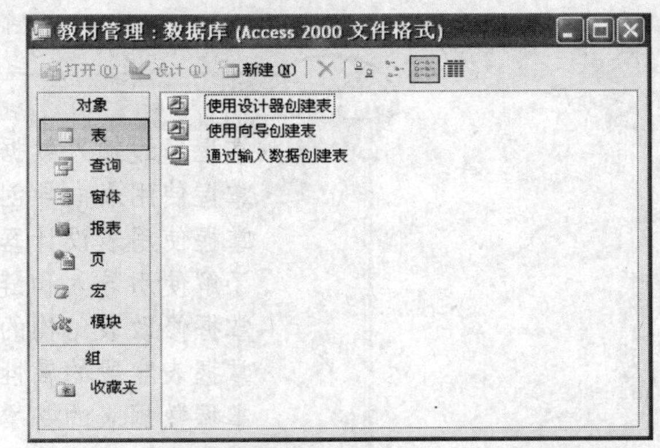

图2-1 教材管理空数据库

通过输入数据创建好的“出版社”表如图 2-2 所示。

出版社：表

出版社ID	出版社名称	通信地址	邮政编码	联系人	联系电话	传真号码	电子邮件
001	人民邮电出版社	北京市崇文区夕!	100000	小A	000-00000000	000-00000000	press@press1.com.cn
002	高等教育出版社	北京市西城区德	100000	小B	000-00000000	000-00000000	press@press2.com.cn
003	电子工业出版社	北京市万寿路南[	100000	小C	000-00000000	000-00000000	press@press3.com.cn
004	机械工业出版社	中国北京西城区百	100000	小D	000-00000000	000-00000000	press@press4.com.cn
005	清华大学出版社	清华大学学研大厦	100000	小E	000-00000000	000-00000000	press@press5.com.cn

图2-2 通过输入数据创建好的“出版社”表

通过表向导创建数据库的初始对话框如图 2-3 所示。

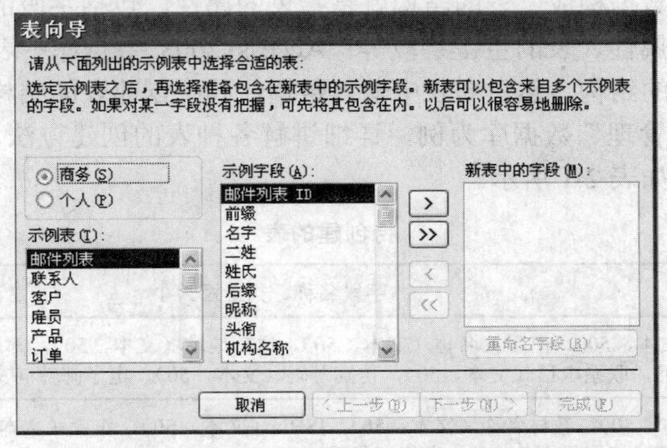

图2-3 通过表向导创建数据库的初始对话框

建立好各表后，对各个表创建的关系如图 2-4 所示。

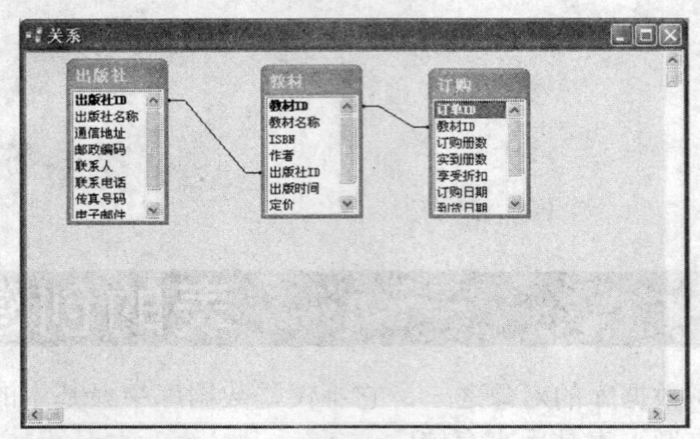

图2-4 表间的关系

掌握通过输入数据创建表的方法。
掌握使用表向导创建表的方法。
掌握使用表设计器创建表的方法。
了解使用导入和链接创建表的方法。
掌握修改表结构的方法与操作步骤。
掌握表字段的属性设置方法。
掌握数据表的基本操作方法。
掌握表中数据编辑的方法。
掌握表间关联关系的建立方法。

任务一 “教材管理”数据库中表的创建

数据库中的数据实际都是存放在数据表中的，可以说数据表就是数据库的核心。表主要由表的结构和表中的数据构成，表的结构就是指表的属性，包括字段的个数及名称、每一个字段的数据类型及其属性、表的主键字段等。Access 2003 数据库中表的创建过程主要分为两步，首先要创建表的结构，然后向表中输入数据，其中创建表的结构是关键。

本任务以“教材管理”数据库为例，详细讲解各种表的创建方法。“教材管理”数据库中要创建的表和字段如表 2-1 所示。

表 2-1　　待创建的表

表名	字段名称、类型及大小
出版社	出版社 ID（文本，50），出版社名称（文本，50），通信地址（文本，50），邮政编码（文本，6），联系人（文本，50），联系电话（文本，50），传真号码（文本，50），电子邮件（文本，50）
教材	教材 ID（文本，50），教材名称（文本，50），ISBN（文本，50），作者（文本，50），出版社 ID（文本，50），出版时间（日期/时间），定价（货币）
订购	订单 ID（文本，50），教材 ID（文本，50），订购册数（数字，长整型），实到册数（数字，长整型），享受折扣（数字，单精度型），订购日期（日期/时间），到货日期（日期/时间），书款是否结算（是/否）

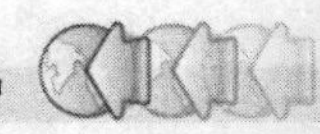

下面通过输入数据创建“出版社”表、使用表向导创建“教材”表、使用表设计器创建“订购”表，此外，还要介绍一下导入表和链接表的方法。

（一）　通过输入数据创建“出版社”表

通过输入数据创建表比较适用于将工作和学习中某一张表的内容直接存放到数据库中的情况。

【操作步骤】

1. 启动 Access 2003。
2. 打开“教材管理”数据库，如图 2-5 所示。
3. 在【教材管理：数据库】窗口中，选择【表】选项作为操作对象，再单击新建按钮，弹出【新建表】对话框，如图 2-6 所示（也可以双击【通过输入数据创建表】选项直接打开如图 2-7 所示的空表）。

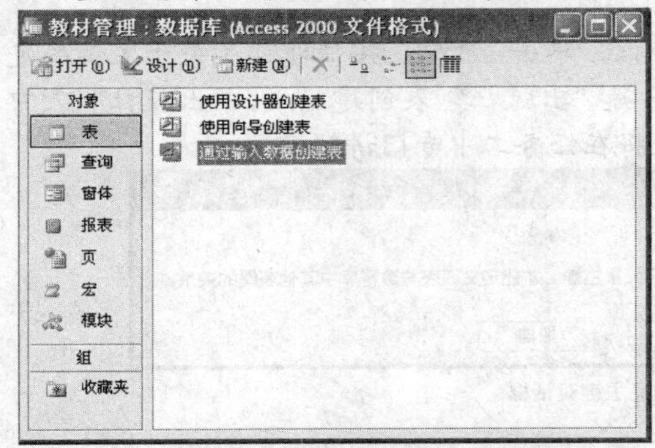

图2-5　【教材管理：数据库】窗口

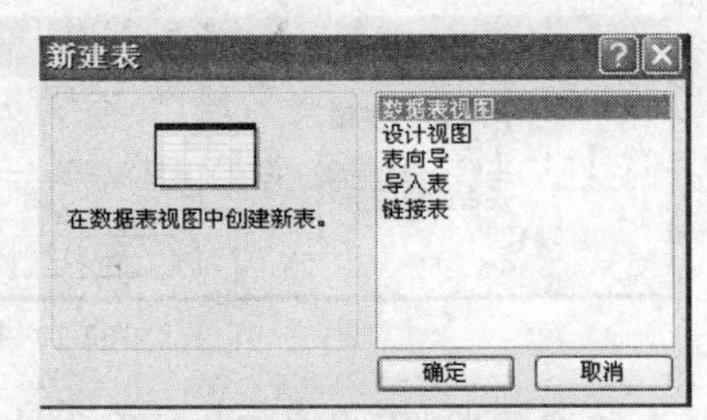

图2-6　【新建表】对话框

4. 在【新建表】对话框中，选择【数据表视图】选项，然后单击确定按钮，弹出如图 2-7 所示的空表。

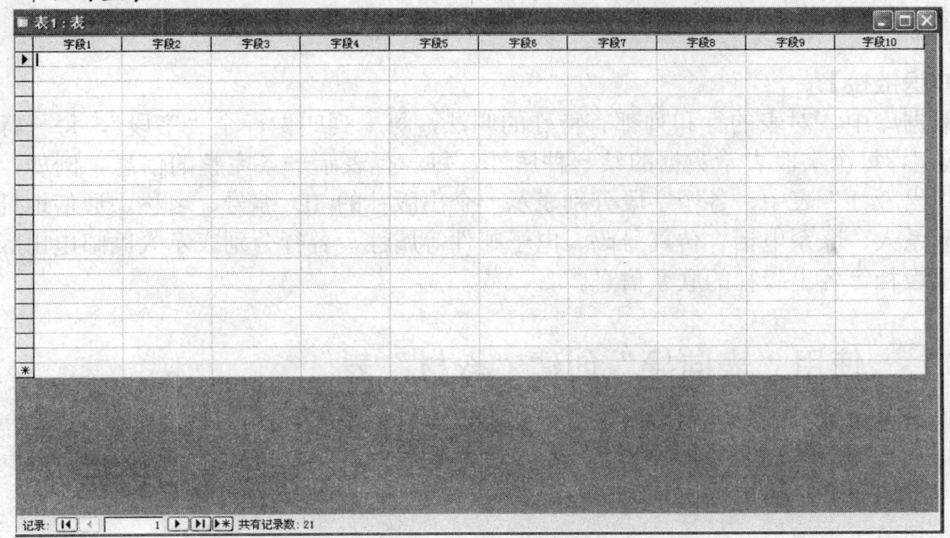

图2-7　数据表视图空表

5. 在空表中直接输入数据，系统将根据输入数据的内容定义新表的结构，本例输入“出版社”表的相关数据，如图 2-8 所示。

出版社：表

字段1	字段2	字段3	字段4	字段5	字段6	字段7	字段8
001	人民邮电出版社	北京市崇文区夕照寺街14号	100061	田莉	010-67170985	010-67129940	ptpress@ptpress.com.cn
002	高等教育出版社	北京市西城区德外大街4号	100120	张晓雨	010-58581043	010-82080154	zhangxy@hep.com.cn
003	电子工业出版社	北京市万寿路南口金家村288号	100036	贺 涛	010-88254036	010-88254036	duca@phei.com.cn
004	机械工业出版社	中国北京西城区百万庄大街22号	100037	冯斌	010-88361066	010-88379345	cmpbook@vip.163.com
005	清华大学出版社	清华大学学研大厦 A 座	100084	刘涛	010- 62781733	010- 62781733	netadmin@tup.tsinghua.edu.cn

图2-8　直接在表中输入数据

6. 完成数据输入后，单击 Access 工具栏中的【保存】按钮，弹出【另存为】对话框，如图 2-9 所示。

图2-9　【另存为】对话框

7. 将【另存为】对话框中【表名称】文本框中的内容修改为“出版社”，单击 确定 按钮，弹出如图 2-10 所示的提示尚未定义主键对话框，单击 否(N) 按钮即可（关于主键的定义和使用在本项目后面的任务中会详细讲解），“出版社”表创建完成。“出版社”表中的字段名称和类型等还需要进一步修改，这将在任务二中专门讲解。

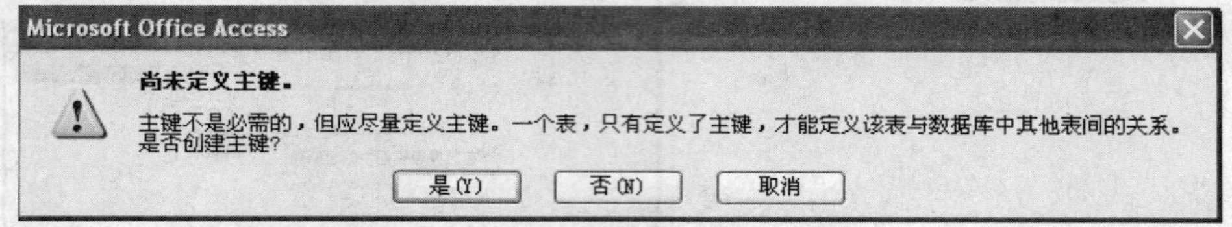

图2-10　提示尚未定义主键对话框

说明：在提示尚未定义主键的对话框中，如果单击 是(Y) 按钮，则系统会在表前增加一个名为“编号”的自动编号类型字段，自动填充数据，并将该字段定义为主键；如果单击 取消 按钮，则直接返回数据表视图，不进行保存操作。如果没有保存数据表，在关闭窗口时系统还会询问是否保存。

【知识链接】

在数据库中，对表的行和列都有特殊的叫法，每一列叫做一个“字段”，每一行叫做一个“记录”。每个字段表示数据的某一种属性，每一行表示一条完整的信息。例如，在刚刚创建的“出版社”表中，各个字段分别表示一个出版社的 ID 编号、名称、通信地址、邮政编码、联系人、联系电话、传真号码、电子邮件等属性，各行分别表示人民邮电出版社、高等教育出版社等各出版社的联系信息。

（二）　使用“表向导”创建“教材”表

使用“表向导”创建表同使用模板创建数据库有点类似，通过 Access 2003 系统提供的表的“样本”，在“向导”的引导下，逐步实现表的创建。这种方法方便快捷，但是局限性也很大，仅适用于创建系统提供的“样本表”。

下面利用“表向导”创建一个“教材”表。

【操作步骤】

1. 启动 Access 2003。
2. 打开“教材管理”数据库，在【对象】栏中选择【表】选项。
3. 单击[新建(N)]按钮，弹出【新建表】对话框，选择【表向导】选项，如图 2-11 所示（也可以双击【使用向导创建表】选项直接打开如图 2-12 所示的【表向导】对话框）。
4. 单击[确定]按钮，弹出【表向导】的第 1 个对话框，引导用户选择新表中要使用的字段，如图 2-12 所示。

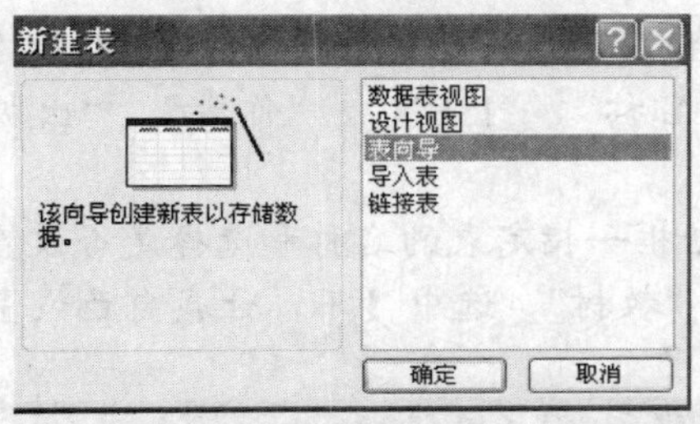

图2-11　【新建表】对话框

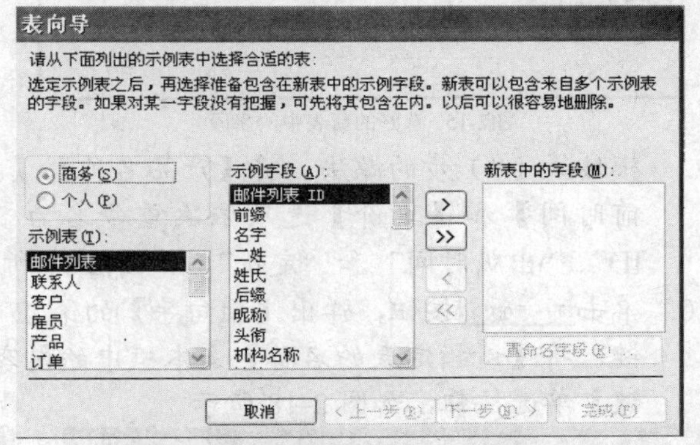

图2-12　【表向导】对话框—选择字段

5. 在【示例表】列表框中选择【产品】选项，此时的【表向导】对话框如图 2-13 所示。
6. 在【示例字段】列表框中选择【产品 ID】选项，单击[>]按钮把需要的字段逐个添加到【新表中的字段】列表框中，如图 2-14 所示。

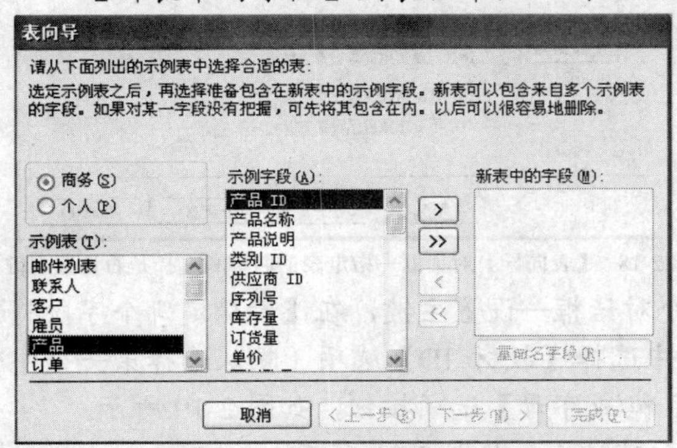

图2-13　在【示例表】列表框中选择【产品】选项

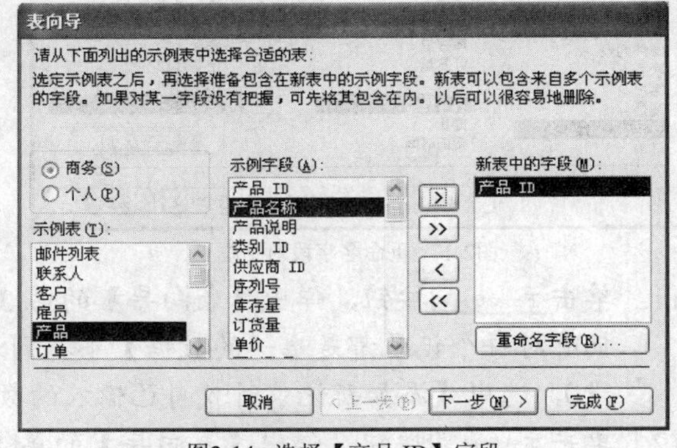

图2-14　选择【产品 ID】字段

说明

在选择字段时，若要采用【示例字段】列表框中的全部字段，只需单击[>>]按钮即可。如果想要从【新表中的字段】列表框中删除某个已经选择的字段，只需单击该列表框中的该字段，再单击[<]按钮即可；若要重选全部字段，单击[<<]按钮即可。

7. 模仿第（6）步的做法，依次将【示例字段】列表框中的【产品名称】、【类别 ID】、【产品说明】、【供应商 ID】、【提前时间】和【单价】选项添加到【新表中的字段】列表框中，如图 2-15 所示。
8. 选中【新表中的字段】列表框中的【产品 ID】选项，单击[重命名字段(R)...]按钮，弹出【重命名字段】对话框，将【重命名字段】文本框中的内容修改为“教材 ID”，如图 2-16 所示。

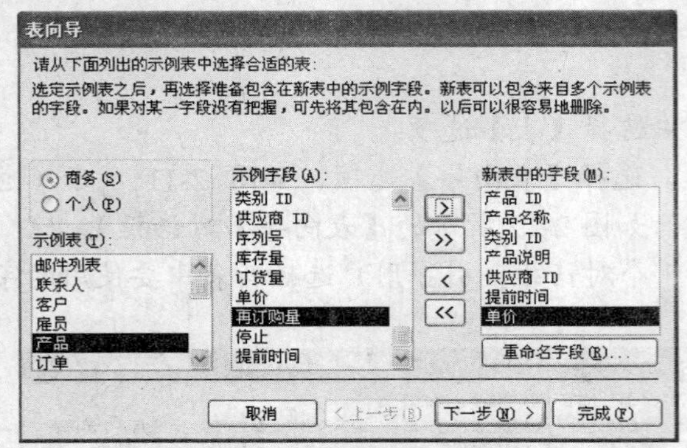

图2-15　选好的新表中的字段　　图2-16　【重命名字段】对话框

9. 模仿第（8）步的做法，将【产品名称】、【类别 ID】、【产品说明】、【供应商 ID】、【提前时间】和【单价】选项依次重命名为“教材名称”、“ISBN”、“作者”、“出版社ID”、“出版时间”和“定价”，如图 2-17 所示。
10. 单击 下一步(N) > 按钮，弹出【表向导】的第 2 个对话框—指定表的名称和选择是否设置主键，将【请指定表的名称】文本框中的内容改为“教材”，选中【不，让我自己设置主键】单选按钮，如图 2-18 所示。

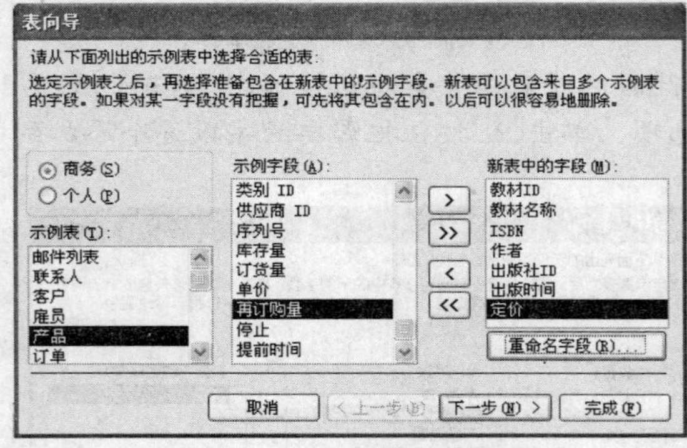

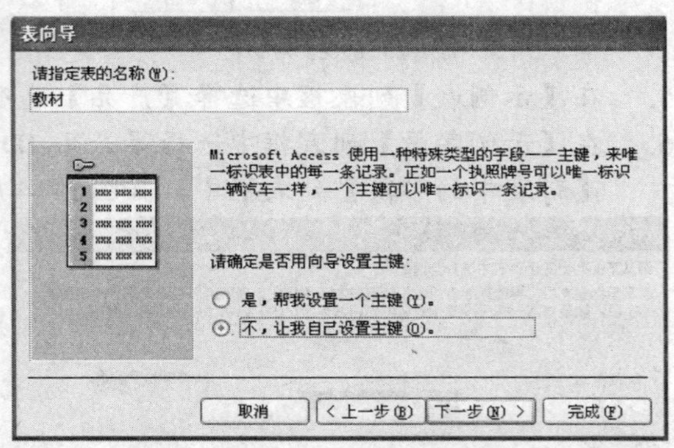

图2-17　重命名字段对话框　　图2-18　【表向导】对话框—指定表的名称和选择是否设置主键

11. 单击 下一步(N) > 按钮，弹出【表向导】的第 3 个对话框—设置主键，在【请确定哪个字段将拥有对每个记录都是唯一的数据】下拉列表中选择【教材 ID】选项（默认选择第一个字段），选中【添加新记录时我自己输入的数字和/或字母】选项按钮，如图 2-19 所示。
12. 单击 下一步(N) > 按钮，弹出【表向导】的第 4 个对话框，如图 2-20 所示。

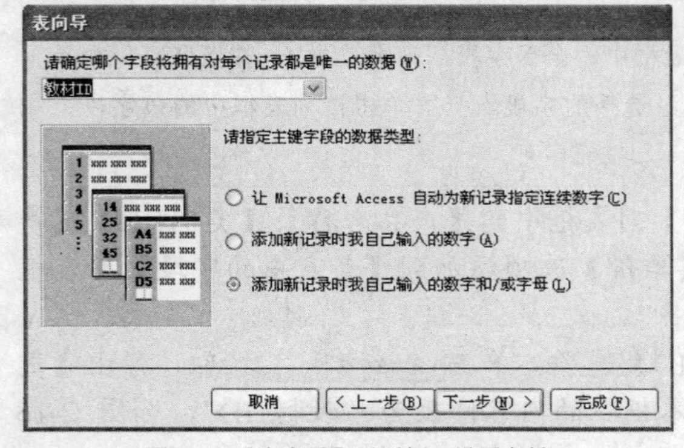

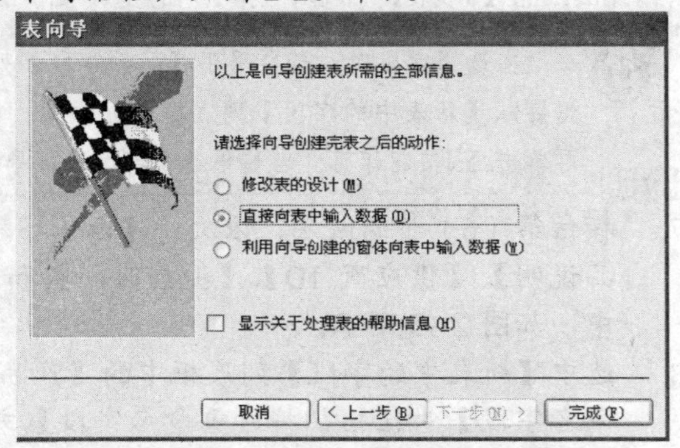

图2-19　【表向导】对话框—设置主键　　图2-20　【表向导】对话框—选择创建之后的动作

13. 选中【直接向表中输入数据】选项按钮，单击 完成(F) 按钮，即完成利用【表向导】创建“教材”表的工作，得到如图 2-21 所示的“教材”表。

教材 : 表

教材ID	教材名称	ISBN	作者	出版社ID	出版时间	定价

记录: 1 共有记录数: 1

图2-21　用【表向导】创建的“教材”表

说明　使用“表向导”创建表时，要尽可能选择与待创建表的字段含义相似的示例字段，这样字段类型才会符合设计要求。本例中向导生成的“ISBN”和“出版社 ID”两个字段的数据类型是数字型的，不符合要求，在完成任务二之后，大家可以参照任务二的做法自行修改。

（三）　使用“表设计器”创建“订购”表

前面两种创建表的方法操作上比较简单，尤其是初学者比较容易接受，但是在某种程度上制约了开发人员的设计思想。为了在创建表时更能体现开发人员的意图、思路、风格和需求，可以利用“表设计器”创建表。

本例主要用“表设计器”创建“教材管理”数据库中的“订购”表。

【操作步骤】

1. 启动 Access 2003。
2. 打开“教材管理”数据库，在【对象】栏中选择【表】选项。
3. 单击 新建(N) 按钮，在弹出的【新建表】对话框中选择【设计视图】选项，如图 2-22 所示。
4. 单击 确定 按钮，打开表设计器窗口，如图 2-23 所示。

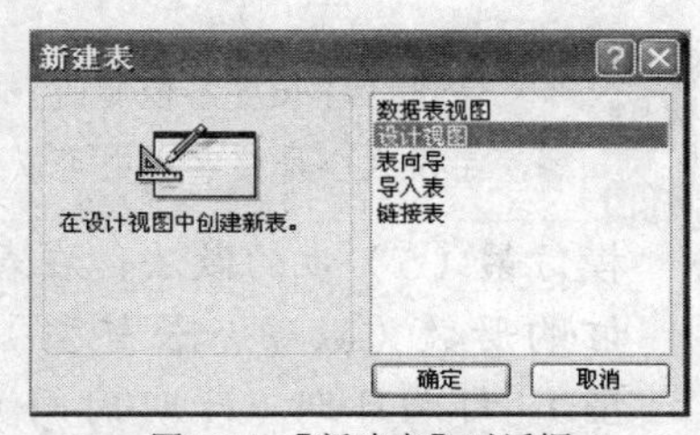

图2-22　【新建表】对话框

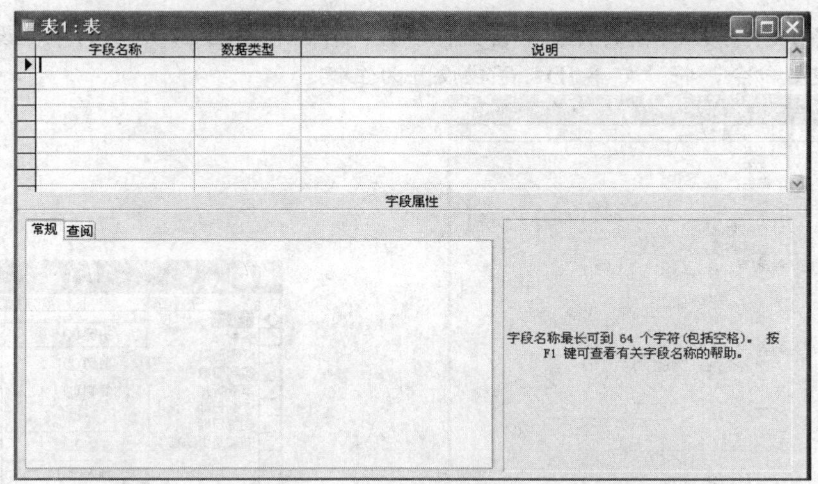

图2-23　表设计器窗口

5. 在【字段名称】列的第 1 个单元格中输入“订单 ID”，单击【数据类型】列的第 1 个单元格，会出现 文本 下拉列表，单击 按钮展开该下拉列表，如图 2-24 所示，从中

可以选定“订单 ID”字段的数据类型。这里选择默认的【文本】类型。在【说明】列的窗格中可以输入一些对该字段的说明性文字，也可以什么都不输入。【常规】和【查阅】选项卡中的内容会随着【数据类型】列的设置自动显示，在【常规】选项卡中的【字段大小】文本框中可以输入对“订单 ID”字段大小的限制，这里使用默认的“50”。其他的字段属性暂不进行设置，在任务四中会详细讲解。这一步完成了一个字段的定义，操作结果如图 2-25 所示。

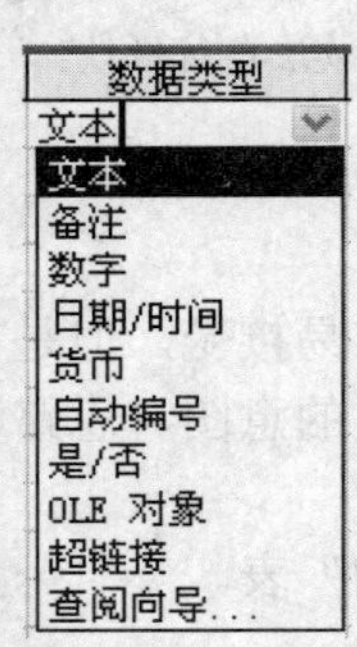

图2-24　下拉列表

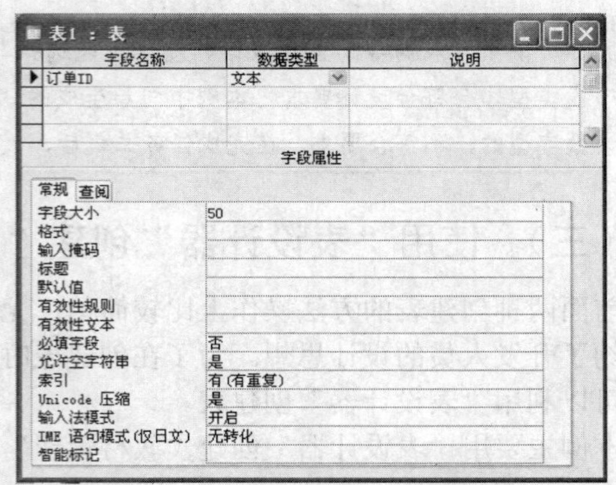

图2-25　定义完一个字段的表设计器窗口

说明

字段名称长度不能超过 64 个字符（包括空格）。注意，字段名称长度与字段大小不是一回事，字段大小是该字段中可以存储的数据的长度。

6. 模仿第（5）步的做法，在表设计器窗口中依次定义其他字段：教材 ID（文本，50），订购册数（数字，长整型），实到册数（数字，长整型），享受折扣（数字，单精度型），订购日期（日期/时间），到货日期（日期/时间），书款是否结算（是/否），结果如图 2-26 所示。

7. 在“订单 ID”字段所在的行上单击鼠标右键，弹出如图 2-27 所示的字段设置菜单，选择【主键】命令，将“订单 ID”字段设置为主键。

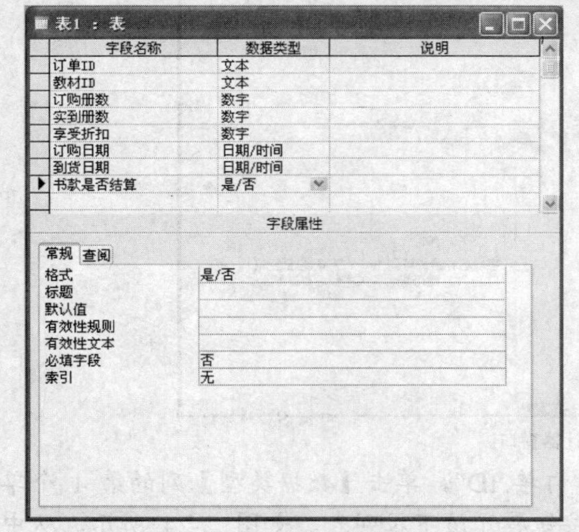

图2-26　定义完“订购”表所有字段的表设计器窗口

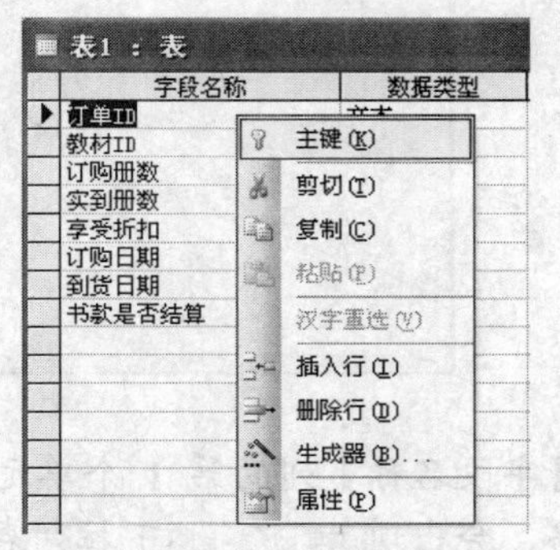

图2-27　字段设置菜单

说明 键是一个或多个字段的组合，能够唯一标识数据表中的每个记录的键称为主键，其作用就如同人的身份证号一样，在建立表间关系时还会涉及外键的概念，在本项目的任务六中会详细讲解。

8. 单击 Access 工具栏中的按钮，弹出如图 2-28 所示的【另存为】对话框，将【表名称】文本框中的名称改为“订购”，单击 确定 按钮，“订购”表创建完成。

图2-28 【另存为】对话框

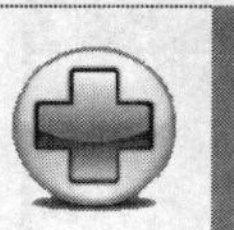

要点提示 在使用表设计器创建表时，一般要事先设计好表的字段名称、数据类型及其他相关属性，然后在表设计器窗口中直接输入或设置，尽量避免边创建边设计，更要避免在创建表之后反复修改。

【知识链接】

数据类型决定用户所能保存在该字段中值的种类，表 2-2 所示为 Access 中的数据类型。

表 2-2 Access 中的数据类型

数据类型	存储内容	字段大小
文本	（默认值）文本或文本和数字的组合，以及不需要计算的数字，例如电话号码	最多为 255 个字符
备注	长文本或文本和数字的组合	最多为 65 535 个字符
数字	用于数学计算的数值数据	1、2、4 或 8 个字节
日期/时间	从 100 到 9999 年的日期与时间值	8 个字节
货币	货币值或用于数学计算的数值数据（精确到小数点左边 15 位和小数点右边 4 位）	8 个字节
自动编号	每当向表中添加一条新记录时，由 Access 指定的一个唯一的顺序号（每次递增 1）或随机数	4 个字节
是/否	“是”和“否”值，以及只包含两者之一的字段（Yes/No、True/False 或 On/Off）	1 位
OLE 对象	Access 表中链接或嵌入的对象（例如 Word 文档、图形、声音或其他二进制数据）	最多为 1 GB
超链接	文本或文本和以文本形式存储的数字的组合，用作超链接地址	最多为 2048 个字符
查阅向导	用于创建一个“查阅”字段，该字段可以使用列表框或组合框从另一个表或值列表中选择一个值	与用于执行查阅的主键字段大小相同，通常为 4 个字节

（四） 导入表和链接表

除了前面介绍的 3 种创建表的方法外，还有 2 种特殊的创建表的方法，即“导入表”和

“链接表”。导入表是把其他数据库中的表导入到当前数据库中；链接表是在当前数据库中建立一个链接到其他数据库中某个表的快捷方式，而在当前数据库中并不实际存储这个表。

【例2-1】 利用导入创建表。

下面以将前面创建的“订单”数据库中的“订单”表导入到“教材管理”数据库为例，简要介绍利用导入创建表的方法。“订单”表仅为举例之用，在“教材管理”数据库中实际用不到它。

【操作步骤】

1. 启动 Access 2003。
2. 打开“教材管理”数据库，在【对象】栏中选择【表】选项。
3. 单击 新建(N) 按钮，在弹出的【新建表】对话框中选择【导入表】选项，如图 2-29 所示。
4. 单击 确定 按钮，弹出【导入】对话框，如图 2-30 所示。

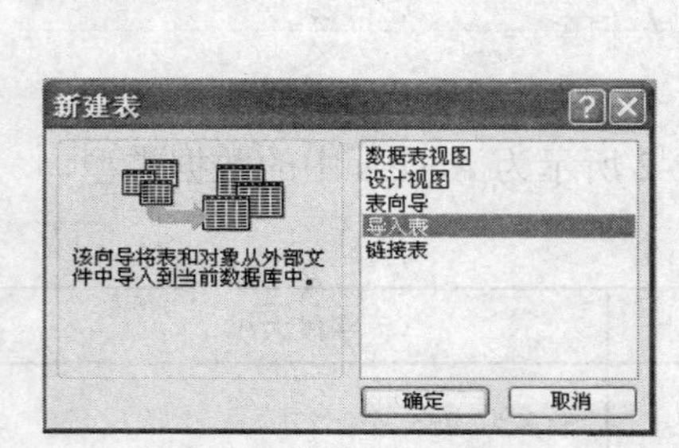

图2-29 【新建表】对话框

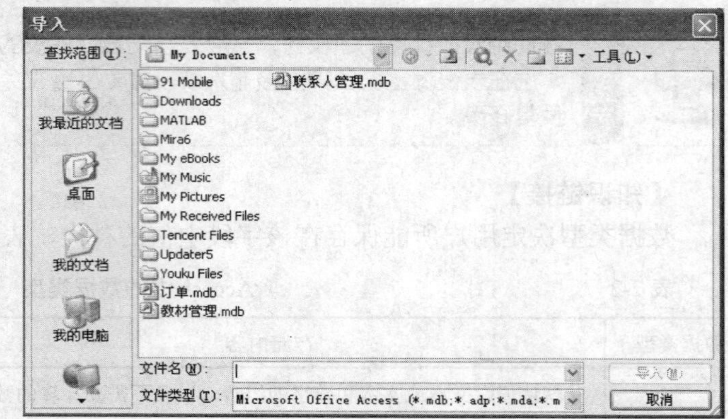

图2-30 【导入】对话框

5. 在【导入】对话框中选择“订单”数据库，单击 导入(M) 按钮，弹出【导入对象】对话框，如图 2-31 所示。

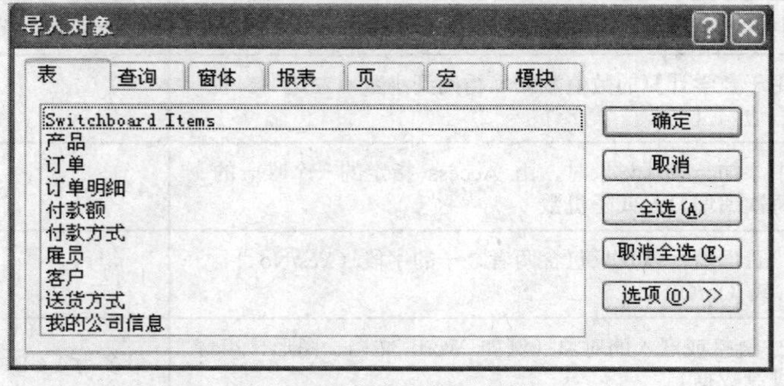

图2-31 【导入对象】对话框

6. 在【导入对象】对话框中【表】选项卡的列表框中选择【订单】选项，单击 确定 按钮，完成“订单”表导入。

【例2-2】 利用链接创建表。

下面以将前面创建的“订单”数据库中的“订单明细”表链接到“教材管理”数据库为例，简要介绍利用链接创建表的方法。“订单明细”表也是仅为举例之用，在“教材管理”数据库中实际用不到它。

【操作步骤】

1. 启动 Access 2003。
2. 打开“教材管理”数据库，选择【表】选项作为操作对象。
3. 单击新建(N)按钮，在弹出的【新建表】对话框中选择【链接表】选项，如图 2-32 所示。
4. 单击确定按钮，打开【链接】对话框，如图 2-33 所示。

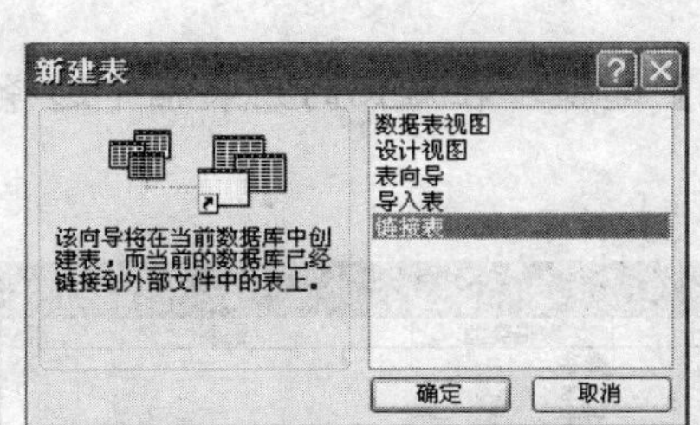

图2-32　【新建表】对话框

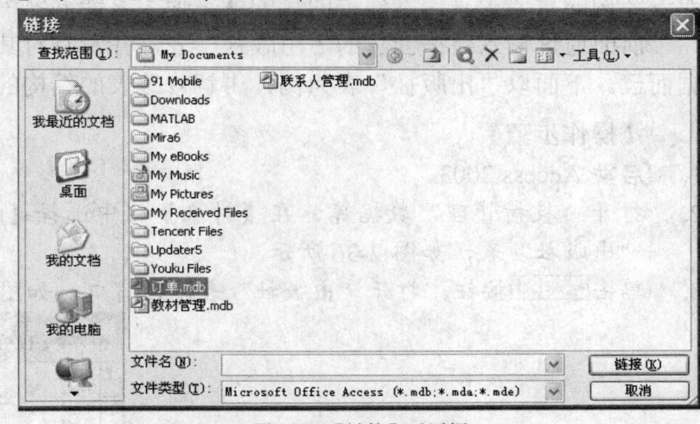

图2-33　【链接】对话框

5. 在【链接】对话框中选择“订单”数据库，单击链接(K)按钮，弹出【链接表】对话框，如图 2-34 所示。
6. 在【链接表】对话框中选择【订单明细】选项，单击确定按钮，完成链接表的创建，如图 2-35 所示。

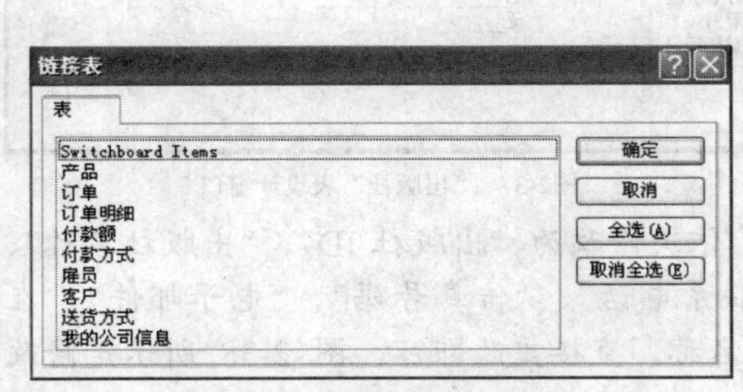

图2-34　【链接】对话框

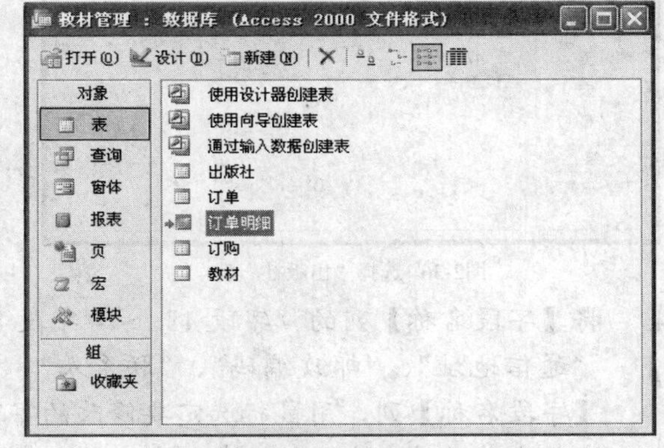

图2-35　“订购”表创建完成

说明　在数据库窗口中，链接表前面都会显示一个快捷方式图标，以示与普通表的区分。链接表除了其表结构在当前数据库中不能修改外，其他方面与普通表相同。

【知识链接】

导入表时，连同源表中的数据都会一起被导入，利用这种方法，将原有数据库或数据文件中的数据直接导入到 Access 中，可以大大提高数据库开发工作的效率。Access 2003 数据库可以从 dBase、Excel、Exchange、HTML、Lotus 1-2-3、Outlook、Paradox、Windows Sharepoint Services、文本文件、XML、ODBC 数据库中导入数据。

任务二 修改"出版社"表的结构

在表的操作过程中，经常需要对其结构进行修改。表设计器不仅用于创建新表，也是修改表结构的重要工具，本任务的目的就是使大家能够熟练掌握表的结构的修改方法。

前面通过输入数据创建的"出版社"表，并没有对其结构进行调整，而仅仅是输入了数据而已。下面以"出版社"表为例，讲解修改表的结构的方法。

【操作步骤】

1. 启动 Access 2003。
2. 打开"教材管理"数据库，在【对象】栏中选择【表】选项，在右侧的列表框中选择"出版社"表，如图 2-36 所示。
3. 单击![设计]按钮，打开"出版社"表设计窗口，如图 2-37 所示。

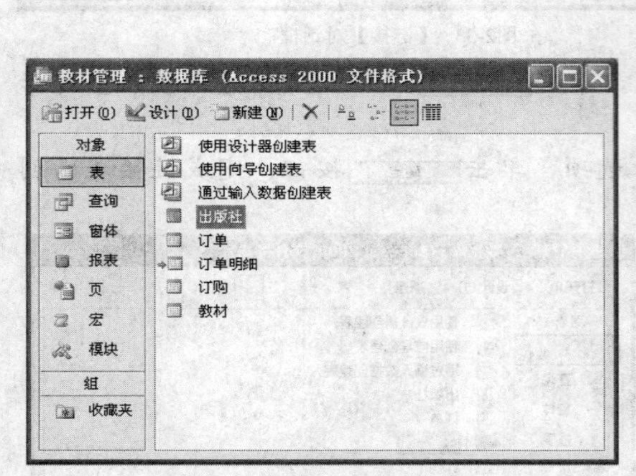

图2-36 选择"出版社"表

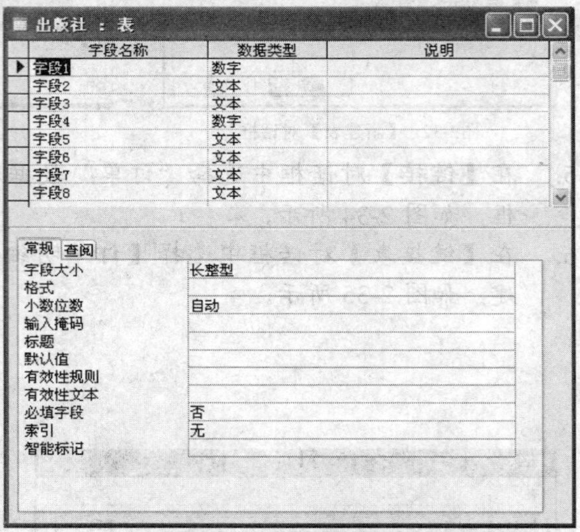

图2-37 "出版社"表设计窗口

4. 将【字段名称】列的"字段 1"～"字段 8"依次修改为"出版社 ID"、"出版社名称"、"通信地址"、"邮政编码"、"联系人"、"联系电话"、"传真号码"、"电子邮件"，在【字段名称】列，用鼠标选定要修改的字段名称，直接更改即可，图 2-38 所示是修改字段名称后的"出版社"表。

出版社 : 表

字段名称	数据类型	说明
出版社ID	数字	
出版社名称	文本	
通信地址	文本	
邮政编码	数字	
联系人	文本	
联系电话	文本	
传真号码	文本	
电子邮件	文本	

图2-38 修改字段名称后的"出版社"表

5. 单击"出版社 ID"的数据类型单元格，从弹出的下拉列表中选择【文本】选项，如图 2-39 所示。

6. 模仿第（5）步的做法，将“邮政编码”的数据类型也改为【文本】，然后将【常规】选项卡中的【字段大小】文本框中的数字改为“6”，如图 2-40 所示。

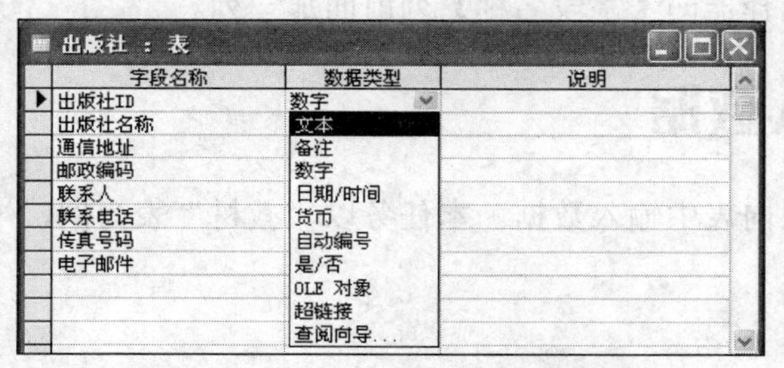

图2-39　修改“出版社 ID”字段的数据类型

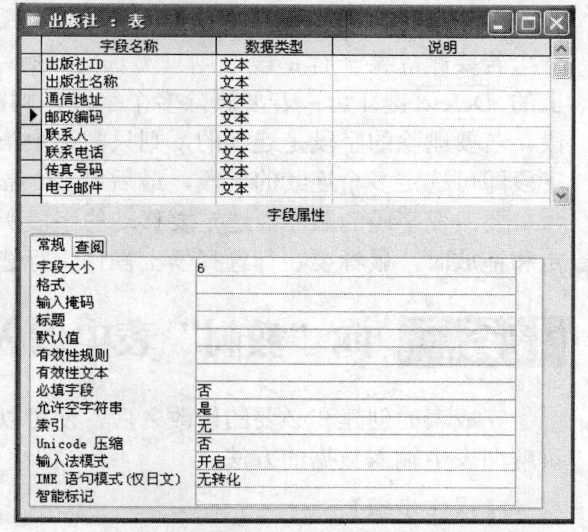

图2-40　修改“邮政编码”字段的数据类型和字段大小

7. 在“出版社 ID”字段所在的行上单击鼠标右键，弹出如图 2-41 所示的字段设置菜单，选择【主键】命令，将“出版社 ID”设置为主键。

8. 单击 Access 工具栏中的按钮，保存修改结果，如图 2-42 所示。

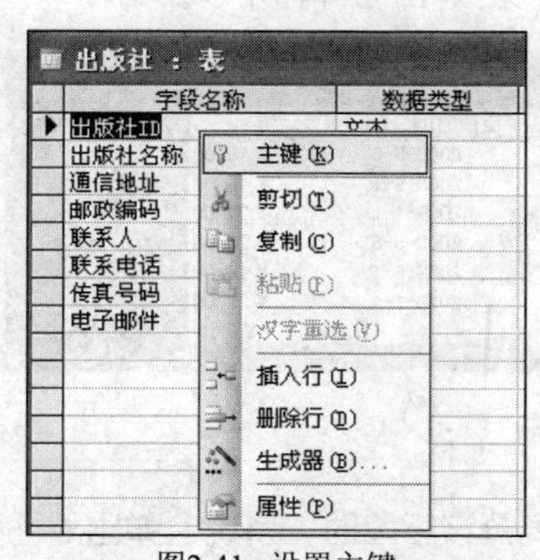

图2-41　设置主键

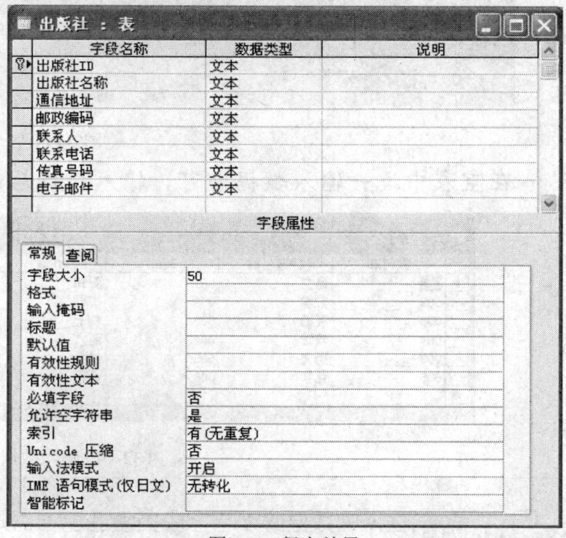

图2-42　保存结果

如果表中已经录入了数据，在修改字段大小时一定要慎重，如果将字段大小由大改小，超出字段大小的数据将会丢失。

【知识链接】

在表设计器中，还可以添加、删除和改变字段顺序。

若在所有字段后面添加字段，则单击字段名称列末尾的第一个空行，直接输入新的字段

名称以及选择字段类型即可；若要在某一字段之前插入一个字段，则首先选定该字段所在的行，然后单击工具栏中的【插入行】按钮或者按键盘上的 Insert 键即可插入一个空行，输入新字段即可。

若要删除某一行字段，则只需选定该行字段，然后单击【删除行】按钮或者按键盘上的 Delete 键即可；若要删除多个字段，则需要按住键盘上的 Ctrl 键后用鼠标选定多个字段，若要删除的字段是连续的，则只需选中第 1 个字段后按住 Shift 键，然后选中最后一个字段即可选定多个连续的字段，最后单击按钮或者按键盘上的 Delete 键即可。

要改变字段的顺序，选定要移动的字段所在的行，用鼠标拖放到新的位置即可。整行选定和拖放时，鼠标要在行选择器上操作，行选择器即【字段名称】列前面那一列。

任务三 向“教材”表中输入数据

完成表的创建和必要的修改之后，便可以向表中输入数据。本任务以“教材”表为例，讲解向表中输入数据的方法。

【操作步骤】

1. 启动 Access 2003。
2. 打开“教材管理”数据库，在【对象】栏中选择【表】选项，在右侧的列表框中选择【教材】选项，然后单击打开(O)按钮，打开空的“教材”表，如图 2-43 所示。

教材：表

教材ID	教材名称	ISBN	作者	出版社ID	出版时间	定价
						￥0.00

图2-43 空“教材”表

3. 在空表中逐一输入数据即可，输入数据后的“教材”表如图 2-44 所示。

教材：表

教材ID	教材名称	ISBN	作者	出版社ID	出版时间	定价
001	语文	001	张伟	001	2005-5-6	￥10.00
002	数学	002	李四	002	2008-9-1	￥45.00
003	英语	003	刘七	004	2009-1-1	￥32.00
004	政治	004	赵六	003	2000-5-6	￥21.00
005	历史	005	姚九	005	2009-6-1	￥18.00
006	化学	006	董五	006	2010-1-1	￥22.00
						￥0.00

图2-44 输入数据后的“教材”表

要点提示　输入的数据必须与字段类型匹配，否则，在光标离开该字段时，系统会弹出对话框提示“您为该字段输入的值无效”。

【知识链接】

输入数据时，系统会自动生成空行，输入一行后继续输入下一行即可。在如图 2-44 所示的窗口中，不但可以输入新的数据，而且可以对表的数据进行修改，单击要修改的数据所在的单元格，直接修改即可。选中整行后单击 Access 任务栏的【删除记录】按钮还可以删除整条记录。数据录入和修改后会自动保存，不需要进行额外的存盘操作。

任务四　表字段的属性设置

字段除了名称和数据类型外，还有一些其他的属性，用于定义字段的外观或行为特征。在表设计器中可以设置字段的属性。在表设计器窗口中，【字段属性】窗格包含【常规】和【查阅】两个选项卡，共有十几种字段属性（见图 2-42），【常规】选项卡中主要是对数据输入格式的一些具体设置，主要包括字段大小、格式、小数位数、输入掩码、标题、默认值、有效性规则、有效性文本、必填字段、索引、Unicode 压缩、输入法模式、IME 语句模式、智能标记等。【查阅】选项卡主要是对数据显示格式的一些具体设置。任何数据类型的字段都具有【常规】选项卡，如果是文本类型、数字类型或“是/否”类型字段，还会显示【查阅】选项卡，不同数据类型具有的字段属性不完全一样，文本型的字段属性最多，而 OLE 对象字段的属性最少。

本任务的主要目的是使大家熟练掌握字段属性的设置方法，下面以“出版社”表为例，详细讲解字段属性的设置过程。

【操作步骤】

1. 启动 Access 2003。
2. 打开“教材管理”数据库，在【对象】栏中选择【表】选项，在右侧的列表中选择【订购】选项，然后单击菜单栏中的设计(D)按钮，打开【订购】表设计器窗口，如图 2-45 所示。
3. 选择“订单 ID”字段，该字段的数据类型为【文本】，假设该字段要存储的数据是 3 位数的数字符号，则在【常规】选项卡上的【字段大小】文本框中输入“3”。在【输入掩码】文本框中输入“000”，如图 2-46 所示，表示必须输入 3 个数字格式的字符，违反此规则的数据无法输入。

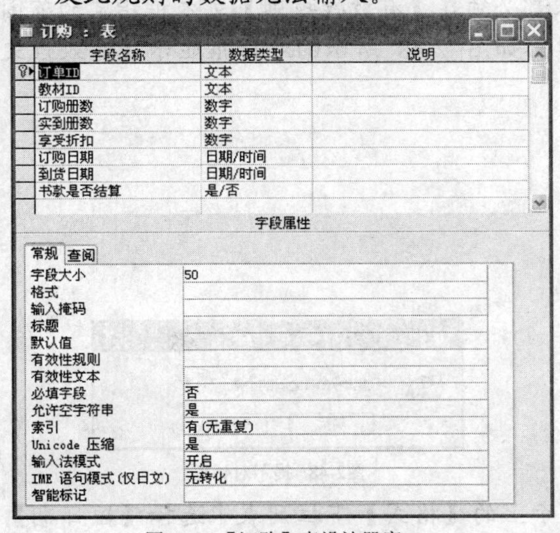

图2-45　【订购】表设计器窗口

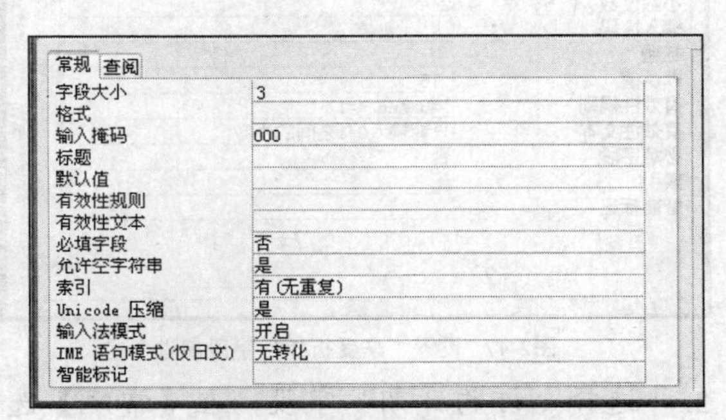

图2-46　设置“订单 ID”字段属性

【知识链接】

在表中定义了字段的输入掩码后，可以确保输入数据在形式上的正确性，利用一些掩码字符可以控制使用特定格式输入数据。掩码字符如表 2-3 所示。

表 2-3　　掩码字符表

掩码	描述
0	数字 0～9。必须在该位置输入一个一位数字
9	数字 0～9 或空格。该位置上的数字是可选的，可以不输入
#	在该位置输入一个数字、空格、加号或减号。如果跳过此位置，Access 会输入一个空格
L	字母。必须在该位置输入一个字母
?	字母。可以在该位置输入一个字母，可选项
A	字母或数字。必须在该位置输入一个字母或数字
a	字母或数字。可以在该位置输入一个字母或数字
&	任何字符或空格。必须在该位置输入一个字符或空格
C	任何字符或空格。该位置上的字符或空格是可选的
. , : ; - /	小数分隔符、千位分隔符、日期分隔符和时间分隔符
>	其后的所有字符都以大写字母显示
<	其后的所有字符都以小写字母显示
密码	在表或窗体的设计视图中，将"输入掩码"属性设置为"密码"会创建一个密码文本框。当用户在该文本框中输入密码时，Access 会存储这些字符，但是会将其显示为星号（*）

4. 选择"享受折扣"字段，在【常规】选项卡上的【小数位数】文本框中输入"2"，在【默认值】文本框中输入"0.75"（输入后会显示成".75"），在【有效性规则】文本框中输入">=0 AND <=1"，在【有效性文本】文本框中输入"只能输入 0~1 之间的小数"，如图 2-47 所示。表示所有输入内容都必须在【有效性规则】文本框指定的范围内，如果有违背此规则的数据输入，将弹出如图 2-48 所示的对话框显示【有效性文本】文本框中输入的信息。

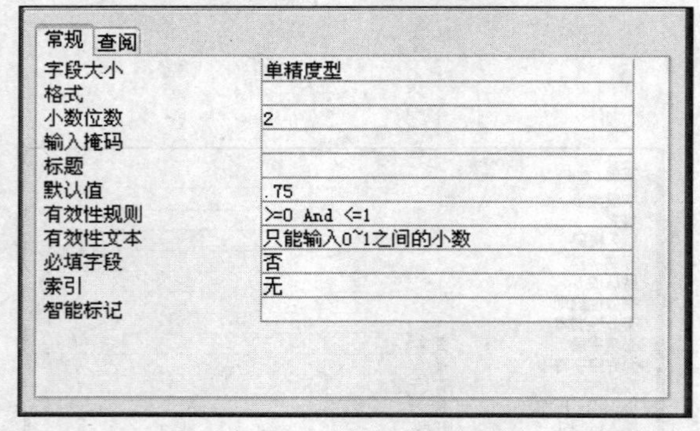

图2-47　设置"享受折扣"字段属性

图2-48　提示对话框

5. 选择"订购日期"字段，在【常规】选项卡上的【格式】下拉列表中选择【短日期】选项，如图 2-49 所示。
6. 选择"书款是否结算"字段，单击【查阅】选项卡，在【显示控件】下拉列表中选择【复选框】选项，如图 2-50 所示。

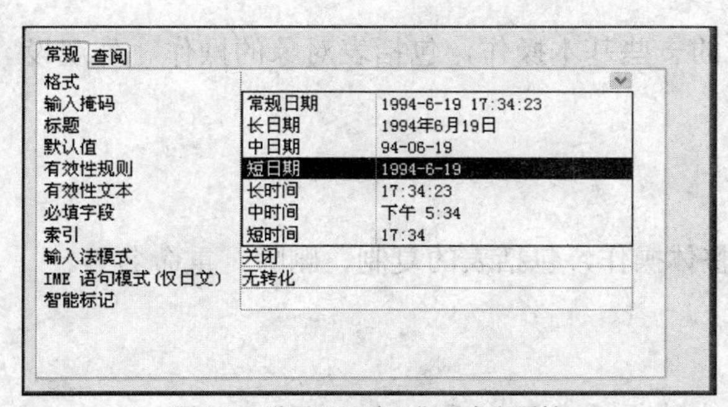

图2-49　设置“订购日期”字段属性

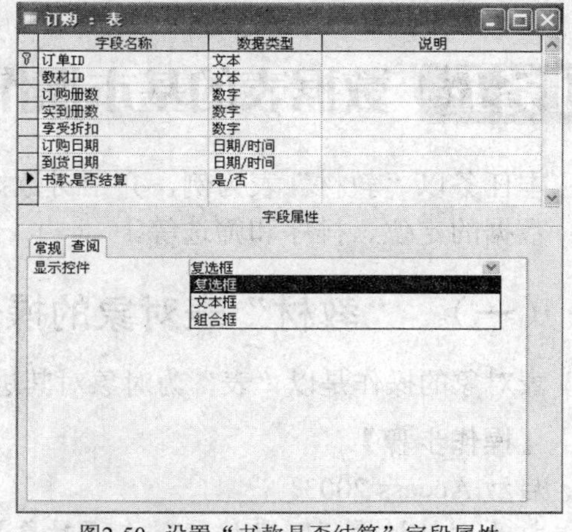

图2-50　设置“书款是否结算”字段属性

7. 单击 Access 工具栏上的按钮，保存“订购”表的属性设置。
8. 在【订购】表设计器窗口标题栏上单击鼠标右键，在弹出的快捷菜单中选择【数据表视图】命令（见图 2-51），切换到【订购】表的数据录入窗口，如图 2-52 所示，从中可以看到前面设置的一些属性显示出来的实际效果。

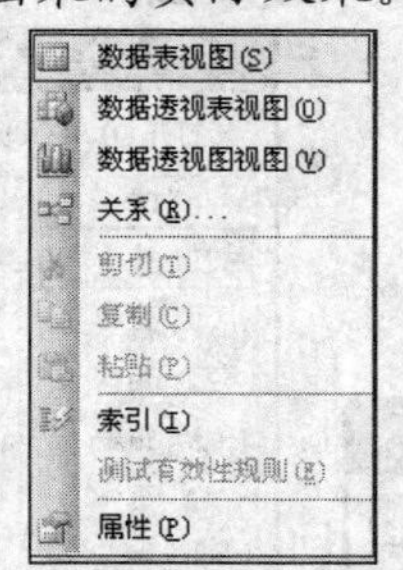

图2-51　表设计器的快捷菜单

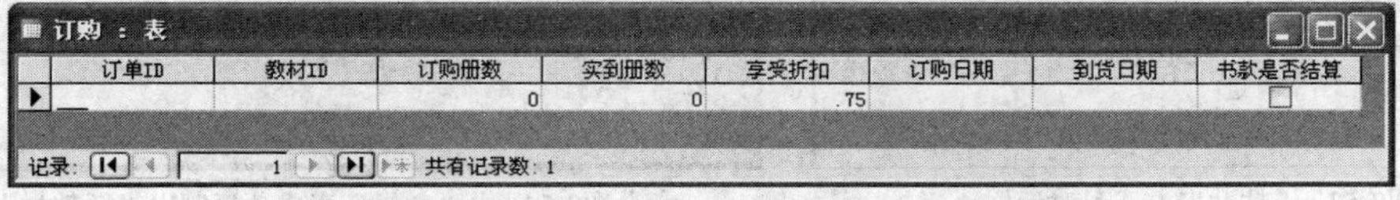

图2-52　【订购】表数据录入窗口

本例只是选择了几个有代表性的字段介绍常用的一些字段属性设置方法，实际设计数据库时，要对各个字段逐一进行设置。

【知识链接】

【显示控件】下拉列表中有【文本框】、【列表框】、【组合框】、【复选框】选项，其含义如下。

- 文本框：用来在窗体、报表或数据访问页上显示输入或编辑数据，也可以接受计算结果或用户输入，文本框控件可以是结合、非结合或计算型的。
- 列表框：用来显示一个可滚动的数据列表。
- 组合框：包括列表框和文本框的特性。
- 复选框：用作独立的控件显示来自基表、查询或 SQL 语句中的“是”/“否”值，将其勾选时，值为 1，取消其勾选时，值为 0。

任务五 数据表的基本操作

本任务以“教材”表为例，介绍对数据表的一些基本操作，包括表对象的操作、外观设置、数据的定位、排序和筛选等。

（一） “教材”表对象的操作

表对象的操作是以“表”为对象对其进行整体操作，包括表的复制、删除、重命名等。

【操作步骤】

1. 启动 Access 2003。
2. 打开“教材管理”数据库，在【对象】栏中选择【表】选项。
3. 选择【教材】选项，单击 Access 工具栏中的【复制】按钮，然后单击【粘贴】按钮，弹出【粘贴表方式】对话框，将【表名称】文本框中的内容改为“新教材”，选中【结构和数据】单选按钮，如图 2-53 所示。
4. 单击 确定 按钮，由“教材”表成功复制出“新教材”表，如图 2-54 所示。

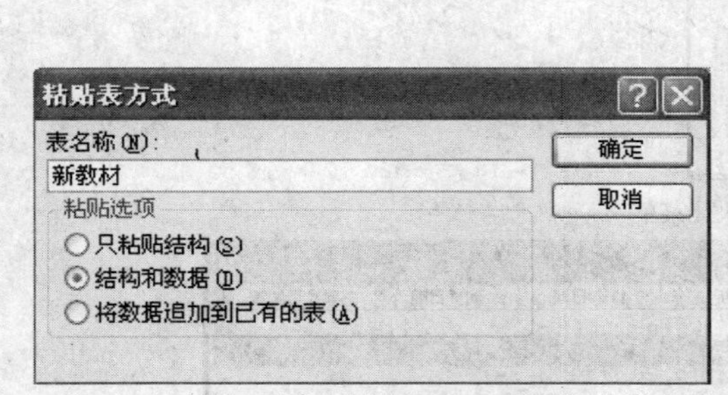

图2-53 【粘贴表方式】对话框

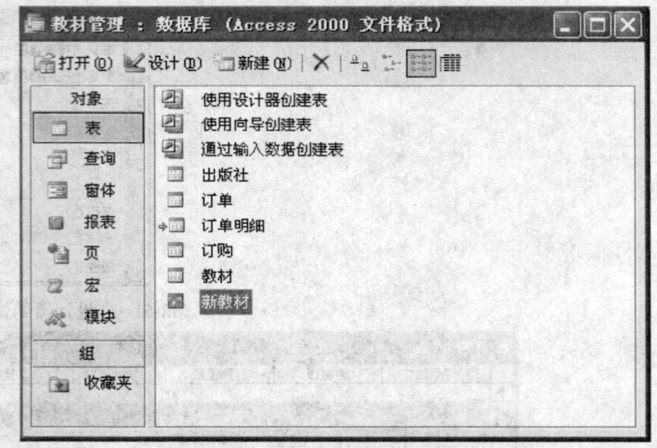

图2-54 由“教材”表成功复制出“新教材”表

5. 选择【教材】选项，单击【删除】按钮，在弹出的删除确认对话框中（见图 2-55）单击 是(Y) 按钮，即可完成“教材”表的删除操作。

图2-55 删除确认对话框

6. 选择【新教材】选项，选择菜单栏中的【编辑】/【重命名】命令，【新教材】选项会变成一个可编辑的文本框，将其内容改为输入“教材”，如图 2-56 所示，即完成“新教材”表的重命名操作。

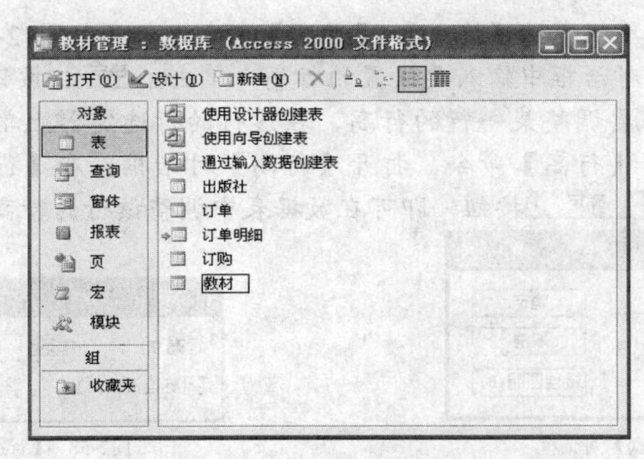

图2-56　表的重命名

【知识链接】

在【粘贴表方式】对话框的【粘贴选项】栏中有3个单选按钮，其含义分别如下。

- 只粘贴结构：表示目标表只具有源表的结构，不复制源表中的数据。
- 结构和数据：表示目标表和源表完全一样，具有相同的结构和数据。
- 将数据追加到已有的表：表示向已存在的表中追加从源表复制的所有数据记录（要求：已有表的结构必须包括源表的结构，即源表的字段名以及数据类型在已有表结构中都存在并且完全一致）。已有的表名在【表名称】文本框中输入。

（二）　“教材”表的外观调整

数据表的外观是数据库的“门面”，一个清晰美观的数据库不仅能为用户提供一个友好的界面，还能有效地提高工作效率。本节的主要任务是介绍合理调整数据表的方法，包括改变字段次序、调整列宽和行高、隐藏列和显示列、列的冻结与解冻以及设置字体与格式等。下面以“教材”表为例，详细讲解相关的操作步骤。

【操作步骤】

1. 启动Access 2003。
2. 打开“教材管理”数据库，在【对象】栏中选择【表】选项，然后双击右侧列表框中的【教材】选项，打开 “教材”表。
3. 改变字段次序：在默认情况下，Access显示数据表中的字段次序与它们在表中出现的次序相同。但是，在使用“数据表视图”时，往往需要移动某些列来满足查看数据的要求，此时就需要改变字段的显示次序。其方法是，单击被移动字段的字段选择器（即该字段的标题行），把光标放在所选定的字段上，按住鼠标左键拖曳将其移到合适的位置。
4. 调整列宽：选择菜单栏中的【格式】/【列宽】命令，弹出如图2-57所示的【列宽】对话框。在【列宽】对话框中输入要设置的列宽，单击 确定 按钮，即可在数据表中调整所有的列宽；若要调整某一列的列宽，在字段的名称上单击鼠标右键，在弹出的快捷菜单中选择【列宽】命令，打开【列宽】对话框。在【列宽】对话框中输入要设置的宽度，单击 确定 按钮，即可在数据表中调整该列的宽度。单击 最佳匹配(B) 按钮，可以使字段的宽度达到与数据最匹配的效果。

5. 调整行高：选择菜单栏中的【格式】/【行高】命令，打开如图 2-58 所示的【行高】对话框。在【行高】对话框中输入要设置的行高，单击 确定 按钮，即可在数据表中调整所有的行高；若要调整某一行的行高，在该行的行选定器上单击鼠标右键，在弹出的快捷菜单中选择【行高】命令，打开【行高】对话框。在【行高】对话框中输入要设置的行高，单击 确定 按钮，即可在数据表中调整该行的行高。

图2-57 【列宽】对话框

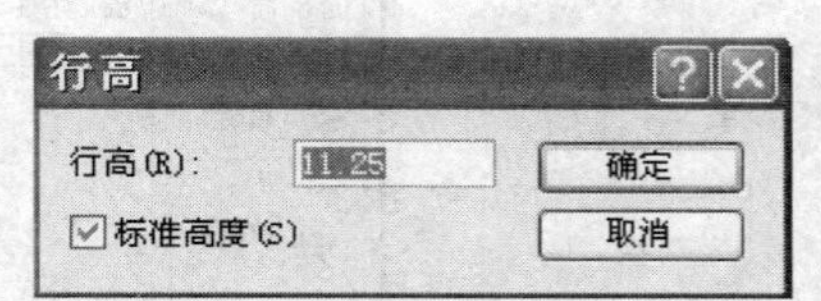

图2-58 【行高】对话框

6. 隐藏列与显示列：选定要隐藏的字段，如选定“作者”字段，选择菜单栏中的【格式】/【隐藏列】命令，“作者”列即被隐藏；若要取消隐藏列，则需要选择菜单栏中的【格式】/【取消隐藏列】命令，弹出【取消隐藏列】对话框，如图 2-59 所示，勾选要取消隐藏列的字段复选框。这里一定要注意，勾选的项目是所要取消隐藏列的项目，不要弄反了，勾选完后单击 关闭(C) 按钮即可。

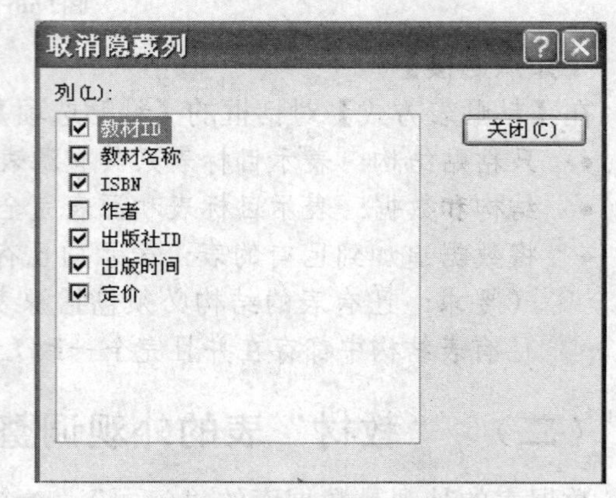

图2-59 【取消隐藏列】对话框

说明

在【取消隐藏列】对话框中，各个字段前面的复选框被勾选时，代表该字段没有隐藏，若没有被勾选，则表明该列正处在隐藏状态，如图 2-59 所示的“作者”列。

7. 列的冻结与解冻：要冻结某一列或多列，如冻结“教材名称”字段，选中该字段，选择菜单栏中的【格式】/【冻结列】命令，此时该字段被冻结，在数据表中拖动水平滚动条时，“教材名称”字段始终固定在窗口的左边；若要解冻列，只需选择菜单栏中的【格式】/【取消对所有列的冻结】命令即可。用同样的方法，也可以使“教材 ID”、“ISBN”、“作者”、“出版社编号”、“出版时间”以及“定价”等字段冻结和解冻。
8. 设置字体：选择菜单栏中的【格式】/【字体】命令，弹出【字体】对话框，如图 2-60 所示。在该对话框中可以进行字体、字形和字号的设置，同时可以在下面的【示例】栏中预览到所设置的效果。当然，也可以通过其所提供的一些特殊效果以及字的颜色使得文字更好地满足需求，如可以将字的颜色设置为红色，字号设置为更大的 12 号，如果想在字的下方加入下画线效果，则可以在【特殊效果】栏中勾选【下划线】复选框。设置完成以后单击 确定 按钮即可。
9. 设置格式：选择菜单栏中的【格式】/【数据表】命令，弹出【设置数据表格式】对话框，如图 2-61 所示，可以在该对话框中进行相应的设置，设置完成后单击 确定 按钮即可。

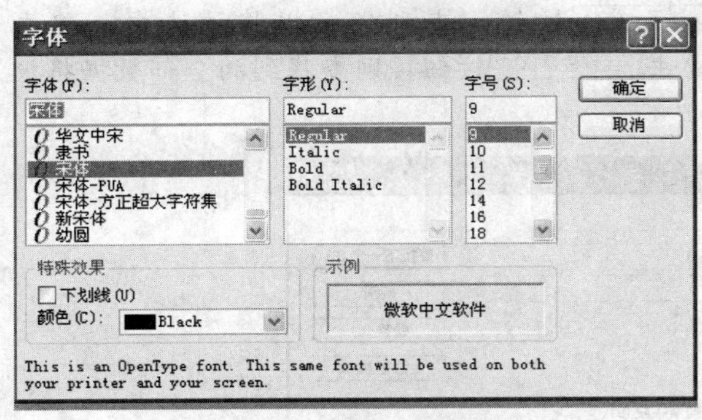

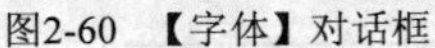

图2-60　【字体】对话框

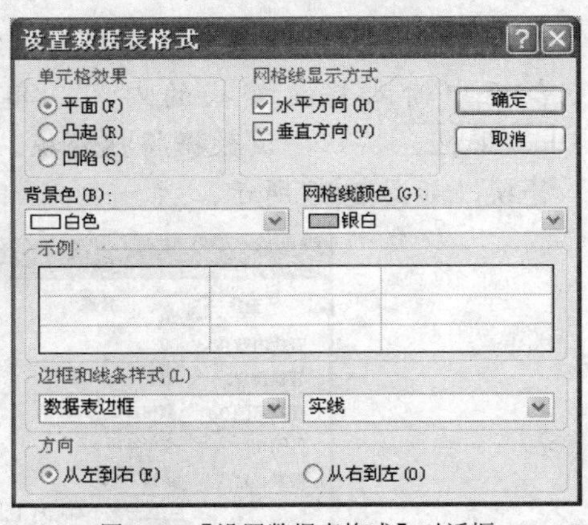

图2-61　【设置数据表格式】对话框

【知识链接】

(1)　改变列宽的另一种方法是将光标置于字段选择器的分隔处，当光标变成✛形状时，按住左键在水平方向拖曳鼠标，当列宽达到需要的宽度时，释放鼠标左键，即可改变该列的宽度。

(2)　改变行高的另一种方法是将光标置于记录选择器的分隔处，当光标变为✛形状时，按住左键上下拖曳鼠标，在光标的右边有一条黑色的直线随光标移动，当行高达到需要的高度时，释放鼠标左键，即可改变所有行的高度。

（三）“教材”表中数据的查找与替换

随着数据库运行时间的增长，数据量也越来越大，当数据量变得很大时，人工定位数据将会是一件令人头痛的事情，为了查找和修改数据，下面主要讲解“教材”表中数据的查找与替换操作。

【操作步骤】

1.　启动 Access 2003。
2.　打开“教材管理”数据库，在【对象】栏中选择【表】选项，然后双击右侧列表框中的【教材】选项，打开“教材”表。
3.　单击 Access 工具栏中的【查找】按钮，弹出【查找与替换】对话框，默认显示为【查找】选项卡，如图 2-62 所示。

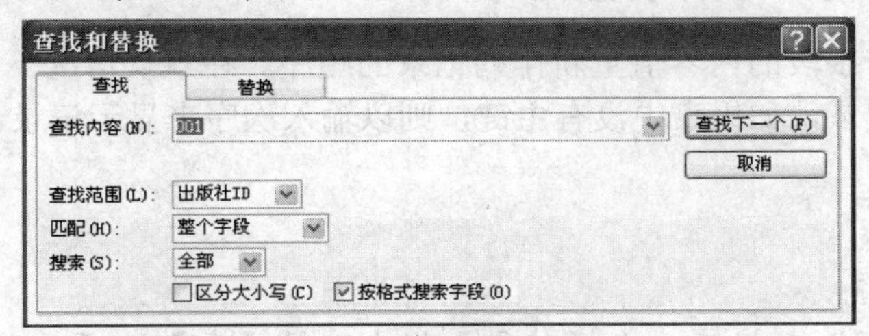

图2-62　【查找与替换】对话框

4.　在【查找】选项卡中，在【查找内容】组合框中输入要查找的内容，单击查找下一个(F)按钮，查找到的数据将被选中，且该数据所在的记录成为当前记录，再次单击查找下一个(F)按钮可以继续查找。

5. 单击【替换】选项卡，在【查找内容】组合框中输入被替换的内容，在【替换为】组合框中输入将要替换的内容，单击查找下一个(F)按钮，查到的数据将被选中，单击替换(R)按钮，该数据将被替换。若单击全部替换(A)按钮，则查找到的全部数据将被替换，如图 2-63 所示。

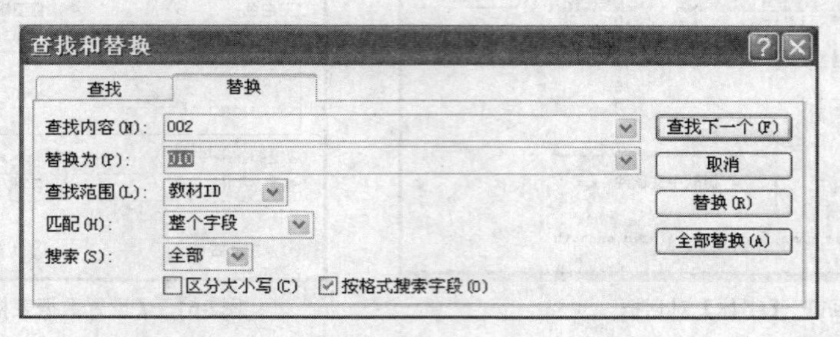

图2-63 【替换】选项卡

在打开的数据库窗口中，选择菜单栏中的【编辑】/【查找】命令和【编辑】/【替换】命令，或者按键盘上的【Ctrl】+【F】组合键也可以实现相应的查找与替换操作。

【知识链接】

如果要查找与实际数据不完全匹配的数据，可以用通配符来替代某些字符。表 2-4 所示为 Access 2003 常用的通配符。

表 2-4 Access 2003 常用的通配符

字符	功能
*	与任何多个字符或汉字匹配
?	与任何单个字符或汉字匹配
[]	与[]内的任何单个字符或汉字匹配
-	与指定范围内的任何一个字符或汉字匹配
!	匹配任何非[]内的字符或汉字
#	与任何单个数字字符匹配

（四） “教材”表中数据的排序

排序是按照某个字段的内容值重新排列记录的顺序。在默认情况下，Access 2003 会按照主键的次序显示记录，如果表中没有主键，则以输入次序来显示记录。排序分为升序和降序两种。

【操作步骤】

1. 启动 Access 2003。
2. 打开“教材管理”数据库，在【对象】栏中选择【表】选项，双击右侧列表框中的【教材】选项，打开“教材”表。
3. 选中“ISBN”字段，单击【降序】按钮即可实现数据的降序排列，单击【升序】按钮即可实现数据的升序排列。

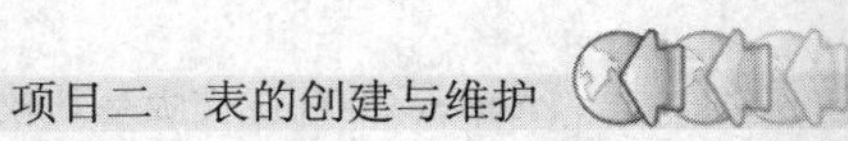

说明：选择菜单栏中的【记录】/【排序】命令，也可以实现相应的升序/降序操作。

【知识链接】

(1) 备注类型字段排序将只针对前255个字符排序；不能对“OLE对象”字段排序。

(2) 若已进行过排序，则索引设置不再起作用，除非清除排序设置，清除方法是选择菜单栏中的【记录】/【取消筛选/排序】命令。

（五）“教材”表中数据的筛选

用户经常需要从大量的记录中过滤掉不符合条件的记录，留下符合某种条件的记录，以便对数据进行分析或某种编辑操作，这就需要用到记录筛选功能。Access 2003 提供了多种筛选功能，包括按选中内容筛选、按窗体筛选以及高级筛选/排序功能。

【操作步骤】

1. 启动Access 2003。
2. 打开“教材管理”数据库，在【对象】栏中选择【表】选项，双击右侧列表框中的【教材】选项，打开“教材”表。
3. 将鼠标光标指向“教材”表中的任意一个单元格，单击工具栏上的【筛选】按钮，即可实现按内容筛选。
4. 单击工具栏上的按钮，弹出【按窗体筛选】对话框，用鼠标单击要设置筛选条件的字段名下的单元格，在该单元格的右侧会出现一个按钮，单击该按钮，便可以显示该字段下的所有字段名，如图2-64所示，选择其中一个字段中的数据，就可以实现按窗体筛选。

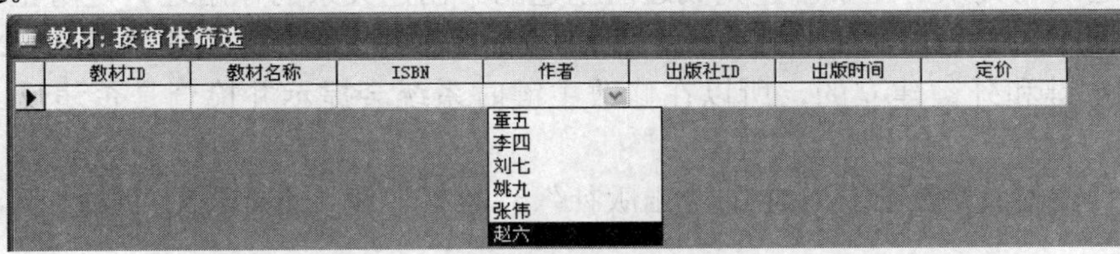

图2-64　按窗体筛选示例

5. 选择菜单栏中的【筛选】/【高级筛选】命令，弹出如图2-65所示的【筛选】对话框。在该对话框中可以设置多个筛选记录和多个排序规则，选中相关的字段以后关闭该对话框，即可实现筛选功能。

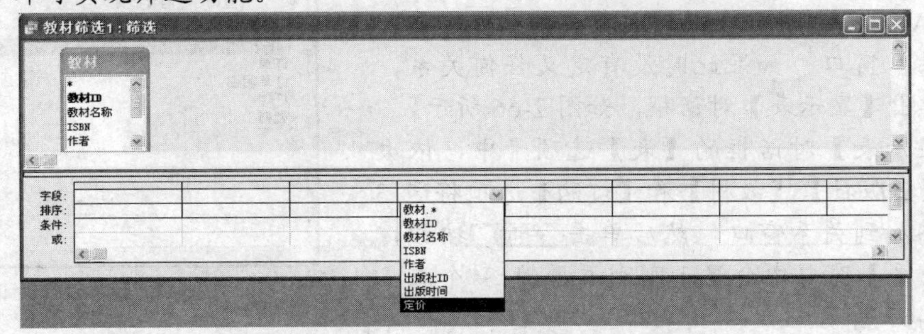

图2-65　【筛选】对话框

说明

选择菜单栏中的【记录】/【筛选】命令，也可以实现相应的筛选操作。

选择菜单栏中的【记录】/【取消筛选/排序】命令，可以取消事先设置好的筛选操作。

任务六 表间关联关系的建立

在 Access 数据库中，表与表之间可以通过某些字段相互关联，从而在表之间建立起关系，利用关系可以避免多余的数据，利用关系还可以将相关的数据通过某种有意义的方式联系在一起。建立关系的两个表分别称为左表和右表（或者称为主表和从表，也称为表和相关表），表间的关系分为 3 种：一对一关系、一对多关系和多对多关系。

(1) 一对一关系：左表中的一条记录最多只能匹配右表中的一条记录，反之亦然。如果相关字段都是主键或都具有唯一约束，则可以创建一对一关系。这种关系并不常见，因为以这种方式相关的大多数数据一般都可以设计在一个表中。

(2) 一对多关系：左表中的每条记录和右表中的多条记录相关联，而右表中的每条记录只能和左表中的一条记录相匹配。在这种表关系中，左表必须以相关联的字段为主键。一对多关系是最常用的关系类型。

(3) 多对多关系：左表中的每条记录和右表中的多条记录相关联，反之亦然。要创建这种关系，需要定义第 3 个表，称为结合表，它的主键由左右两个表中的外键（外键也是一个字段或一个表中若干字段的组合）组成。

（一） 创建关系

表与表之间的关系是在表创建完成之后创建的。创建关系的作用之一是防止产生输入错误，按照数据库的术语称为参照完整性，用户不能随意更改建立关系的字段。表之间的关联是通过表的主键和外键建立的，所以在修改主键时系统会提示并检查是否违反了参照完整性。

下面以“教材管理”数据库中的“出版社”、“教材”和“订购”3 个表为例，说明关系创建的步骤。

【操作步骤】

1. 启动 Access 2003。
2. 打开“教材管理”数据库。
3. 单击 Access 工具栏上的【关系】按钮，打开【关系】窗口。如果此时没有定义任何关系，则会弹出【显示表】对话框，如图 2-66 所示。
4. 在【显示表】对话框的【表】选项卡中，依次双击【出版社】、【教材】和【订购】选项将这 3 个表添加到关系窗口，然后单击 关闭(C) 按钮，在【关系】窗口中会显示刚刚添加的 3 个表，如图 2-67 所示。

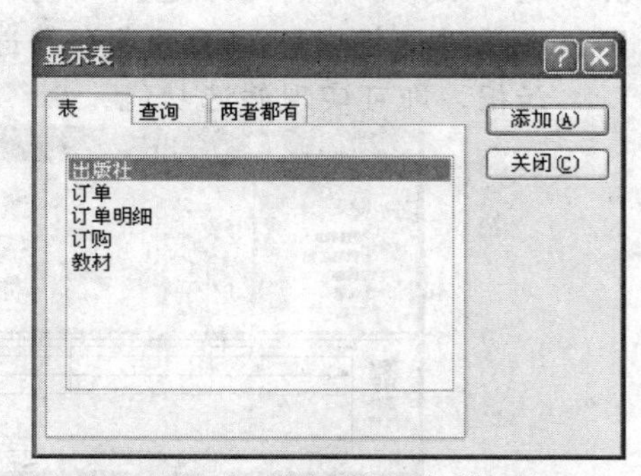

图2-66 【显示表】对话框

5. 在【关系】窗口中，将“出版社”表中的“出版社 ID”字段拖放到“教材”表中的“出版社 ID”字段，弹出【编辑关系】对话框，如图 2-68 所示，单击 创建(C) 按钮。

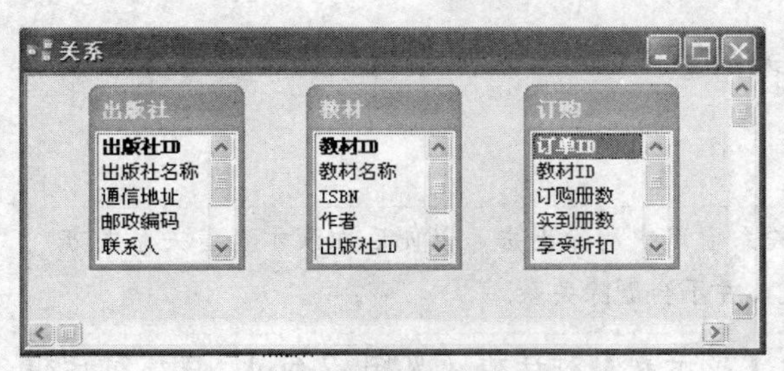

图2-67　【关系】窗口

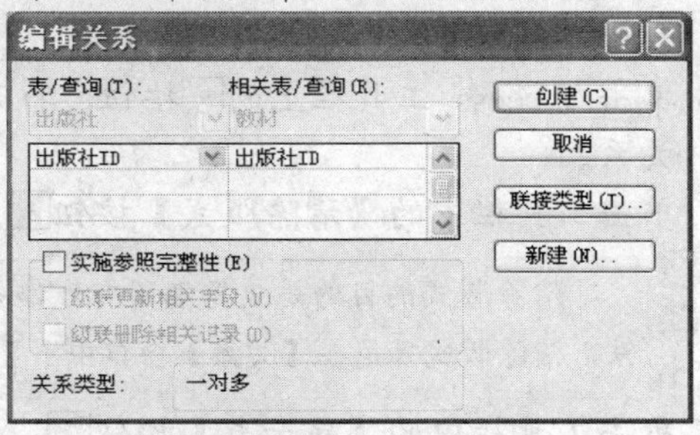

图2-68　【编辑关系】对话框

【知识链接】

在【编辑关系】对话框（见图 2-68）中，有【实施参照完整性】、【级联更新相关字段】和【级联删除相关字段】复选框。参照完整性是一套规则系统，能确保相关表中各条记录之间关系的有效性，并且确保不会意外删除或更改相关的数据。只有满足下列全部条件时才可以设置参照完整性：主表中的匹配列是一个主键或者具有唯一约束；相关字段（即外键）具有相同的数据类型和大小；两个表属于相同的数据库。

如果勾选了【级联更新相关字段】复选框，则可以在主表的主键值更改时，自动更新从表中的对应字段值。如果勾选了【级联删除相关字段】复选框，则可以在删除主表中的记录时，自动地删除从表中与之匹配的记录。

说明

前面使用“表向导”创建的“教材”表中的“出版社 ID”字段类型是数字型的，与“出版社”表中的“出版社 ID”字段类型不一致，因此无法实施参照完整性。如果需要实施参照完整性，需要把“教材”表中的“出版社 ID”字段类型修改为文本型的（修改方法参见本项目中的任务二）。

6. 在【关系】窗口中，将“教材”表中的“教材 ID”字段拖放到“订购”表中的“教材 ID”字段，在弹出的【编辑关系】对话框中单击 创建(C) 按钮。创建的关系如图 2-69 所示。

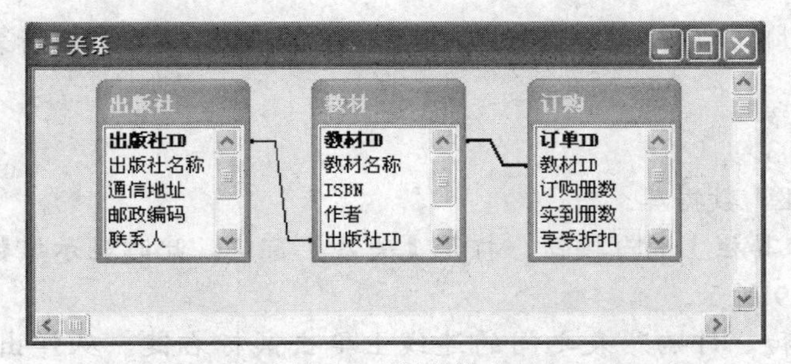

图2-69　创建的关系

（二）　查看关系

在【关系】窗口中，可以查看已经存在的所有关系，也可以查看与某个特定表有关的关系，下面以“教材”数据库为例介绍相关的操作步骤。

【操作步骤】

1. 启动 Access 2003。
2. 打开“教材管理”数据库。
3. 单击 Access 工具栏上的按钮，打开【关系】窗口。此时显示该数据库中所有存在的关系。
4. 单击工具栏中的【清除版式】按钮。

说明：清除版式的目的是故意把所有表都先从关系窗口中清除出去，以便后面演示查看关系的方法，清除版式只是在【关系】窗口中不显示表，并不会删除关系。

5. 单击工具栏中的【显示表】按钮，打开【显示表】对话框（见图 2-66）。在该对话框中，选择“出版社”表，单击 添加(A) 按钮，然后关闭【显示表】对话框。
6. 单击工具栏上的【显示直接关系】按钮，这时【关系】窗口中会显示与“出版社”表有关系的“教材”表以及表之间的关系线，如图 2-70 所示。

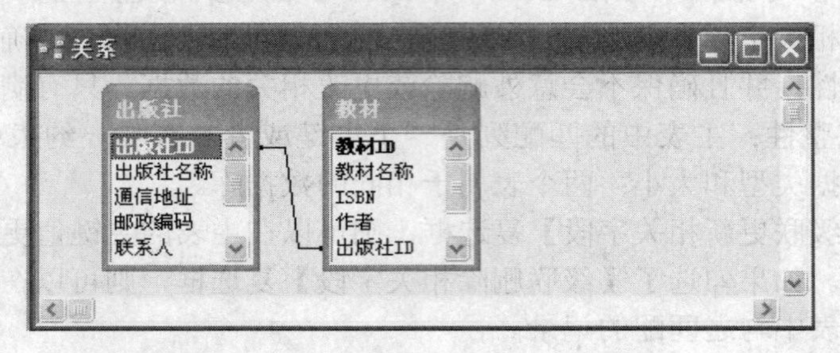

图2-70 查看与“出版社”表有直接关系的表

7. 单击工具栏上的【显示所有关系】按钮，这时【关系】窗口中会显示与“出版社”表有直接或间接关系的所有表以及表之间的关系线，与图 2-69 是一样的。

在【关系】窗口标题栏上单击鼠标右键也可以打开如图 2-66 所示的【显示表】对话框，在“出版社”表的标题栏上单击鼠标右键也可以查看与【出版社】有关系的表。

（三） 编辑关系

表间关系建立以后，如果需要修改或删除，可以按照以下步骤进行表间关系的编辑。

【操作步骤】

1. 启动 Access 2003。
2. 打开“教材管理”数据库。
3. 单击 Access 工具栏上的按钮，打开【关系】窗口。此时显示该数据库中所有存在的关系，如图 2-69 所示。
4. 在“教材”表和“订购”表之间的连线上单击鼠标右键，从弹出的快捷菜单中选择【编辑关系】命令，弹出【编辑关系】对话框，勾选【实施参照完整性】、【级联更新相关字段】和【级联删除相关字段】复选框，如图 2-71 所示。
5. 单击 确定 按钮，编辑后的关系如图 2-72 所示。

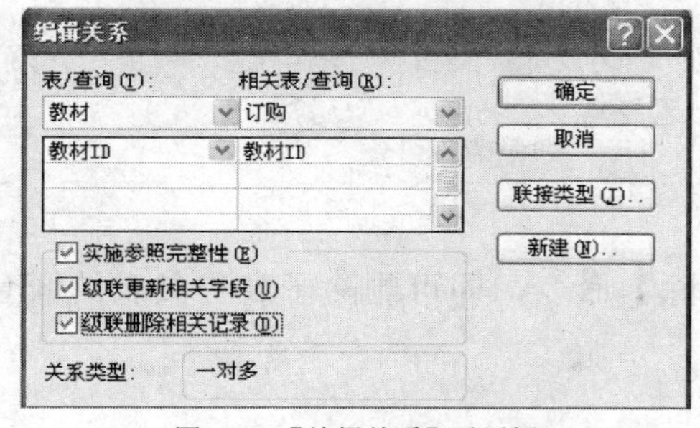

图2-71　【编辑关系】对话框

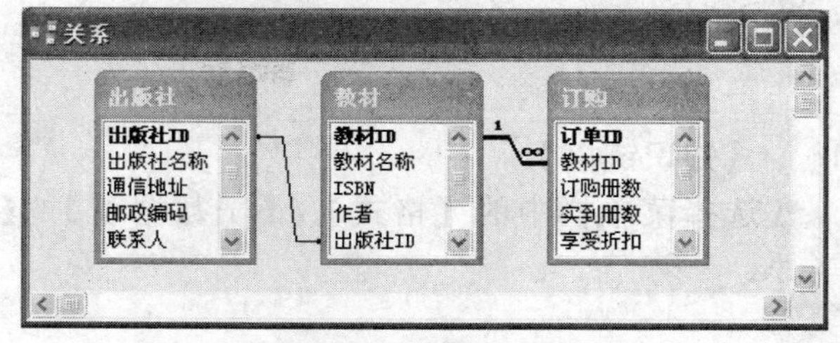

图2-72　编辑后的关系

任务四中的字段有效性规则是对表内字段的限制规则，而本任务涉及的参照完整性规则属于表间规则，用于在编辑记录时维持已定义的表间关系。

【知识链接】

若要删除表间关系，只需在【关系】窗口中两个表的连线上单击鼠标右键，从弹出的快捷菜单中单击【删除】命令即可。

（四）　创建子表

子表的概念是相对父表而言的，它是一个嵌在另一个表中的表，两个表通过一个链接字段链接，当用户使用父表时，便可以方便地使用逻辑子表。Access 2003 允许用户在数据表中插入子数据表。在数据表中可以查看单条记录，也可以查看与该条记录相关的子数据表中的记录。

【操作步骤】

1. 启动 Access 2003。
2. 打开“教材管理”数据库，在【对象】栏中选择【表】选项，双击右侧列表框中的【出版社】选项，打开“出版社”表。
3. 选择菜单栏中的【插入】/【子数据表】命令，弹出【插入子数据表】对话框，如图 2-73 所示。
4. 在【表】选项卡中选择【教材】选项，单击 确定 按钮，添加子表成功，如图 2-74 所示。

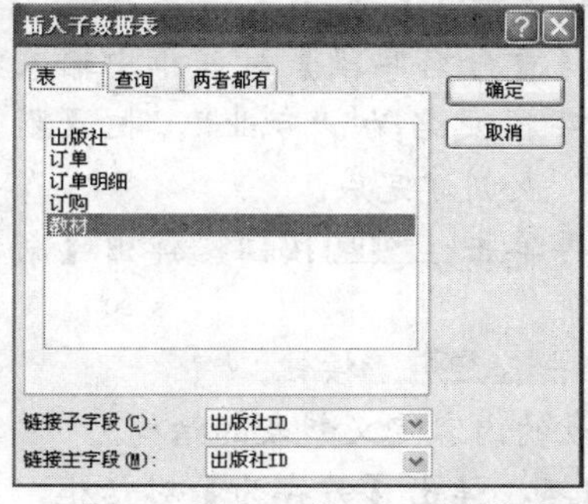

图2-73　【插入子数据表】对话框

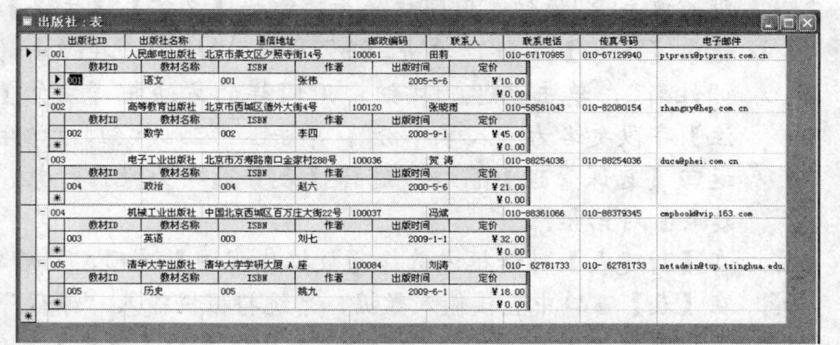

图2-74　添加子表成功

说明

在创建子数据表之前，必须确保父表和子表之间已经建立了关系。

【知识链接】

选择菜单栏中的【格式】/【子数据表】/【删除】命令，即可删除子表与父表的嵌套关系。

实训一 创建“选课管理”中的“学生”、“课程”、“选课”表

“选课管理”数据库中各个表的字段设计如表 2-5 所示。

表 2-5　“选课管理”数据库中的表及字段

表	字段
课程	课程 ID，课程名称，课程性质，学时，学分，开课学期，开课专业
学生	学号，姓名，专业，入学年份
选课	选课 ID，学号，课程 ID，成绩

【实训要求】

按照表 2-5 中的字段，使用“表向导”创建“学生”表；通过输入数据创建“课程”表；使用“表设计器”创建“选课”表和“学生”表。

【步骤提示】

1. 启动 Access 2003。
2. 打开“选课管理”数据库。
3. 在“选课管理”数据库窗口中选择【表】选项为操作对象，再单击 新建(N) 按钮，弹出【新建表】对话框。
4. 在【新建表】对话框中选择【表向导】选项，单击 确定 按钮，弹出【表向导】对话框。
5. 在【示例表】列表框中选择【学生】选项，在【示例字段】列表框中选择【学号】字段，单击 > 按钮，用同样的方法添加【名字】、【主修】和【附注】字段。
6. 选中【名字】字段，单击 重命名字段(R)... 按钮，在弹出的【重命名字段】对话框中输入“姓名”，单击 新建(N) 按钮。用同样的方法把【主修】字段更名为“专业”，把【附注】字段更名为“入学年份”。单击 完成(F) 按钮，“学生”表创建完成。
7. 返回【选课管理】窗口，选择【表】选项为操作对象，再单击 新建(N) 按钮，弹出【新建表】对话框。
8. 在【新建表】对话框中选择【数据库视图】选项，然后单击 确定 按钮。
9. 在【表】窗口中直接输入数据，系统将根据输入“课程”表的内容定义新表的结构。
10. 完成数据输入后，单击 Access 工具栏中的【保存】按钮，弹出【另存为】对话框，在【另存为】对话框的【文件名】组合框中输入“课程”，然后单击 确定 按钮，“课程”表创建完成。

11. 返回【选课管理】窗口，选择【表】选项为操作对象，再单击[新建(N)]按钮，弹出【新建表】对话框。
12. 在【新建表】对话框中选择【设计视图】选项，然后单击[确定]按钮，打开【表】结构定义窗口。
13. 在【表】结构定义窗口中，根据“选课”表的字段属性，逐一定义每个字段的属性。
14. 单击[保存]按钮，弹出【另存为】对话框，在【文件名】组合框中输入“选课”，单击[确定]按钮，“选课”表创建完成。

设置学生姓名字段的长度时，一定要考虑到少数民族姓名等字段较多的情况。

实训二　“学生”表中数据的排序和筛选

【实训要求】

分别对“学生”表中的数据进行升序和降序排列；筛选出专业为“计算机”的学生。

【步骤提示】

1. 启动 Access 2003。
2. 打开“选课管理”数据库。
3. 在“选课管理”数据库窗口中选择【表】选项为操作对象，打开“学生”表，向表中输入几组数据，其中有一组或几组为“计算机”专业。如按如图 2-75 所示输入 10 条记录。

学生：表

学号	姓名	入学年份	专业
2010001	刘欢	2010	金融
2010002	张强	2010	计算机
2000003	王会	2000	经济
2010004	徐燕	2010	数学
2008005	赵伟	2008	法律
2010006	张旭	2010	计算机
2008007	王俊	2008	哲学
2010008	留猛	2010	历史
2007009	潘祥	2007	英语
2009010	刘翔	2009	计算机

图2-75　“学生”表示例

4. 选中【学号】字段，单击 Access 工具栏中的[降序]按钮，即可实现按“学号”的降序排列，单击[升序]按钮，即可实现按“学号”的升序排列。
5. 单击工具栏中的[按窗体筛选]按钮，弹出【按窗体筛选】对话框，单击要设置筛选条件的字段名下的单元格，在单元格的右侧会出现一个[▼]按钮，单击[▼]按钮，在弹出的下拉列表中选择【计算机】选项，如图 2-76 所示。
6. 单击[应用筛选]按钮，即可完成筛选工作，筛选结果如图 2-77 所示。

学生：按窗体筛选

学号	姓名	入学年份	专业
			"计算机"

图2-76　筛选出“计算机”专业的学生

学生：表

学号	姓名	入学年份	专业
2010002	张强	2010	计算机
2010006	张旭	2010	计算机
2009010	刘翔	2009	计算机

图2-77　筛选结果

实训三 创建“选课”与“学生”数据表之间的关系

【实训要求】

在“选课管理”数据库中，创建“选课”与“学生”数据表之间的关系。

【步骤提示】

1. 启动 Access 2003。
2. 打开“选课管理”数据库。
3. 单击工具栏上的按钮，打开【关系】窗口。如果此时没有定义任何关系，则会弹出【显示表】对话框。
4. 在【显示表】对话框中，选中要创建关系的“学生”表，然后单击 添加(A) 按钮，则选中的表显示在【关系】窗口中。按照同样的方法，添加“选课”表。添加完毕后单击 关闭(C) 按钮，关闭【显示表】对话框。
5. 在【关系】窗口中，选中“选课”表中的“学号”字段拖放到“学生”表中的“学号”字段上，弹出【编辑关系】对话框，单击 创建(C) 按钮，即完成表间关系的创建。

项目拓展 练习各个数据表的基本操作

表 2-6 所示为“网上书店”数据库中表的字段，请用本项目所讲解的方法创建所有表，对表以及其中的记录进行各种操作，并建立表间的关系。

表 2-6 网上书店数据库中的表及字段

表	字段
出版社	出版社 ID，出版社名称，通信地址，邮政编码，联系人，联系电话，传真号码，电子邮件
图书	图书 ID，图书名称，ISBN，作者，出版社编号，出版时间，定价，促销折扣
用户	用户 ID，登录名，密码，真实姓名，称谓，会员等级，身份证号，联系电话，电子邮件，送货地址，邮政编码
订单	订单编号，用户 ID，订购日期，送货方式，配送记录，总书款，付款方式，书款是否结算，是否送达，未送达原因
订单明细	订单编号，图书 ID，订购册数，享受折扣

【步骤提示】

1. 启动 Access 2003。
2. 打开“网上书店”数据库。
3. 通过输入数据创建“出版社”表。
4. 使用“表设计器”创建“图书”表。
5. 使用导入创建“用户”表。
6. 使用“表向导”创建“订单”表。
7. 使用链接创建“订单明细”表。

8. 修改“出版社”表的结构。
9. 设置“图书”表字段的属性。
10. 练习各个数据表的基本操作。
11. 建立这 4 个表之间的关系。

思考与练习

一、简答题

1. 创建数据表主要有哪几种方法？
2. 导入表和链接表的区别是什么？
3. 表字段属性设置主要有哪两类？哪类是必有的设置选项？
4. 设置输入掩码有什么作用？
5. 删除记录有哪几种方法？
6. 为何要进行排序与筛选？如何进行排序与筛选？
7. 为何要建立表间的关系？
8. 如何删除表间的关系？

二、操作题

表 2-7 所示为“员工工资管理”数据库的设计方案。

表 2-7　“员工工资管理”数据库中的表及字段

表	字段
员工	员工编号，姓名，性别，出生年月，政治面貌，岗位编号，部门编号，入职时间
工资	员工编号，发放时间，基本工资，岗位津贴，绩效奖金，住房补贴，其他补贴，住房积金，养老保险，考勤罚款，其他扣款，应发金额，应扣金额，实发金额
岗位	岗位编号，职务，职称，基本工资，岗位津贴
部门	部门编号，部门名称，地址，电话，部门人数，负责人编号

按照表 2-7 中给出的表及字段，上机实现下面的操作要求。

- 通过输入数据创建“员工”表。
- 使用“表设计器”创建“工资”表。
- 使用导入创建“岗位”表　。
- 通过输入数据创建“部门”表。
- 设置“员工”表中字段的属性。
- 在“工资”表中，按照“基本工资”进行降序排列。
- 筛选出“岗位”表中“岗位津贴”大于“1000 元”的记录。
- 创建这 4 个表之间的关系。

项目三 查询的创建与使用

对于数据库用户来说，数据的检索、统计与计算在日常工作中占很大一部分，使用查询可以轻松地完成这些数据的处理工作。查询是专门用来进行数据检索、数据加工的一种重要的数据库对象。查询就是从数据表中筛选出所需要的数据。

Access 2003 具有较强的查询功能。本项目以“教材管理”数据库为例，详细讲解查询的创建与使用方法，包括创建选择查询、创建参数查询、创建动作查询、创建 SQL 查询以及修改查询等操作。使用参数查询的结果如图 3-1 所示。

教材表设计视图查询：选择查询

教材ID	教材名称	作者	定价
002	数学	李四	￥45.00
			￥0.00

图3-1 使用参数查询的结果

使用更新查询的结果如图 3-2 所示。

教材：表

教材ID	教材名称	ISBN	作者	出版社ID	出版时间	定价
002	数学	002	李四	002	2008-9-1	￥55.00
003	英语	003	刘七	004	2009-1-1	￥32.00
004	政治	004	赵六	003	2000-5-6	￥21.00
005	历史	005	姚九	005	2009-6-1	￥18.00
006	化学	006	董五	006	2010-1-1	￥22.00
						￥0.00

图3-2 使用更新查询的结果

使用交叉查询的结果如图 3-3 所示。

使用 SQL 查询中的数据定义查询所创建的“教材管理”数据库的“发放”表如图 3-4 所示。

教材出版社交叉表：交叉表查询

出版社名称	数学	英语
高等教育出版社	200	
机械工业出版社		50

图3-3 使用交叉表查询的结果

发放：表

字段名称	数据类型	说明
发放ID	文本	
教材ID	文本	
发放人	文本	
领书人	文本	
发放册数	数字	
发放日期	日期/时间	

字段属性

常规 查阅

字段大小	255
格式	
输入掩码	
标题	
默认值	
有效性规则	
有效性文本	
必填字段	否
允许空字符串	是
索引	无
Unicode 压缩	否
输入法模式	开启
IME 语句模式（仅日文）	无转化
智能标记	

字段名称最长可到 64 个字符（包括空格）。按 F1 键可查看有关字段名称的帮助。

图3-4 使用 SQL 查询中数据定义查询的结果

需要说明的是，为了避免对象重名，也为了直观地区分创建方法，本书中常结合创建对象的方式对其进行命名，图 3-1 所示的“教材表设计视图查询”的含义就是利用设计视图创建查询，后面的项目中也会出现类似的命名方式。在实际应用中直接根据对象的内容或用途进行命名即可，不必效仿本书这种做法。

学习目标

掌握选择查询的创建与使用方法。
掌握参数查询的创建与使用方法。
掌握交叉表查询的创建与使用方法。
掌握动作查询的创建与使用方法。
熟练使用设计视图创建、修改和设计查询。
熟练掌握 SQL 查询的创建。

任务一　创建选择查询

选择查询是最常见的查询类型，主要用于浏览、检索以及统计数据库中的数据。选择查询可以对记录进行分组，并且可以对记录做汇总、计数、求平均值及其他计算。

本任务的主要目的是使大家熟练掌握使用向导创建查询和使用设计视图创建查询两种查询方法。

（一）　使用向导创建“教材”查询

使用向导创建查询与使用向导创建表类似，Access 2003 查询向导能够有效地引导用户创建查询，并且详细地解释在创建查询过程中所要做出的选择，同时以图形方式显示结果，图 3-5 所示为创建完成后的“教材管理”数据库窗口。

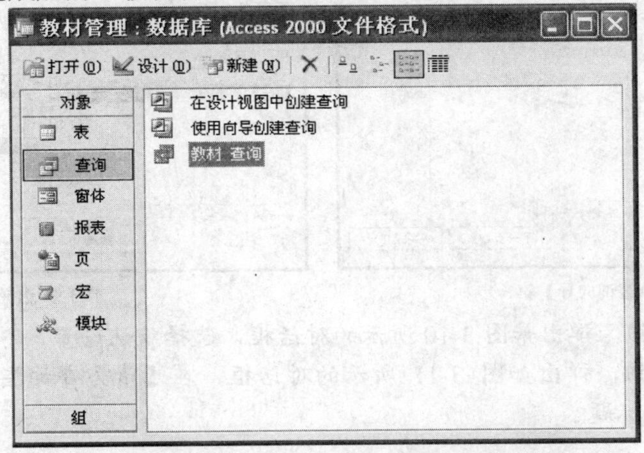

图3-5　使用向导创建查询完成后的“教材管理”数据库窗口

下面以“教材管理”数据库中的“教材”表为例，介绍使用向导创建查询的操作步骤。

【操作步骤】

1. 启动 Access 2003。
2. 打开“教材管理”数据库，如图 3-6 所示。
3. 在“教材管理”数据库窗口中，选择【查询】选项为操作对象，再单击[新建(N)]按钮，弹出【新建查询】对话框，如图 3-7 所示。

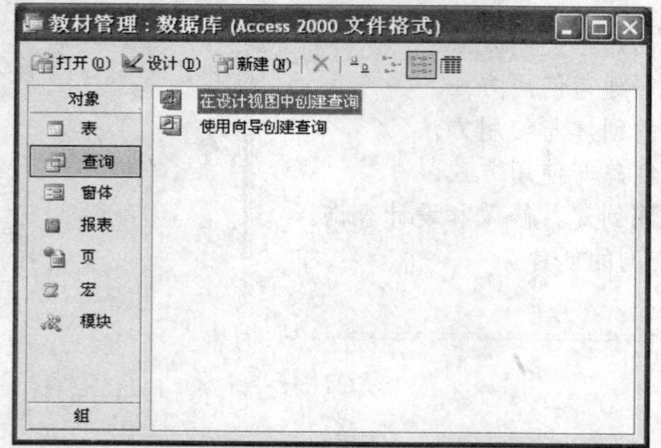

图3-6 “教材管理”数据库

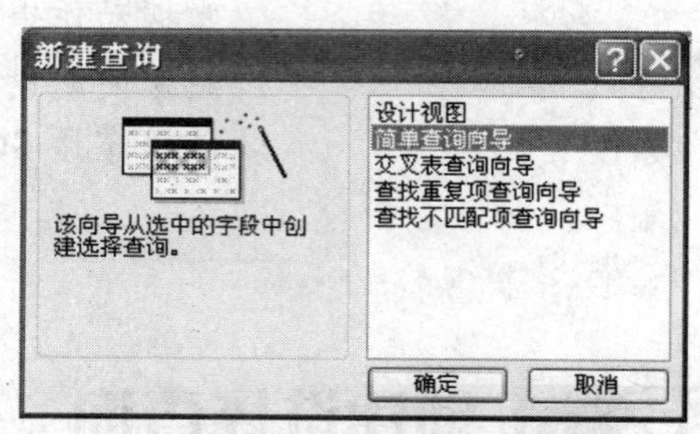

图3-7 【新建查询】对话框

4. 在【新建查询】对话框中，选择【简单查询向导】选项，单击[确定]按钮，弹出如图 3-8 所示的【简单查询向导】对话框。在该对话框的【表/查询】下拉列表中选择【表：教材】选项，在【可用字段】列表框中选择“教材 ID”选项，单击[>]按钮，则【教材 ID】字段就被选定到【选定的字段】列表框中，用同样的方法选择“教材名称”、“作者”、“出版社”、“定价” 4 个字段，如图 3-9 所示。若要选择所有字段，只需单击[>>]按钮即可。

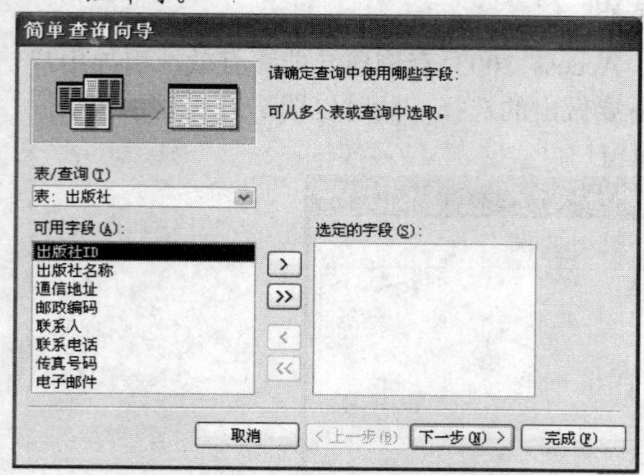

图3-8 【简单查询向导】第一步

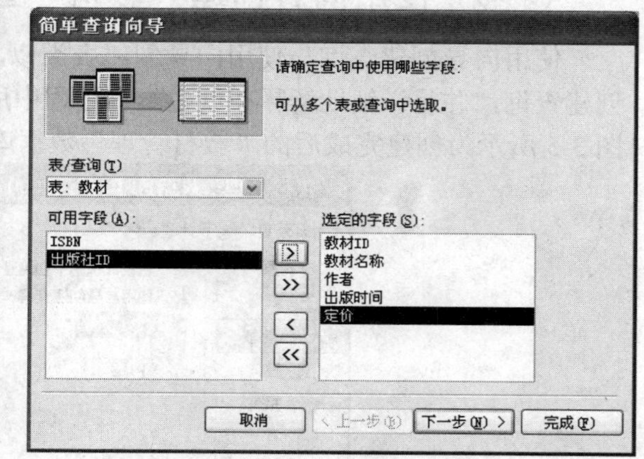

图3-9 选择字段

5. 单击[下一步(N) >]按钮，弹出如图 3-10 所示的对话框，选择默认设置。
6. 单击[下一步(N) >]按钮，弹出如图 3-11 所示的对话框，在【请为查询指定标题】文本框中输入数据查询的标题。

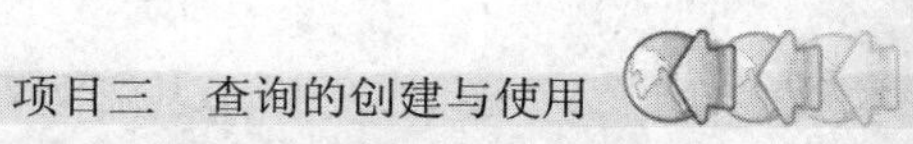

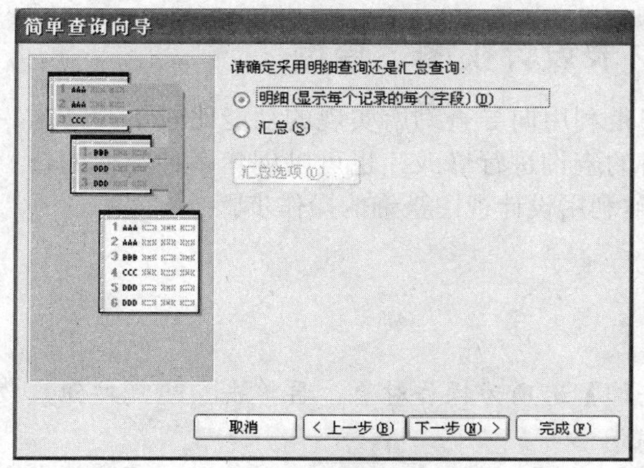

图3-10　选择查询方式

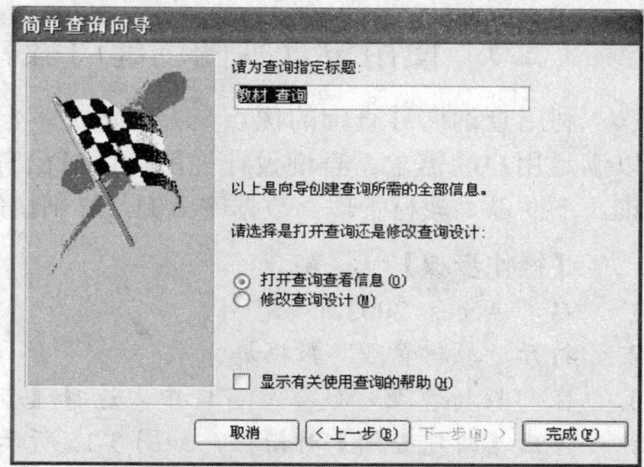

图3-11　指定查询标题

7.　单击 完成(F) 按钮，简单查询创建成功，如图 3-12 所示。

教材 查询：选择查询

教材ID	教材名称	作者	出版时间	定价
001	语文	张伟	2005-5-6	¥10.00
002	数学	李四	2008-9-1	¥45.00
003	英语	刘七	2009-1-1	¥32.00
004	政治	赵六	2000-5-6	¥21.00
005	历史	姚九	2009-6-1	¥18.00
006	化学	董五	2010-1-1	¥22.00
*				¥0.00

图3-12　简单查询创建成功

【知识链接】

在如图 3-10 所示的【简单查询向导】对话框中出现两个单选按钮，分别为【明细】和【汇总】，若选中【明细】单选按钮，则在查询结果中显示每条记录的值。若选中【汇总】单选按钮，则需要计算数据的汇总值，操作步骤如下。

1.　在【简单查询向导】对话框中，选中【汇总】单选按钮，单击 下一步(N) > 按钮，系统会自动弹出 汇总选项(O)... 按钮，单击该按钮，弹出如图 3-13 所示的【汇总选项】对话框。
2.　在【汇总选项】对话框中，勾选【汇总】复选框，单击 确定 按钮，按照向导的提示逐步操作，便可得到汇总的选择查询结果，如图 3-14 所示。

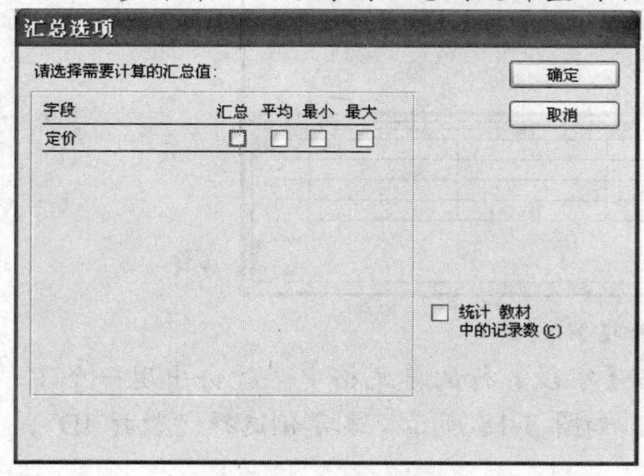

图3-13　【汇总选项】对话框

教材 查询1：选择查询

教材ID	教材名称	ISBN	作者	定价 之 总计
001	语文	001	张三	¥20.00
002	数学	002	李四	¥35.00
003	英语	003	王五	¥32.00

图3-14　汇总的选择查询结果

（二） 使用设计视图创建“教材表设计视图”查询

利用查询向导查询的优点是方便快捷，但是利用向导查询所实现的功能比较单一，难以满足用户的需求。查询设计视图可以对已有的查询进行修改，也可以创建多种类型的查询，下面以“教材管理”数据库为例，详细讲解利用设计视图查询的操作步骤。

【操作步骤】

1. 启动 Access 2003。
2. 打开“教材管理”数据库。
3. 在“教材管理”数据库窗口中，选择【查询】选项为操作对象，再单击 新建(N) 按钮，弹出【新建查询】对话框，如图 3-15 所示。
4. 在【新建查询】对话框中，选择【设计视图】选项，单击 确定 按钮，进入【选择查询】窗口，同时弹出【显示表】对话框，如图 3-16 所示。

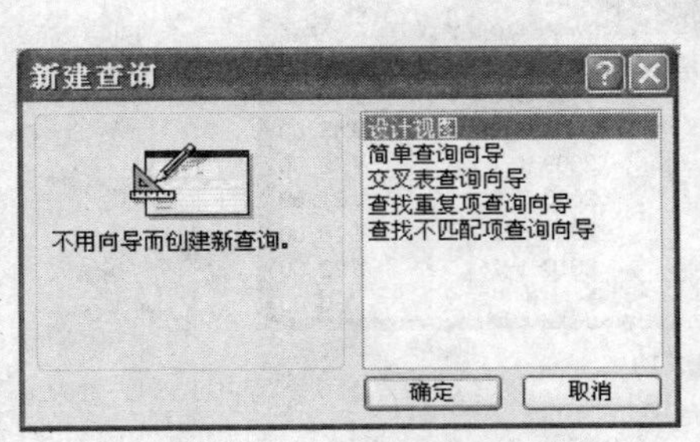

图3-15 【新建查询】对话框

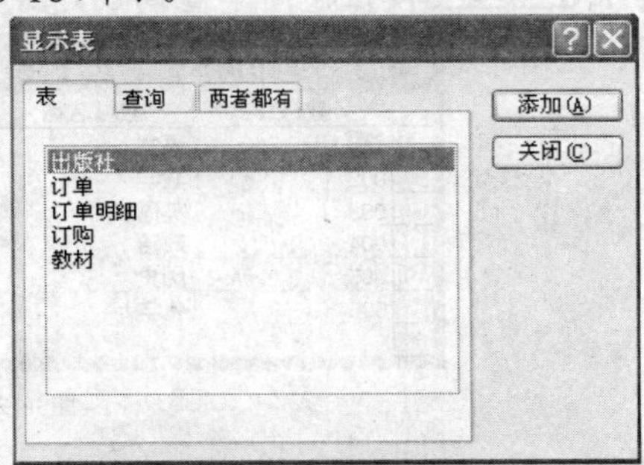

图3-16 【显示表】对话框

5. 在【显示表】对话框中，选择【教材】选项，单击 添加(A) 按钮，把“教材”表添加到【选择查询】窗口中，如图 3-17 所示。

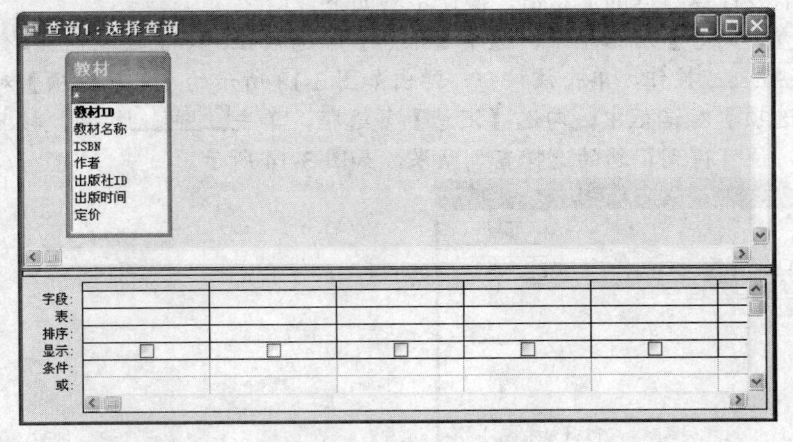

图3-17 【选择查询】窗口

6. 把鼠标光标放在【选择查询】窗口下部窗格【字段】行的单元格中，就会出现一个下拉列表，从下拉列表中选择需要查询的字段，如图 3-18 所示，本示例选择“教材 ID”、“教材名称”、“作者”和“定价”等字段。

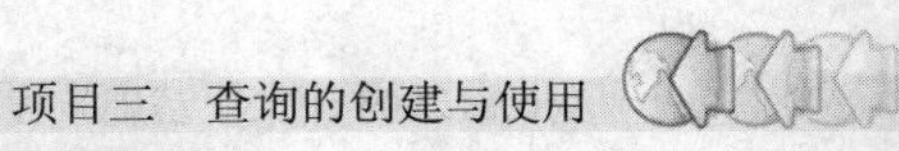

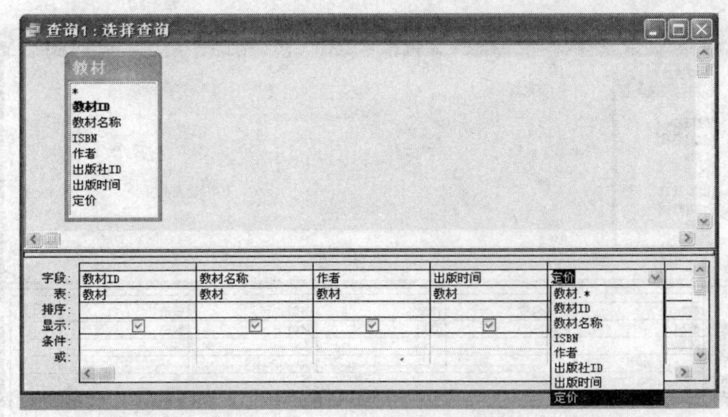

图3-18　选择字段

7. 选择排序规则：打开【排序】下拉列表定义“教材 ID”为【降序】，只有“教材 ID”字段相同时，才能使用后面几个字段的排序规则，如图 3-19 所示。

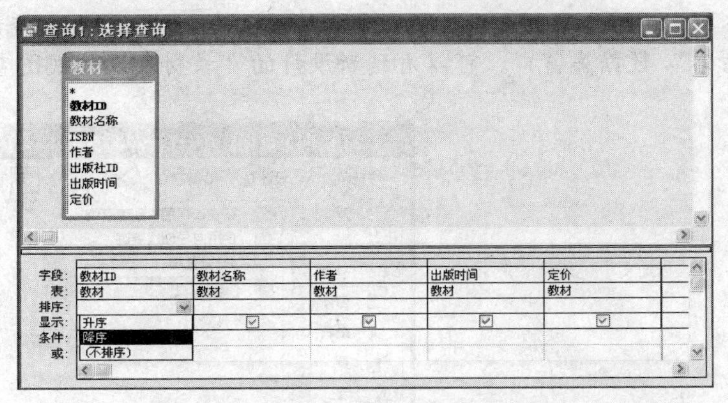

图3-19　定义排序规则

8. 定义显示窗口：通过【显示】复选框设置查询结果中是否显示该字段，本示例取消对“出版时间”字段【显示】复选框的勾选，如图 3-20 所示，则在查询中不显示“出版时间”字段。

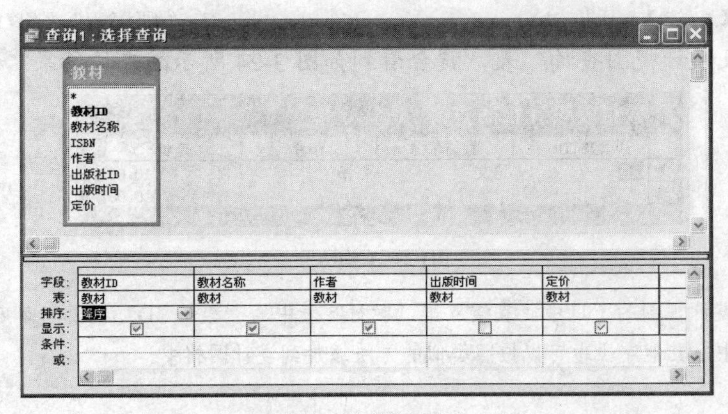

图3-20　选择显示字段

9. 在【条件】行与【教材名称】列对应的单元格中输入“语文”，如图 3-21 所示，则在查询视图中只会显示“教材名称”为“语文”的记录。

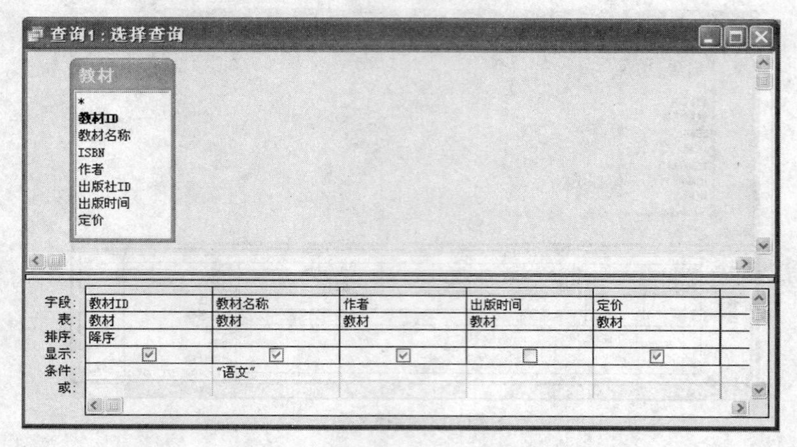

图3-21 输入查询条件

10. 输入完成后，单击按钮，弹出如图 2-22 所示【另存为】对话框。在该对话框的【查询名称】文本框中输入“教材表设计视图查询”，单击确定按钮，查询创建完成。
11. 返回“教材管理”数据库窗口，可以看到新设计的“教材表设计视图查询”对象，如图 3-23 所示。

图3-22 【另存为】对话框

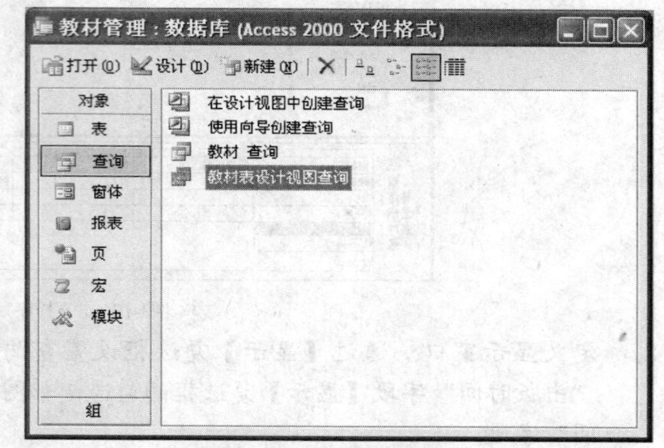

图3-23 “教材管理”数据库窗口

12. 打开“教材表设计视图查询”表，就会看到如图 3-24 所示的查询结果。

教材表设计视图查询：选择查询

教材ID	教材名称	作者	定价
001	语文	张伟	￥10.00
			￥0.00

图3-24 查询结果

说明：在查询设计视图的窗口中，直接双击“教材”表中的“教材 ID”字段，即可将该字段添加到设计网格中，其他字段也可以按照类似的方法添加到设计网格中。

【知识链接】

(1) 在查询中可以使用通配符，如表 3-1 所示。

表 3-1　　　　　　　　查询条件中的通配符

通配符	说明
*	表示 0 个或多个任意字符
?	表示一个任意字符
#	表示一个任意数字（0~9）
[字符表]	表示在字符表的范围
[!字符表]	表示不在字符表的范围

(2)　在查询中所用到的算术运算符如表 3-2 所示。

表 3-2　　　　　　　　算术运算符

运算符	含义
+	对两个数字求和
-	求出两个数的差，或指示一个数的负值
*	将两个数字相乘
/	用第 1 个数字除以第 2 个数字
\	将两个数字舍入为整数，再用第一个数字除以第二个数字，然后将结果截断为整数
mod	用第 1 个数字除以第 2 个数字，并只返回余数
^	使数字自乘为指数的幂

(3)　在查询中用到的比较运算符如表 3-3 所示。

表 3-3　　　　　　　　查询中用到的比较运算符

运算符	含义	示例	
<	确定第一个值是否小于第二个值	1<4	True
<=	确定第一个值是否小于或等于第二个值	“A”<=“B”	True
>	确定第一个值是否大于第二个值	1>4	False
>=	确定第一个值是否大于或等于第二个值	“A”>=“B”	True
=	确定第一个值是否等于第二个值	1=4	False
<>	确定第一个值是否不等于第二个值	1<>4	True

(4)　查询中所用到的逻辑运算符如表 3-4 所示。

表 3-4　　　　　　　　查询中所用到的逻辑运算符

运算符	用法	说明
And	Expr1 And Expr2	当 Expr1 和 Expr2 都为 True 时，结果为 True
Or	Expr1 Or Expr2	当 Expr1 或 Expr2 为 True 时，结果为 True
Not	Not Expr	当 Expr 不为 True 时，结果为 True
Xor	Expr1 Xor Expr2	当 Expr1 为 True 或 Expr2 为 True 但并非两者都为 True 时，结果为 True

任务二 创建“教材表”参数查询

参数查询是一种特殊类型的查询，它是把选择查询的“准则”设置成一个带有参数的“通用准则”，当运行查询时，由用户根据需要定义参数值，查询结果便是由参数组成的记录集。

参数查询是一种交互式查询，它在执行时显示相应的对话框，用以提示用户输入信息，根据所输入的条件检索数据。用户输入不同的查询条件，查询出不同的结果，使用非常方便。参数查询可以有一个参数，也可以有多个参数。

【操作步骤】

1. 启动 Access 2003。
2. 打开“教材管理”数据库。
3. 在“教材管理”数据库窗口中，选择【查询】选项为操作对象，选中在“任务一”中创建的“教材表设计视图查询”查询表，再单击设计(D)按钮，打开【选择查询】窗口，如图 3-25 所示。

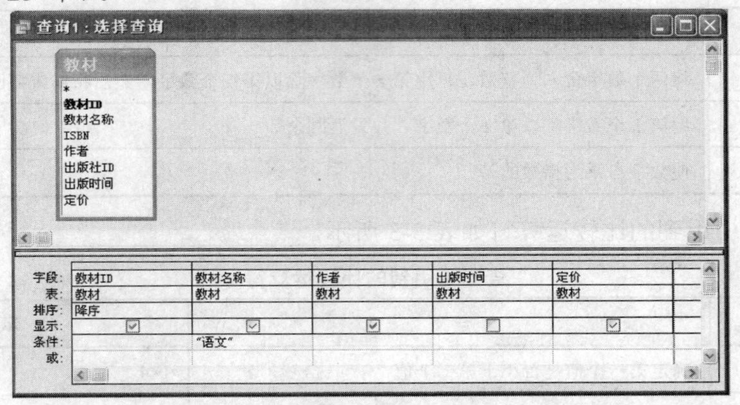

图3-25 教材表设计视图查询

4. 在 Access 菜单栏上选择【查询】/【参数】命令（见图 3-26），弹出【查询参数】对话框（见图 3-27）。在【查询参数】对话框中【参数】列的单元格中输入“作者”，在【数据类型】列的下拉列表中选择【文本】类型，如图 3-28 所示。设置完成后单击确定按钮。

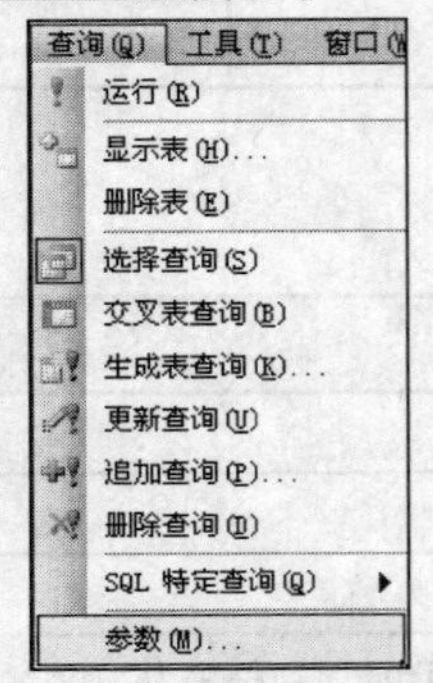

图3-26 执行参数查询命令

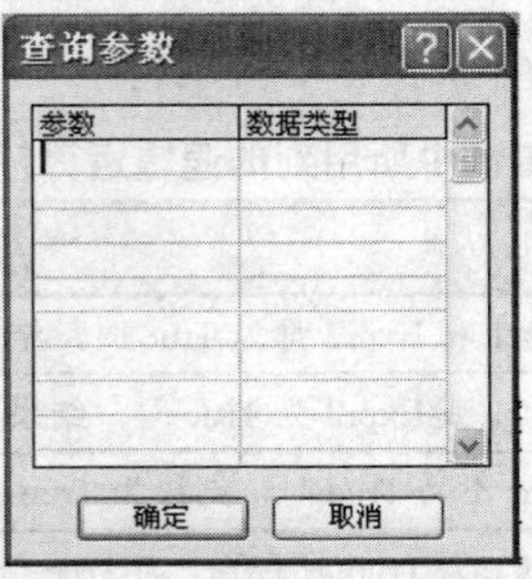

图3-27 【查询参数】对话框

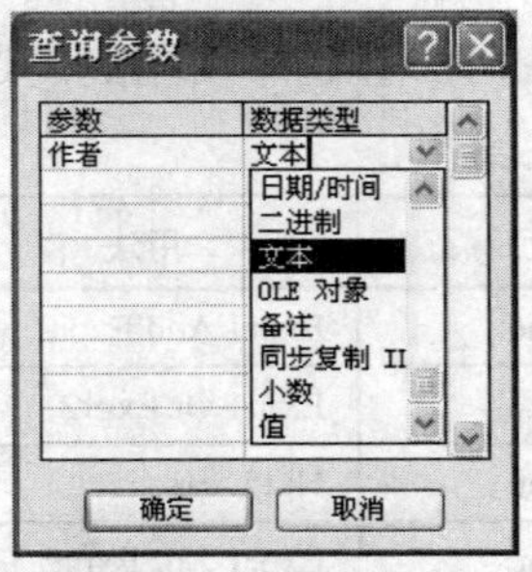

图3-28 输入参数及类型

5. 修改查询条件：在【条件】行与【作者】列对应的单元格中输入“[作者]”，单击按钮，参数查询设置完成，此时的【选择查询】窗口如图 3-29 所示。

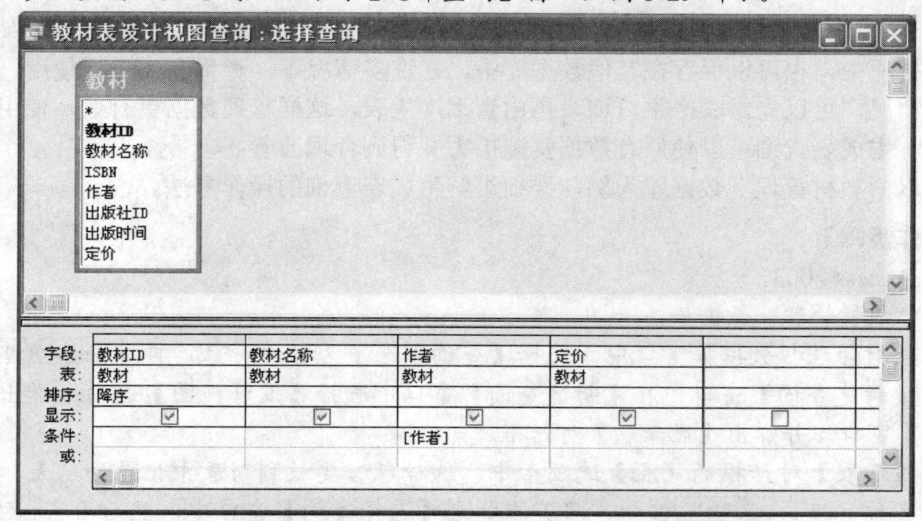

图3-29　修改查询条件

6. 返回“教材管理”数据库窗口，选择【查询】选项，打开“教材表设计视图查询”表，此时系统会弹出如图 3-30 所示的【输入参数值】对话框。在该对话框中输入“李四”，单击确定按钮。
7. 查询结果显示作者为“李四”的所有教材，如图 3-31 所示。

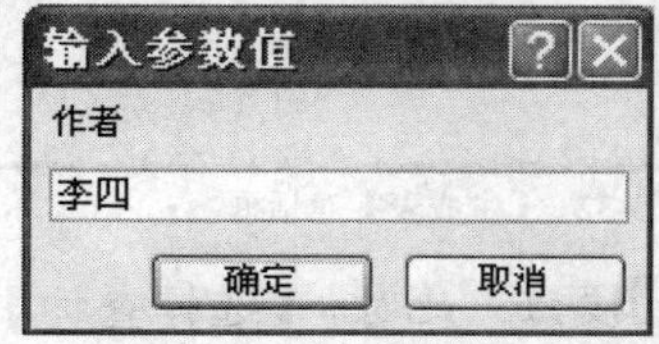

图3-30　输入查询参数值

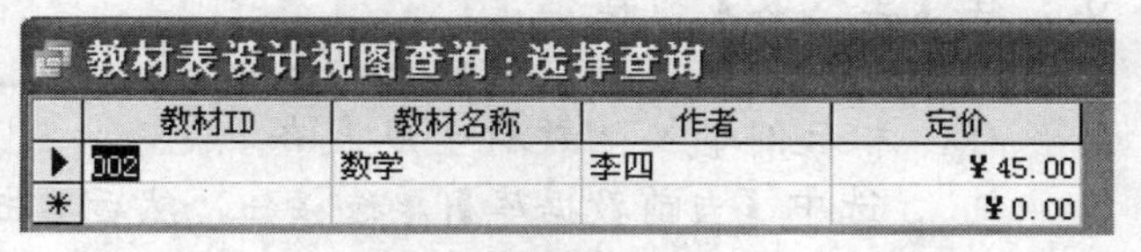

图3-31　查询结果

说明　在查询设计视图中设置参数查询时，在【条件】栏中输入以方括号“[]”括起来的短语作为参数的名称。

任务三　创建动作查询

动作查询又叫做操作查询，是 Access 查询中的重要组成部分。动作查询用于对数据库进行复杂的数据管理操作，用于创建表或对现有表中的数据进行修改。利用动作查询可以通过一次操作完成多条记录的修改，它能够提高管理数据的质量和效率。

动作查询只能在设计视图中创建，它是对数据进行统一操作的有效工具。利用动作查询可以对数据库表进行多种操作，包括从现有的数据表中复制指定的数据；对数据表中的数据进行更新；删除数据表中符合条件的数据；将数据追加到指定的数据表中。

本任务的目的是使大家熟练掌握生成表查询、删除查询、追加查询、更新查询、交叉表查询等方法。

（一） “教材”生成表查询

生成表查询是利用一个或多个表中的全部或部分数据创建新表。该新表可以保存在已打开的数据库中，也可以保存在其他数据库中。在许多情况下，查询和表一样使用，但也有不一样的情况。可以先由表产生查询，再由查询产生表，这样管理数据更有效，使用更加灵活、方便。生成表查询可以使原有数据资源扩大并得到合理改善。

下面以“教材管理”数据库为例，详细讲解生成表查询的操作方法。

【操作步骤】

1. 启动 Access 2003。
2. 打开“教材管理”数据库。
3. 在“教材管理”数据库窗口中，选择【查询】选项为操作对象，再单击【新建(N)】按钮，弹出【新建查询】窗口。在【新建查询】窗口中选择【设计视图】选项，弹出【选择查询】窗口，并弹出【显示表】对话框。
4. 在【显示表】对话框的【表】选项卡中，选择包含要放到新表中记录的“表”或“查询”名称，单击【添加(A)】按钮，将其添加到【选择查询】窗口中，然后单击【关闭(C)】按钮将该对话框关闭。本示例中添加“出版社”和“教材”两个表。
5. 单击 Access 工具栏中的按钮，在弹出的下拉菜单中选择【生成表查询】命令，弹出【生成表】对话框，如图 3-32 所示。

图3-32 【生成表】对话框

6. 在【生成表】对话框中，在【表名称】组合框中输入生成表的名称，本示例输入“教材生成表查询”，选中【当前数据库】单选按钮，然后单击【确定】按钮。此时，【选择查询】窗口转换成【生成表查询】窗口，如图 3-33 所示。

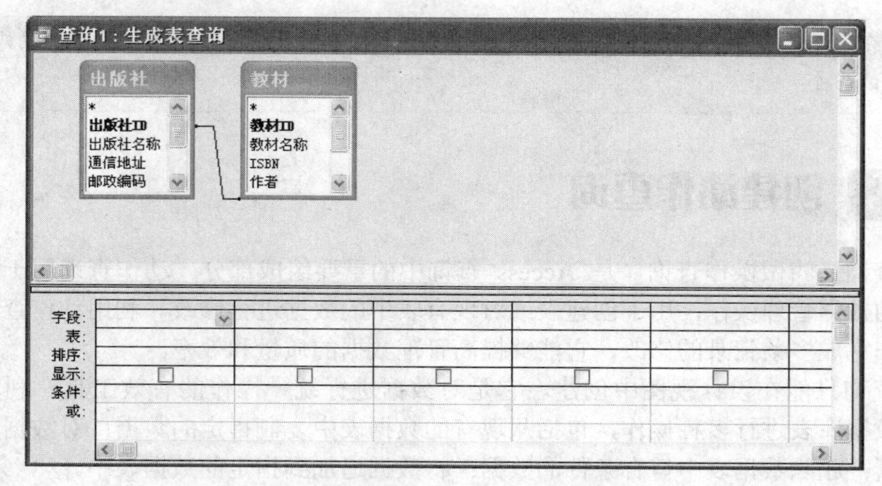

图3-33 【生成表查询】窗口

7. 在【生成表查询】窗口下部窗格中的【字段】行，选择在新的生成表中要显示的字

段，本示例选择“教材 ID”、“教材名称”、“作者”、“出版社名称”和“定价”5 个字段，设计结果如图 3-34 所示。

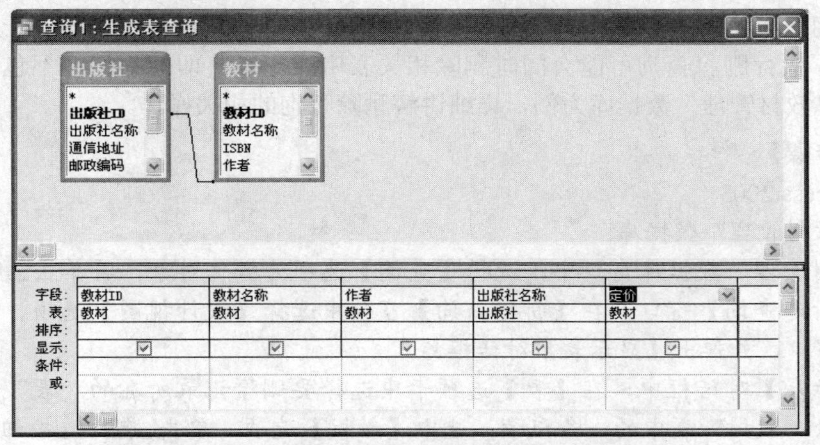

图3-34　生成表查询设计结果

8. 设计完成以后，单击工具栏上的【运行】按钮，弹出如图 3-35 所示的“确认”对话框，若设计无误，单击 是(Y) 按钮，生成表查询设计完成。
9. 返回“教材管理”数据库窗口，在【表】对象列表中会看到刚设计的“教材生成表查询”，如图 3-36 所示。

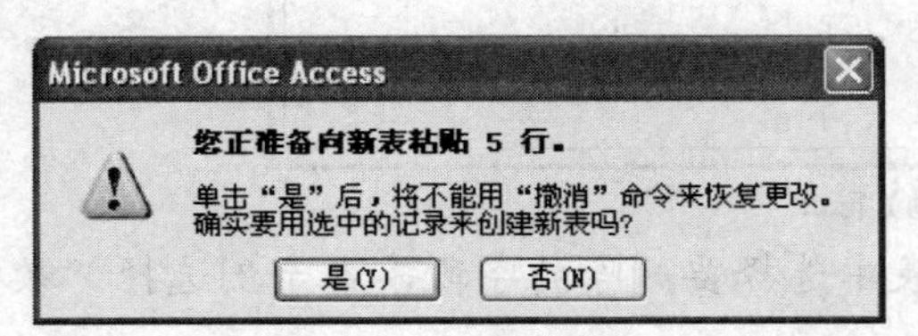

图3-35　确认对话框

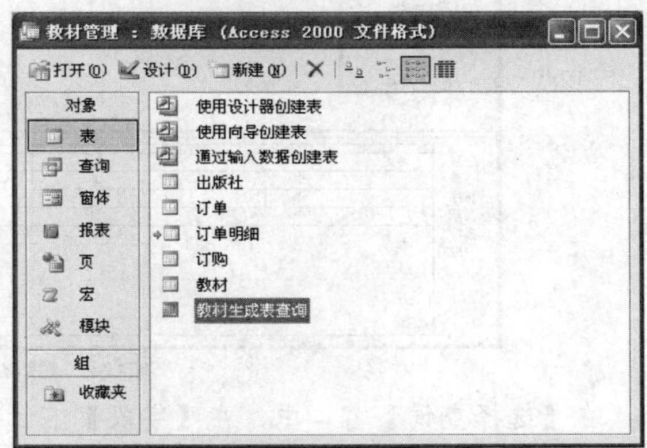

图3-36　“教材管理”数据库窗口

10. 打开“教材生成表查询”表，即可显示出该表中的详细信息，如图 3-37 所示。

教材生成表查询：表

教材ID	教材名称	作者	出版社名称	定价
001	语文	张伟	人民邮电出版社	¥10.00
002	数学	李四	高等教育出版社	¥45.00
004	政治	赵六	电子工业出版社	¥21.00
003	英语	刘七	机械工业出版社	¥32.00
005	历史	姚九	清华大学出版社	¥18.00

图3-37　教材生成表查询结果显示

如果源表中的数据发生更改，必须重新运行生成表查询才能更改新表中的数据。

（二）“教材”表删除查询

删除查询是指将符合删除条件的整条记录删除。利用删除查询可以删除一组记录。在某些情况下，执行删除查询可能会同时删除相关表中的记录，即使它们并不包含在此查询中。下面以“教材管理”数据库为例，详细讲解删除查询的相关操作。

【操作步骤】

1. 启动 Access 2003。
2. 打开“教材管理”数据库。
3. 在“教材管理”数据库窗口中，选择【查询】选项为操作对象，再单击新建(N)按钮，弹出【新建查询】窗口，在【新建查询】窗口中选择【设计视图】选项，弹出【选择查询】窗口，并弹出【显示表】对话框。
4. 在【显示表】对话框中，在【表】选项卡中选择要删除记录所在的“表”名称，本示例要删除“教材”表中的一条记录，选中【教材】选项，单击添加(A)按钮，将其添加到【选择查询】窗口中，然后单击关闭(C)按钮，将【显示表】对话框关闭。此时的【选择查询】窗口如图 3-38 所示。

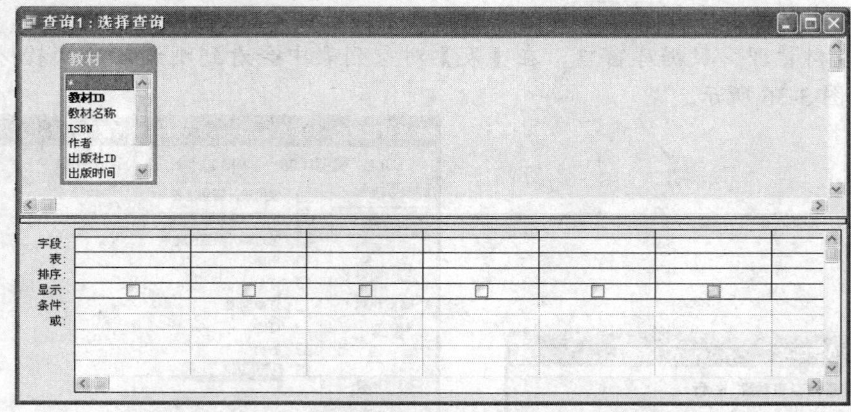

图3-38 【选择查询】窗口

5. 在【选择查询】窗口中，在【字段】下拉列表中选择要删除的字段，本示例选择“教材 ID”字段，如图 3-39 所示。

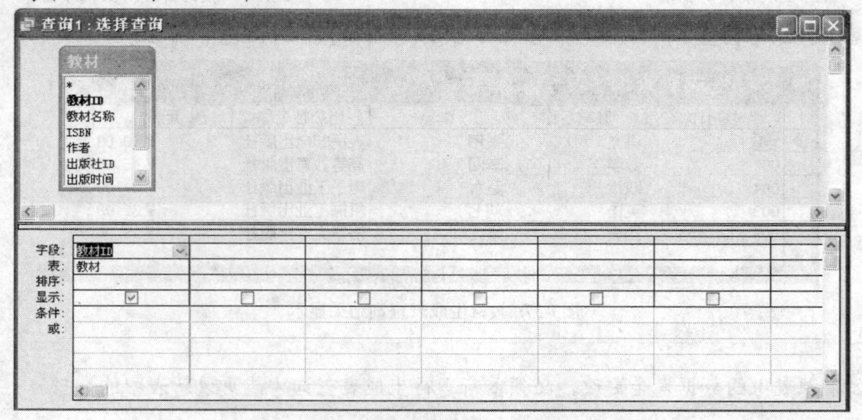

图3-39 选择要删除的字段

6. 在工具栏中的下拉菜单中选择【删除查询】命令。此时【选择查询】窗口变为【删除查询】窗口，如图 3-40 所示。

图3-40　【删除查询】窗口

7. 在【删除查询】窗口下部窗格中，在【删除】行与【教材 ID】列对应的下拉列表中选择【Where】选项，在【条件】行的单元格中设置删除条件。本示例要删除“教材 ID”为“001”的字段，于是在【条件】单元格中输入“001”，如图 3-41 所示。

图3-41　设置删除条件

8. 设计完成以后，单击工具栏上的按钮，弹出如图 3-42 所示的确认对话框，若设计无误，单击是(Y)按钮，删除查询设计完成。

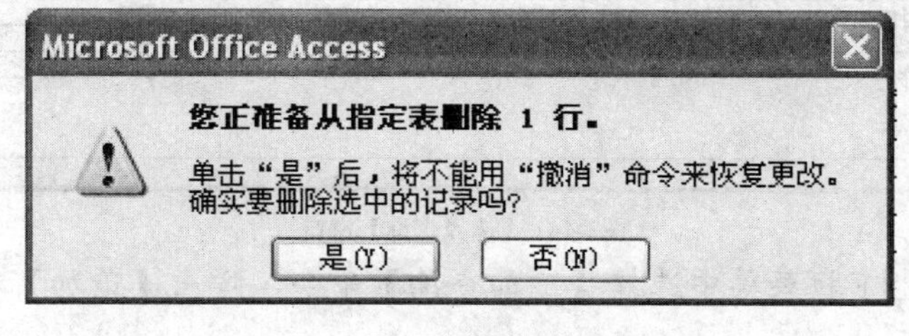

图3-42　确认对话框

此时“教材 ID”为“001”的字段被删除，删除查询后的“教材”表如图 3-43 所示。

教材：表

	教材ID	教材名称	ISBN	作者	出版社ID	出版时间	定价
▶	002	数学	002	李四	002	2008-9-1	¥45.00
	003	英语	003	刘七	004	2009-1-1	¥32.00
	004	政治	004	赵六	003	2000-5-6	¥21.00
	005	历史	005	姚九	005	2009-6-1	¥18.00
	006	化学	006	董五	006	2010-1-1	¥22.00
*							¥0.00

图3-43　删除查询后的“教材”表

被删除的记录将无法恢复，因此，在使用删除查询前必须确认该记录可以删除或者对该表进行备份。

（三）“教材”表追加查询

追加查询是将一个表或多个表中符合条件的记录添加到另一个表中。追加记录时只追加相匹配的字段，忽略其他字段。下面详细介绍追加查询的具体操作步骤。

【操作步骤】

1. 启动 Access 2003。
2. 打开“教材管理”数据库。
3. 在“教材管理”数据库窗口中新建一个名为“教材 1”的表，字段类型和结构与“教材”表完全一致，并且任意添加一组数据。
4. 选择【查询】选项为操作对象，再单击 新建(N) 按钮，选择【设计视图】选项，弹出【选择查询】窗口，并弹出【显示表】对话框。
5. 在【显示表】对话框中，选择“教材”表，单击 添加(A) 按钮，将其添加到【选择查询】窗口中，然后单击 关闭(C) 按钮，将【显示表】对话框关闭。
6. 在【选择查询】窗口中，将“教材”表的所有字段加入到下面的【字段】行中，如图 3-44 所示。

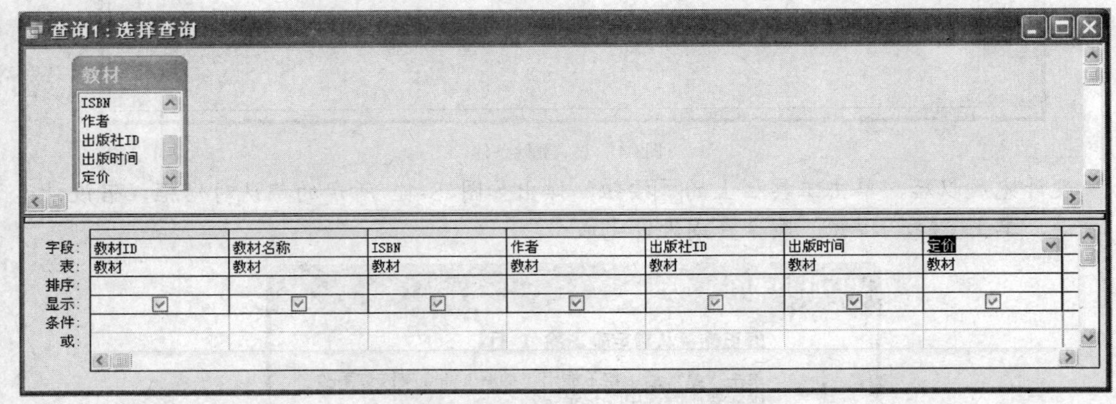

图3-44　【选择查询】窗口

7. 在工具栏中的 下拉菜单中选择【追加查询】命令，弹出【追加】对话框，如图 3-45 所示。

图3-45　【追加】对话框

8. 在【表名称】组合框中输入“教材 1”，选中【当前数据库】单选按钮，单击 确定 按钮。此时【选择查询】对话框变为【追加查询】对话框，如图 3-46 所示。

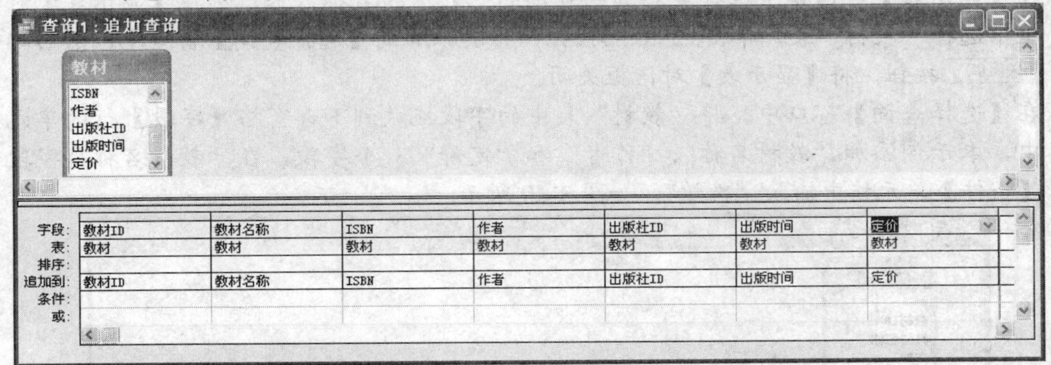

图3-46　【追加查询】对话框

9. 设计完成以后，单击工具栏上的 ! 按钮，弹出如图 3-47 所示的确认对话框，若设计无误，单击 是(Y) 按钮，追加查询设计完成。

图3-47　追加查询确认对话框

10. 返回“教材管理”数据库，打开“教材 1”表，如图 3-48 所示，黑色区域为追加的记录。

教材1：表

教材ID	教材名称	ISBN	作者	出版社ID	出版时间	定价
001	语文	001	张伟	001	2005-5-6	¥10.00
002	数学	002	李四	002	2008-9-1	¥45.00
003	英语	003	刘七	004	2009-1-1	¥32.00
004	政治	004	赵六	003	2000-5-6	¥21.00
005	历史	005	姚九	005	2009-6-1	¥18.00
006	化学	006	董五	006	2010-1-1	¥22.00
						¥0.00

图3-48　追加查询操作后的表

（四）　“教材”表更新查询

更新查询的作用是根据查询条件更新现有数据表中的数据，一旦对数据表修改后，便无法直接通过【撤销】命令还原数据。可以将更新查询视为一种功能强大的【查找和替换】

对话框形式。与【查找和替换】对话框不同，更新查询可以接受多个条件，可以一次更新大量记录，可以一次更改多个表中的记录。

下面以“教材管理”数据库为例，详细讲解更新查询的操作步骤。

【操作步骤】

1. 启动 Access 2003。
2. 打开“教材管理”数据库。
3. 在“教材管理”数据库窗口中，选择【查询】选项为操作对象，再单击新建(N)按钮，选择【设计视图】选项，弹出【选择查询】窗口，并弹出【显示表】对话框。
4. 在【显示表】对话框中选择要添加到查询的“表”的名称。本示例在【显示表】对话框中选择“教材”表，单击添加(A)按钮，将其添加到【选择查询】窗口中，然后单击关闭(C)按钮，将【显示表】对话框关闭。
5. 在【选择查询】窗口中，将“教材”表中的字段拖放到下部窗格【字段】行的单元格中，本示例添加“教材名称”、“作者”和“定价”3 个字段，在“教材名称”字段的【条件】单元格中输入“数学”，如图 3-49 所示。

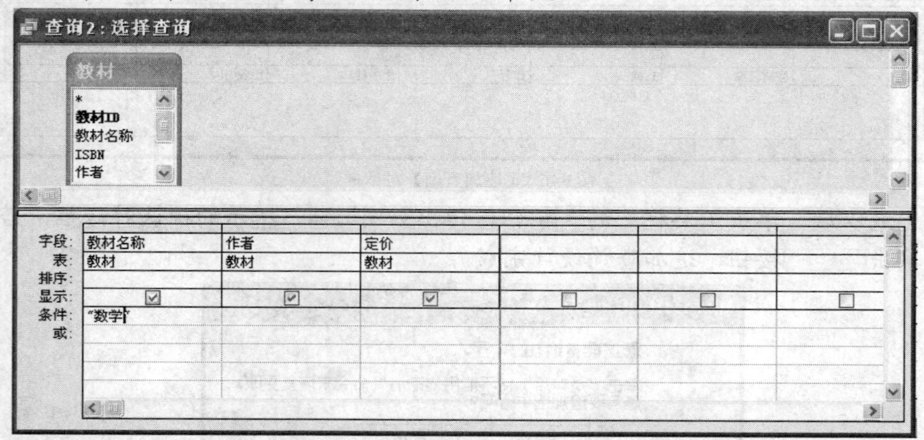

图3-49 【选择查询】窗口

6. 在工具栏中的下拉菜单中选择【更新查询】命令。此时【选择查询】窗口变为【更新查询】窗口，同时增加了【更新到】行，在【更新到】行与【定价】列对应的单元格中输入“[定价]+10”，如图 3-50 所示。

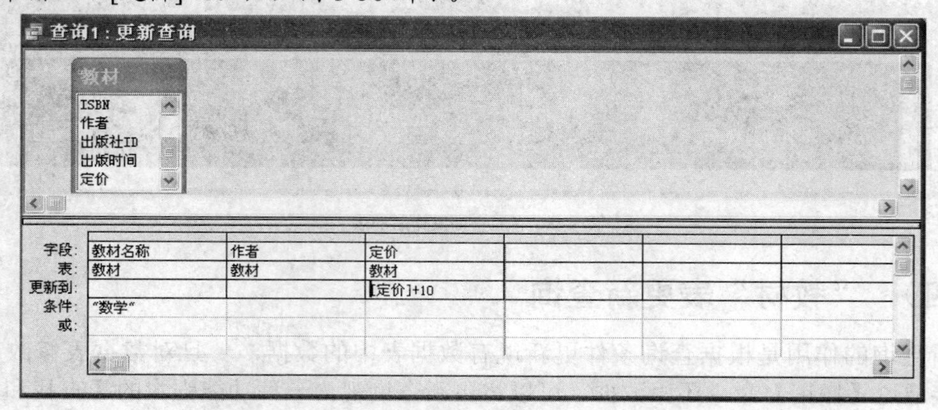

图3-50 【更新查询】窗口

7. 设计完成以后，单击工具栏中的按钮，弹出如图 3-51 所示的确认对话框，若设计无误，单击 是(Y) 按钮，更新查询设计完成。

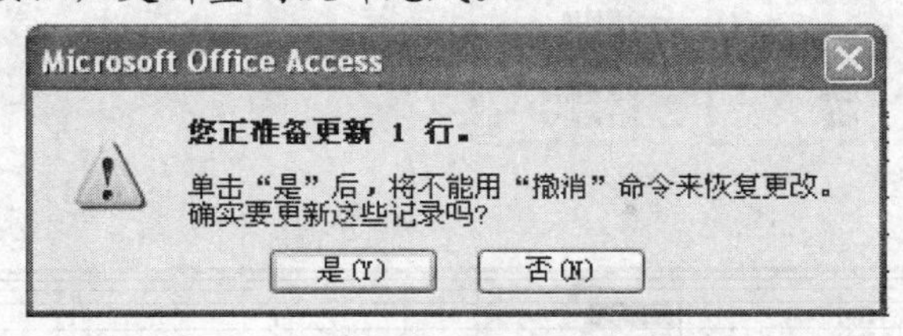

图3-51　确认对话框

8. 返回“教材管理”数据库，打开“教材”表，如图 3-52 所示，选中的记录为更新的数据。

教材 : 表

教材ID	教材名称	ISBN	作者	出版社ID	出版时间	定价
002	数学	002	李四	002	2008-9-1	￥55.00
003	英语	003	刘七	004	2009-1-1	￥32.00
004	政治	004	赵六	003	2000-5-6	￥21.00
005	历史	005	姚九	005	2009-6-1	￥18.00
006	化学	006	董五	006	2010-1-1	￥22.00
*						￥0.00

图3-52　更新查询后的“教材”表

（五）　交叉表查询

交叉表查询可以计算并重新组织数据的结构，以一种紧凑的、类似电子表格的形式显示数据，可以更方便地分析数据。交叉表查询常用来进行数据求和、求平均值、计数等统计运算。

用于交叉表查询的字段分成两组，一组以行标题的方式显示在表格的左边，另一组以列标题的方式显示在表格的顶端，在行列的交叉点上显示计算数据。创建交叉表查询有两种方法：使用向导创建交叉表查询和在查询设计视图中创建交叉表查询。下面主要讲解在查询设计视图中创建交叉表查询。

【操作步骤】

1. 启动 Access 2003。
2. 打开“教材管理”数据库。
3. 在“教材管理”数据库窗口中，选择【查询】选项为操作对象，再单击 新建(N) 按钮，选择【设计视图】选项，弹出【选择查询】窗口，并弹出【显示表】对话框。
4. 在【显示表】对话框中，把“出版社”、“教材”和“订购”3 个表添加到设计视图上部窗格中。
5. 双击“出版社”表中的“出版社名称”字段，将其放在第 1 列，然后分别将“教材”和“订购”表中的“教材名称”和“订购册数”字段添加到第 2 列和第 3 列。
6. 单击 Access 工具栏中的按钮，在弹出的下拉菜单中选择【交叉表查询】命令。此时【选择查询】窗口变成【交叉表查询】窗口，并且在下面多了【交叉表】行，如图 3-53 所示。

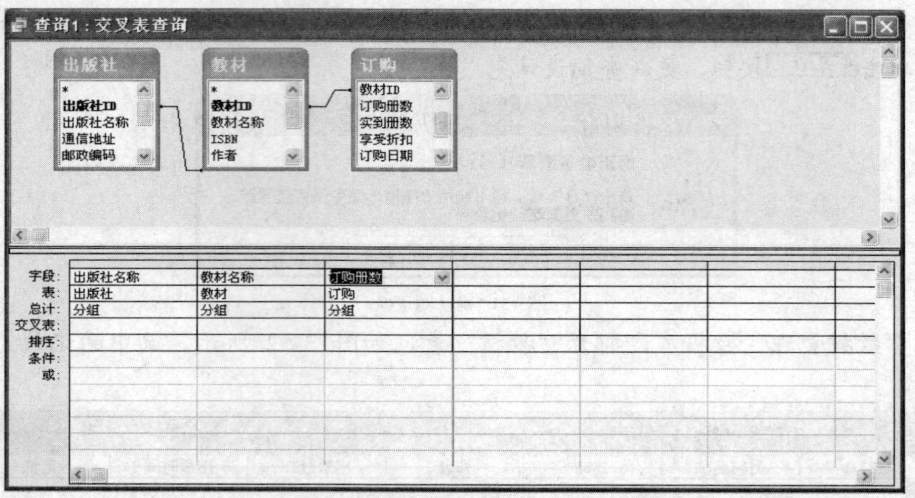

图3-53 【交叉表查询】窗口

7. 为了将“出版社名称”放在每行的左边，单击“出版社名称”下的【交叉表】单元格，从打开的下拉列表中选择【行标题】选项；为了将“教材名称”放在第 1 行上，单击“教材名称”下的【交叉表】单元格，从打开的下拉列表中选择【列标题】选项；为了在行与列交叉处显示订购册数，单击“订购册数”下的【交叉表】单元格，从打开的下拉列表中选择【值】选项。单击“订购册数”字段与【总计】行对应的单元格，在下拉列表中选择【第一条记录】选项，操作结果如图 3-54 所示。

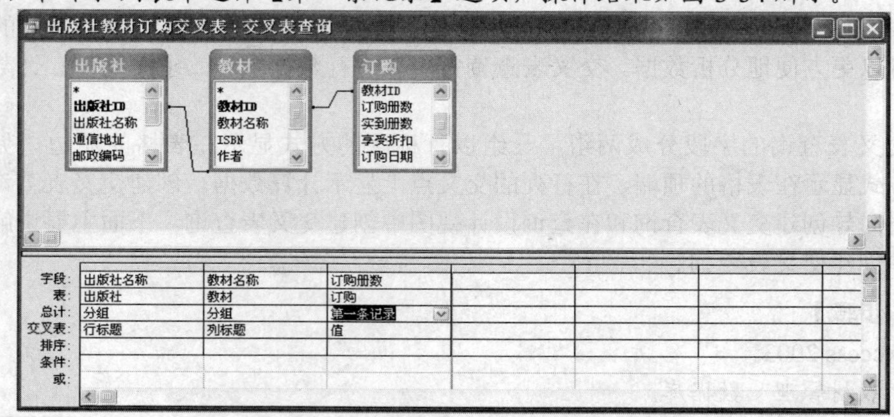

图3-54 设置交叉表中的字段

8. 单击按钮，弹出【另存为】对话框。在该对话框的【查询名称】文本框中输入“教材出版社交叉表”。交叉表查询创建完成，执行后的查询结果如图 3-55 所示。

教材出版社交叉表 : 交叉表查询

出版社名称	数学	英语
高等教育出版社	200	
机械工业出版社		50

图3-55 交叉表查询结果

要使用交叉表查询，至少要用到 3 个表。

任务四 创建 SQL 查询

SQL 查询是使用 SQL 创建的查询。SQL 是指结构化查询语言（Structured Query Language）。SQL 是目前关系数据库管理系统采用的数据库主流语言，通过 SQL 控制数据库，可以大大提高程序的可移植性和可扩展性，因为几乎所有的主流数据库都支持 SQL，如 Oracle、Microsoft SQL Server、Access 等。

SQL 查询的类型主要有联合查询、数据定义查询和传递查询。在查询设计视图中创建查询时，将在后台构造等效的 SQL 语句，但有一些 SQL 查询无法在查询设计视图中创建，如联合查询、传递查询和数据定义查询，这些查询只能在 SQL 视图中创建 SQL 语句。SQL 视图是用于显示和编辑 SQL 语句的窗口。SQL 视图可以查看或修改已创建的查询，也可以直接创建查询。

在设计查询时，一般先在查询设计视图中创建基本的查询功能，然后切换到 SQL 视图中，通过编写 SQL 语句完成一些特殊的查询。

（一） 联合查询

联合查询就是将多个查询结果合并起来，形成一个完整的查询结果。执行联合查询时，将返回所包含的表或查询中对应的字段记录。联合查询使用 UNION 运算符来合并两个或多个查询及表的结果。

下面以“教材管理”数据库为例，详细讲解该数据库中“教材”表和“订单明细”表中的联合查询方法。

【操作步骤】

1. 启动 Access 2003。
2. 打开“教材管理”数据库。
3. 在“教材管理”数据库窗口中，选择【查询】选项为操作对象，再单击 新建(N) 按钮，选择【设计视图】选项，弹出【选择查询】窗口，并弹出【显示表】对话框。
4. 在【显示表】对话框中单击 关闭(C) 按钮，将【显示表】对话框关闭。
5. 在 Access 菜单栏上，选择【查询】/【SQL 特定查询】/【联合】命令，弹出【联合查询】窗口，如图 3-56 所示。
6. 在【联合查询】窗口中输入如图 3-57 所示的 SQL 语句。

图3-56 【联合查询】窗口

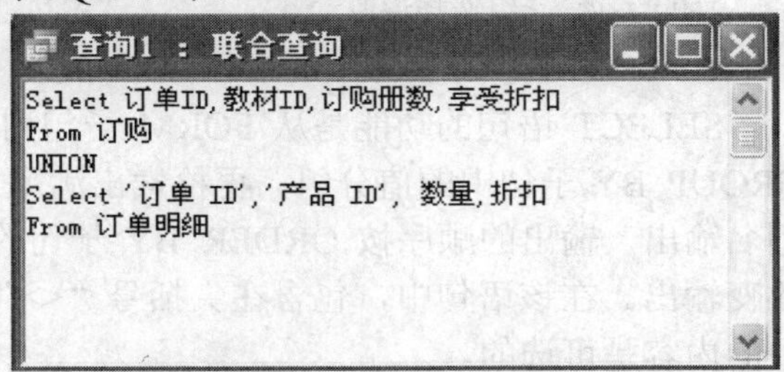

图3-57 【联合查询】窗口中输入数据

7. 单击按钮，弹出【另存为】对话框。在该对话框的【查询名称】文本框中输入“联合查询”，如图 3-58 所示，单击确定按钮保存输入的 SQL 语句。

图3-58 【另存为】对话框

8. 单击【联合查询】窗口中的按钮将其关闭，返回“教材管理”数据库窗口，此时在“教材管理”数据库中出现“联合查询”表，如图 3-59 所示。
9. 双击“联合查询”表，得到本次联合查询的结果，如图 3-60 所示。

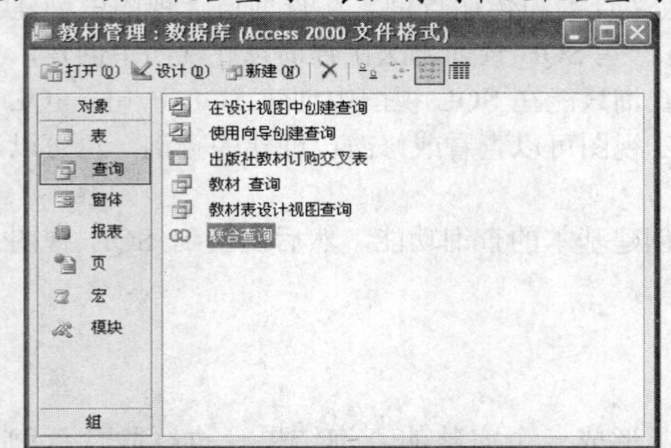

图3-59 “教材管理”数据库

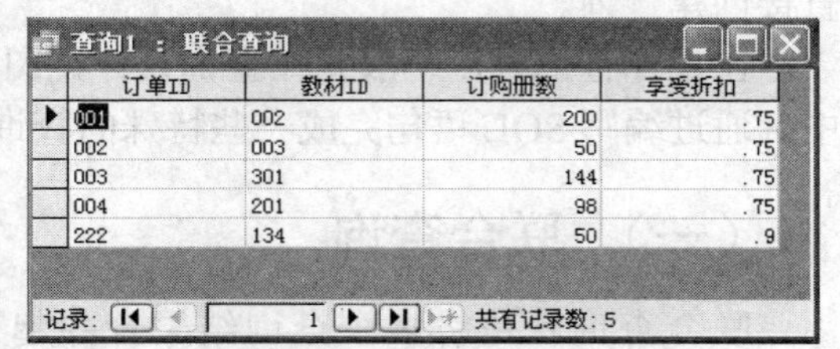
查询1 : 联合查询

订单ID	教材ID	订购册数	享受折扣
001	002	200	.75
002	003	50	.75
003	301	144	.75
004	201	98	.75
222	134	50	.9

记录: 1 共有记录数: 5

图3-60 联合查询结果

在这里要说明的是，前 4 条记录来自“教材”表，最后一条记录来自“订单明细”表（事先录入的数据）。

联合查询中合并的选择查询必须具有相同的输出字段数、采用相同的顺序，并包含相同或兼容的数据类型。

【知识链接】

在 SQL 中用得最多的就是 SELECT 语句，SELECT 语句构成了 SQL 数据库语言的核心。SELECT 语句的一般格式为：

```
SELECT  <字段列表>  [<AS 列表头>]
FROM  <表列表>
[WHERE  <行选择说明>]
[GROUP BY  <分组说明>]
[HAVING  <组选择说明>]
[ORDER BY  <排序说明>]
```

SELECT 语句的功能是从 FORM 子句列出的表中，选择满足 WHERE 子句的记录，按 GROUP BY 子句中的值分组，再检索出满足 HAVING 子句中的组，按 SELECT 子句给出的列名输出，输出的顺序按 ORDER BY 子句的表达式。使用 AS 是对表的字段重新命名，只改变输出。在该语句中，包含在尖括号“<>”中的内容是必不可少的，包含在方括号“[]”中的内容是可选的。

SELECT 语句的最短格式为：

```
SELECT  fields  FROM  table
```

例如，在“学生成绩管理系统”数据库中，显示“学生”表的“学号”、“姓名”和“系别”字段，格式如下。

```
SELECT 学号,姓名,系别 FROM 学生;
```

可以使用星号“*”选择表内所有字段。例如选择“学生”表内的所有字段，格式如下。

```
SELECT * FROM 学生;
```

在 SELECT 语句中可以使用一些常用的数据处理函数，以下是常用的数据处理函数。

```
AVG(field)：用来计算选定字段的平均值。
MAX(field)：用来计算选定字段的最大值。
MIN(field)：用来计算选定字段的最小值。
SUM(field)：用来计算选定字段的总和。
COUNT(field)：用来计算选定字段的记录总数。
```

例如，计算“学生”表的记录总数，SELECT 语句的格式如下。

```
SELECT COUNT(学号) FROM 学生;
```

（二）　数据定义查询

数据定义查询可以用来创建、更改或删除表，也可以在当前的数据库中创建索引或主键等，每个数据定义查询只包含一条数据定义语句。下面的示例是根据表 3-5 所设计的结构创建的“发放”表。

表 3-5　“发放”表中的字段及其属性

字段名	发放 ID	教材 ID	发放人	领书人	发放册数	发放日期
字段类型	T	T	T	T	N	D

【操作步骤】

1. 启动 Access 2003。
2. 打开“教材管理”数据库。
3. 在“教材管理”数据库窗口中，选择【查询】选项为操作对象，再单击新建(N)按钮，选择【设计视图】选项，弹出【选择查询】窗口，并弹出【显示表】对话框。
4. 在【显示表】对话框中，单击关闭(C)按钮，将【显示表】对话框关闭。
5. 在 Access 菜单栏上选择【查询】/【SQL 特定查询】/【数据定义】命令，弹出【数据定义查询】窗口，如图 3-61 所示。

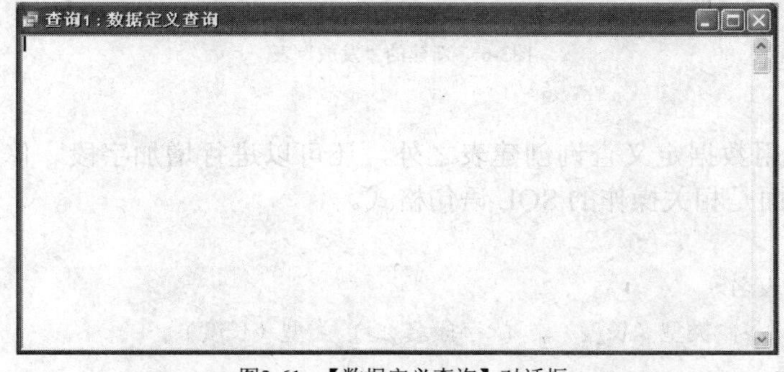

图3-61　【数据定义查询】对话框

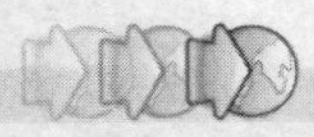

6. 在 Access 菜单栏上选择【查询】/【SQL 特定查询】/【数据定义】命令，弹出【数据定义查询】窗口，在该窗口中输入“CREATE TABLE 发放([发放 ID])TEXT, [教材 ID] TEXT,[发放人] TEXT, [领书人] TEXT, [发放册数] INTEGER, [发放日期] DATE)”，如图 3-62 所示
7. 单击按钮，弹出【另存为】对话框。在该对话框的【查询名称】文本框内输入“数据定义查询”，如图 3-63 所示，单击确定按钮。

图3-62 输入数据

图3-63 【另存为】对话框

8. 单击【数据定义查询】窗口中的按钮将其关闭，返回“教材管理”数据库窗口，从中选择【查询】选项，就会发现“数据定义查询”表在窗口的列表框中，双击将其打开，显示如图 3-64 所示的提示信息，单击是(Y)按钮，“发放”表创建完成。

图3-64 确认对话框

9. 选择【表】选项，打开“发放”表的设计视图，就会看到如图 3-65 所示的“发放”表，表明数据定义查询创建成功。

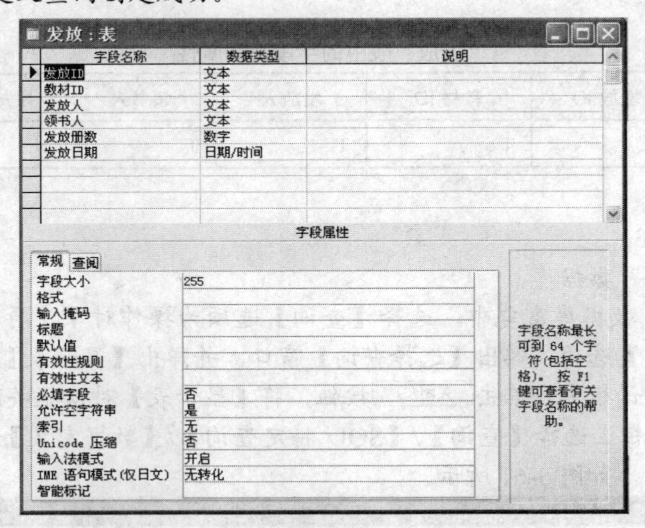

图3-65 新建的“发放”表

【知识链接】

(1) 除了可以用数据定义查询创建表之外，还可以进行增加字段、修改字段属性、删除字段等操作，下面是相关操作的 SQL 语句格式。

- 增加字段。

```
ALTER TABLE<表名>
ADD ([<字段名 1>] 类型（长度）, [<字段名 2>] 类型（长度）,…)
```

- 修改字段属性。

```
ALTER TABLE<表名>
ALTER ([<字段名 1>] 类型（长度）, [<字段名 2>] 类型（长度）,…)
```

- 删除字段。

```
ALTER TABLE<表名>
DROP ([<字段名 1>] 类型（长度）, [<字段名 2>] 类型（长度）,…)
```

(2) 各种类型的表达方式如下。

- 文本型：TEXT。
- 长整型：INTEGER。
- 双精度型：FLOAT。
- 货币型：MONEY。
- 日期型：DATE。
- 逻辑型：LOGICAL。
- 备注型：MEMO。
- OLE 型：GENERAL。

（三） 传递查询

传递查询可以直接将命令发送到 ODBC 数据库服务器上，如 SQL Server 等大型的数据库管理系统。ODBC 即开放式数据库连接，是一个数据库的工业标准，就像 SQL 一样，任何数据库管理系统都支持 ODBC 连接。

通过传递查询可以直接使用其他数据库管理系统中的表，具体操作步骤如下。

【操作步骤】

1. 启动 Access 2003。
2. 打开“教材管理”数据库。
3. 在“教材管理”数据库窗口中，选择【查询】选项为操作对象，再单击[新建(N)]按钮，在打开的【新建查询】对话框中选择【设计视图】选项，弹出【选择查询】窗口，并弹出【显示表】对话框。
4. 在【显示表】对话框中，单击[关闭(C)]按钮，将【显示表】对话框关闭。
5. 在 Access 菜单栏上，选择【查询】/【SQL 特定查询】/【传递】命令，弹出【SQL 传递查询】窗口，如图 3-66 所示
   - 在 Access 菜单栏上，选择【视图】/【属性】命令，打开【查询属性】对话框，如图 3-67 所示。

图3-66 【SQL 传递查询】窗口

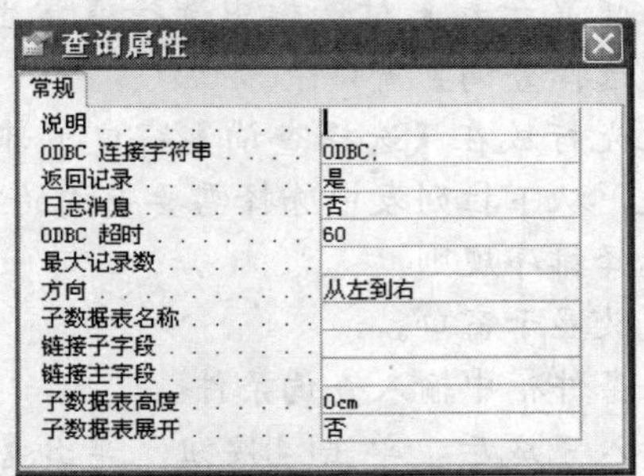

图3-67 【查询属性】对话框

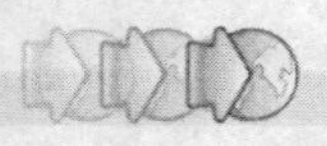

- 在【查询属性】对话框中的【ODBC 连接字符串】文本框中指定数据源的位置，如果不想让数据库服务器返回记录，可以把【返回记录】选项改为“否”。
- 关闭【查询属性】对话框，在【SQL 传递查询】窗口中输入相应的 SQL 语句，就像操作本地数据库一样，系统会自动到指定数据源中取回数据记录。
- 保存所有操作，单击按钮执行查询命令，可以单击工具栏中的按钮查看结果。

实训一　创建“选课管理”数据库的选择查询

【实训要求】

使用向导创建“课程”表的选择查询。使用设计视图创建“学生”表的选择查询。

【步骤提示】

1. 启动 Access 2003。
2. 打开“选课管理”数据库。
3. 在“选课管理”数据库窗口中，选择【查询】选项为操作对象，再单击新建(N)按钮，弹出【新建查询】对话框。
4. 在【新建查询】对话框中，选择【简单查询向导】选项，单击确定按钮，弹出【简单查询向导】对话框。
5. 在【简单查询向导】对话框中，在【表/查询】下拉列表中选择【表：课程】选项，在【可用字段】列表框中选择【课程 ID】选项，单击>按钮，则“课程 ID”字段被选定到【选定的字段】列表框中，用同样的方法选择“课程名称”、“课程性质”、“学分”、“开课学期”4 个字段。若要选择所有字段，单击>>按钮即可。
6. 单击下一步(N) >按钮，选中【明细】单选按钮。
7. 单击下一步(N) >按钮，在【请为查询指定标题】栏中输入查询的标题。
8. 单击完成(F)按钮，简单查询创建成功。
9. 返回“选课管理”数据库窗口，选择【查询】选项为操作对象，再单击新建(N)按钮，弹出【新建查询】对话框。
10. 在【新建查询】对话框中，选择【设计视图】选项，单击确定按钮，进入【选择查询】窗口，同时弹出【显示表】对话框。
11. 在【显示表】对话框中选择【学生】选项，单击添加(A)按钮，把“学生”表添加到【选择查询】窗口中。
12. 把光标放在【选择查询】窗口下部窗格【字段】行的单元格中，就会出现一个下拉列表，从下拉列表中选择需要查询的字段。
13. 选择排序规则。
14. 定义显示窗口。
15. 在条件框中输入查询条件。
16. 输入完成后，单击按钮，弹出【另存为】对话框。在该对话框的【查询名称】文本框中输入查询名称，单击确定按钮，查询创建完成。

实训二 创建“选课管理”数据库的参数查询

【实训要求】

创建“课程”表的参数查询。

【步骤提示】

1. 启动 Access 2003。
2. 打开“选课管理”数据库。
3. 在“选课管理”数据库窗口中，选择【查询】选项为操作对象，选择“课程查询”表，再单击【设计】按钮，打开【选择查询】窗口。
4. 在 Access 菜单栏上，选择【查询】/【参数】命令，弹出【查询参数】对话框。在该对话框中【参数】列的单元格中输入“课程名”，在【数据类型】列的下拉列表中选择【文本】类型，设置完成后单击【确定】按钮。
5. 修改查询条件：在【选择查询】窗口下部窗格【条件】行与【课程名称】列对应的单元格中输入“[课程名]”，单击保存按钮，参数查询设置完成。

实训三 创建“选课管理”数据库的动作查询

【实训要求】

创建“课程”和“学生”两个表的生成查询、删除查询、追加查询、更新查询和交叉表查询。

【步骤提示】

1. 启动 Access 2003。
2. 打开“选课管理”数据库。
3. 在“选课管理”数据库窗口中，选择【查询】选项为操作对象，再单击【新建】按钮，弹出【选择查询】窗口，并弹出【显示表】对话框。
4. 在【显示表】对话框的【表】选项卡中，选择包含要放到新表中记录的“表”或“查询”名称，单击【添加】按钮，将其添加到【选择查询】窗口（本示例添加“课程”和“学生”两个表）中，然后单击【关闭】按钮，将此对话框关闭。
5. 在工具栏中的查询类型下拉菜单中选择【生成表查询】命令，弹出【生成表】对话框。
6. 在【生成表】对话框中，在【表名称】文本框中输入生成表的名称，本示例输入“选课生成表查询”，选中【当前数据库】单选按钮，然后单击【确定】按钮。
7. 在【生成表查询】窗口下部窗格【字段】行的单元格中，选择在新的生成表中要显示的字段。
8. 设计完成以后，单击工具栏上的运行按钮，然后在弹出的确认对话框中单击【是】按钮，生成表查询设计完成。
9. 在“选课管理”数据库窗口中，选择【查询】选项为操作对象，再单击【新建】按钮，弹出【选择查询】窗口，并弹出【显示表】对话框。

10. 在【显示表】对话框的【表】选项卡中，选择包含要放到新表中记录的“表”或“查询”名称，单击添加(A)按钮，将其添加到【选择查询】窗口（本示例添加“课程”表）中，然后单击关闭(C)按钮，将此对话框关闭。
11. 在工具栏中的下拉菜单中选择【删除查询】命令，弹出【删除查询】对话框。
12. 在【删除查询】窗口的【删除】下拉列表中选择【Where】选项，在【条件】单元格中设置删除条件。
13. 设计完成以后，单击工具栏上的按钮，然后在弹出的确认对话框中单击是(Y)按钮，删除查询设计完成。
14. 在“教材管理”数据库窗口中新建一个“学生 1”表，字段类型和结构与“学生”表完全一致，并且任意添加一组数据。
15. 选择【查询】选项为操作对象，再单击新建(N)按钮，选择【设计视图】选项，弹出【选择查询】窗口，并弹出【显示表】对话框。
16. 在【显示表】对话框中，选择“学生”表，单击添加(A)按钮，将其添加到【选择查询】窗口中，然后单击关闭(C)按钮，将【显示表】对话框关闭。
17. 在【选择查询】窗口中，将“学生”表的所有字段加入到下面的【字段】行的单元格中。
18. 在工具栏中的下拉菜单中选择【追加查询】命令，弹出【追加】对话框。
19. 在【表名称】文本框中输入“学生 1”，选中【当前数据库】单选按钮，单击确定按钮。此时【选择查询】对话框变为【追加查询】对话框。
20. 设计完成以后，单击工具栏上的按钮，弹出确认对话框，若设计无误，单击是(Y)按钮，追加查询设计完成。
21. 在工具栏中的下拉菜单中选择【更新查询】命令，可以进行“更新查询”操作。
22. 在工具栏中的按钮下拉菜单中选择【交叉表】命令，可以进行“交叉表查询”操作。

实训四 创建“选课管理”数据库的 SQL 查询

【实训要求】

创建“选课管理”数据库中表的联合查询和数据定义查询。

【步骤提示】

1. 启动 Access 2003。
2. 打开“选课管理”数据库。
3. 在“选课管理”数据库窗口中，选择【查询】选项为操作对象，再单击新建(N)按钮，选择【设计视图】选项，弹出【选择查询】窗口，并弹出【显示表】对话框。
4. 在【显示表】对话框中单击关闭(C)按钮，将【显示表】对话框关闭。
5. 在 Access 菜单栏上，选择【查询】/【SQL 特定查询】/【联合】命令，弹出【联合查询】窗口。
6. 在【联合查询】窗口中输入相应的 SQL 语句，例如，输入以下语句。

```
Select 学号
From 选课
UNION Select 学号
```

```
From 学生;
```

7. 单击按钮，弹出【另存为】对话框，在该对话框内输入"联合查询"，单击 确定 按钮保存输入的SQL语句，然后单击按钮关闭【联合查询】窗口。联合查询创建完成。
8. 在Access菜单栏上，选择【查询】/【SQL特定查询】/【数据定义】命令，弹出【数据定义查询】窗口。
9. 在【数据定义查询】窗口中输入相关的SQL语句。
10. 单击按钮，弹出【另存为】对话框，在该对话框内输入"数据定义查询"，单击 确定 按钮保存输入的SQL语句（见图3-63），然后单击按钮关闭【数据定义查询】对话框。

项目拓展 "网上书店"数据库中查询的创建与应用

在"网上书店"数据库中，分别使用向导和设计器创建查询表，练习使用参数查询，创建动作查询，包括表的生成查询、删除查询、追加查询、更新查询、交叉表查询等。学会使用SQL查询中的联合查询与数据定义查询。

【步骤提示】

1. 使用向导创建"出版社"表的查询表。
2. 使用设计视图创建"图书"表的查询表。
3. 创建"出版社"表的参数查询。
4. 创建"网上书店"数据库的动作查询。
5. 使用SQL语句创建联合查询。
6. 使用SQL语句创建数据定义查询。

思考与练习

一、简答题

1. 使用向导创建查询与使用设计视图创建查询有什么区别？各适用于什么场合？
2. 使用参数查询有什么好处？
3. 使用删除查询和更新查询需要注意什么问题？
4. 交叉表查询的作用是什么？
5. 使用SQL语句联合查询需要用到哪些SQL语句？

二、操作题

1. 在"员工工资管理"数据库中创建"员工"表的查询。
2. 在"员工工资管理"数据库中创建参数查询。
3. 在"员工工资管理"数据库中创建动作查询。
4. 在"员工工资管理"数据库中创建SQL查询。

项目四

窗体的创建与使用

窗体是 Access 用来和用户进行交互的主要数据库对象，是数据库的重要组成部分，是人机交互的接口，在数据库与用户之间发挥着桥梁的作用，是数据库中数据输入、输出的常用界面。窗体既可以接受用户的输入，并对输入内容的有效性、合理性进行判断，又可以输出一些记录集中的信息，如文字、图形、图像、音频、视频等。

本项目以“教材管理”数据库为例，讲解使用“自动窗体”、“窗体向导”和“设计视图”创建窗体的方法。使用“自动窗体”创建的窗体如图 4-1 所示；使用“窗体向导”创建的窗体如图 4-2 所示；使用“设计视图”创建的窗体如图 4-3 所示；带子窗体的窗体如图 4-4 所示；图 4-5 所示为窗体中数据的查找操作对话框。

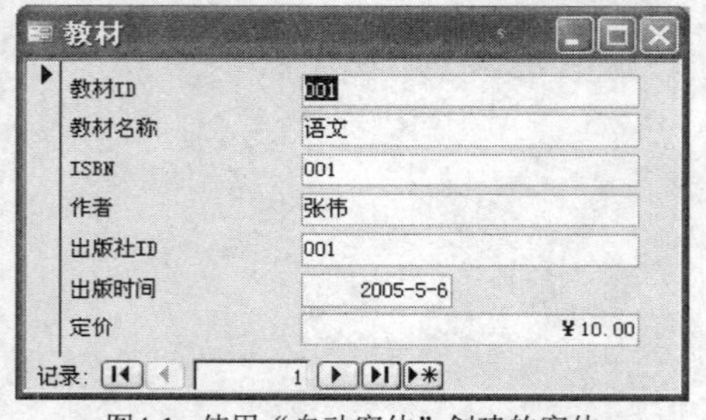

图4-1 使用“自动窗体”创建的窗体

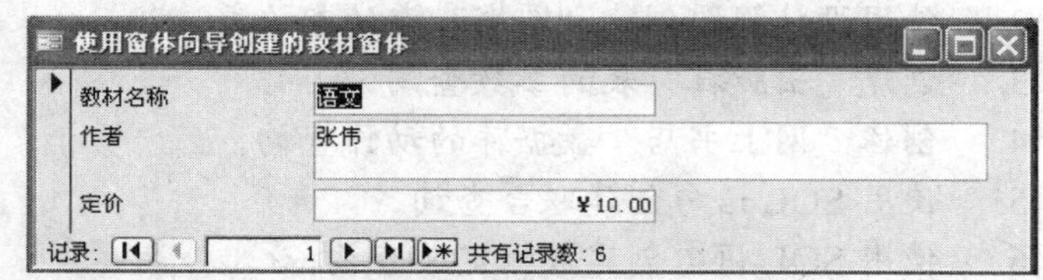

图4-2 使用“窗体向导”创建的窗体

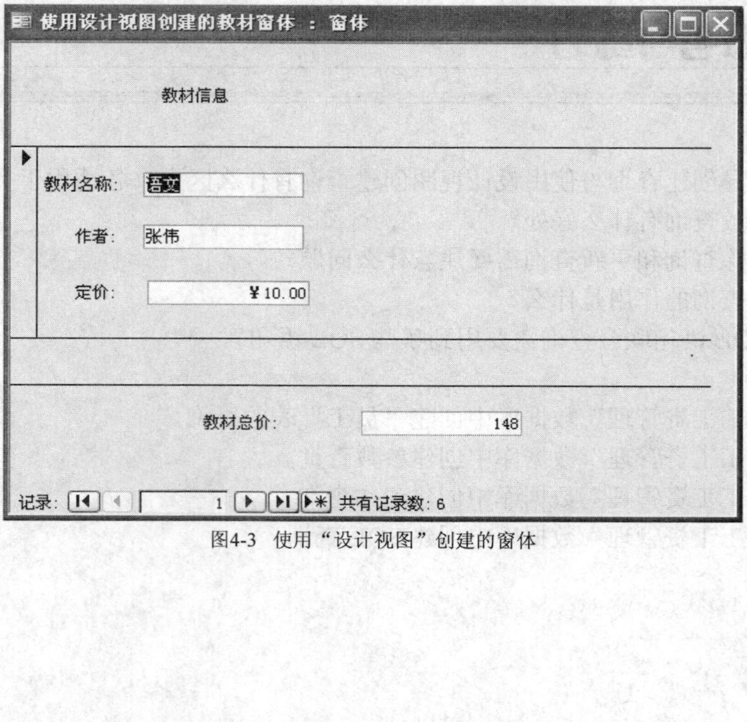

图4-3 使用“设计视图”创建的窗体

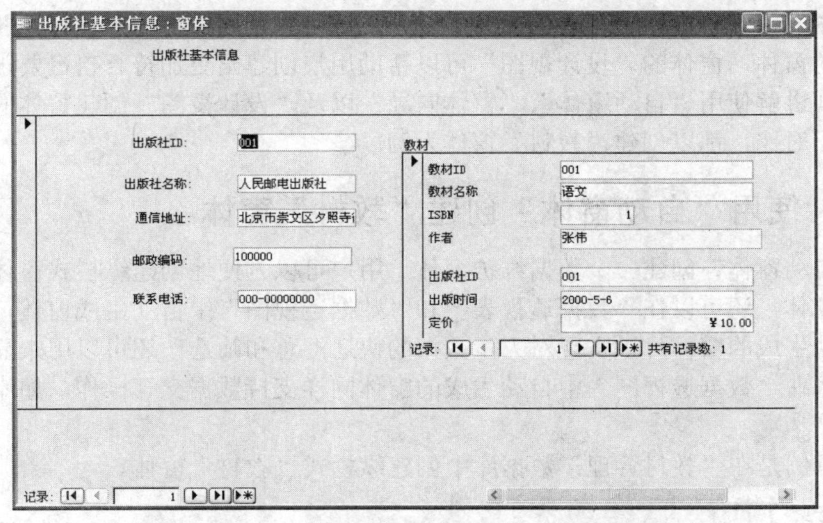

图4-4　带子窗体的窗体

查找和替换

查找	替换
查找内容(N):	010-86254036
查找范围(L):	出版社ID
匹配(H):	整个字段
搜索(S):	全部

查找下一个(F)　取消

☐区分大小写(C)　☑按格式搜索字段(O)

图4-5　窗体查找数据操作

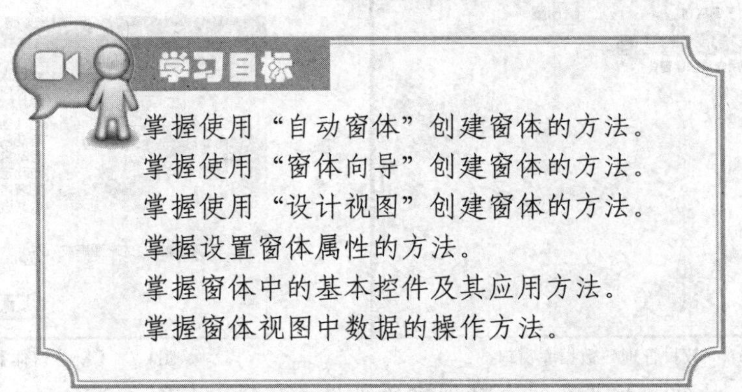

掌握使用“自动窗体”创建窗体的方法。
掌握使用“窗体向导”创建窗体的方法。
掌握使用“设计视图”创建窗体的方法。
掌握设置窗体属性的方法。
掌握窗体中的基本控件及其应用方法。
掌握窗体视图中数据的操作方法。

任务一　创建窗体

在 Access 中，所有的操作都是在窗体界面上完成的。通过窗体可以向表中输入数据、编辑数据，可以查询、排序、筛选和显示数据，可以接收用户的输入并执行相应的操作等。

在 Access 2003 中，窗体的创建方法有很多种。用户可以利用“自动窗体”创建窗体，也可以通过“窗体向导”和窗体的“设计视图”创建窗体。利用“自动窗体”创建窗体的方法非常方便快捷；利用“窗体向导”，用户可以按照向导的指示，方便快捷地创建各种类型的窗体。其中，Access 2003 所提供的“图表向导”和“数据透视表”向导分别可以引导用

户创建带有图表或带有数据透视表的窗体。此外，还可以利用窗体的“设计视图”创建和修改任何类型的窗体，窗体的“设计视图”可以帮助用户创建出更加符合自己要求的窗体。

以下分别讲解使用“自动窗体”、“窗体向导”以及“设计视图”创建窗体的具体操作步骤。为了便于对比，都以创建“教材”窗体为例。

（一） 使用“自动窗体”创建“教材”窗体

使用“自动窗体”创建一个数据维护窗体，用户可以方便地创建纵栏式窗体、表格式窗体和数据表窗体，还可以在“数据透视表”和“数据透视图”中自动生成窗体，在“数据透视表”中自动生成的窗体可以实现对大量数据的快速汇总和筛选，还可以用来显示选定区域的数据明细；在“数据透视图”中自动生成的窗体同样支持数据交互操作，如添加、筛选和排序等。

下面的示例是在“教材管理”数据库中创建纵栏式“教材”窗体。

【操作步骤】

1. 启动 Access 2003。
2. 打开“教材管理”数据库，在“教材管理”数据库窗口中的【对象】栏中选择【窗体】选项，如图 4-6 所示。
3. 单击 新建(N) 按钮，弹出【新建窗体】对话框，选择【自动创建窗体：纵栏式】选项，在【请选择该对象数据的来源表或查询】下拉列表中选择【教材】选项作为数据来源，如图 4-7 所示。

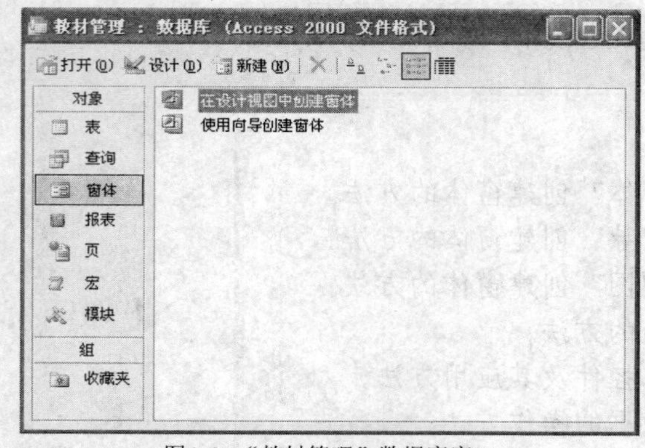

图4-6 “教材管理”数据库窗口

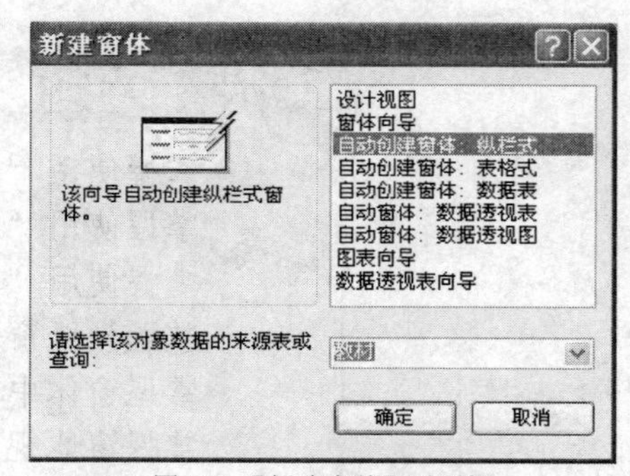

图4-7 【新建窗体】对话框

4. 单击 确定 按钮，打开系统自动创建的纵栏式窗体，如图 4-8 所示。
5. 单击💾按钮，弹出【另存为】对话框，【窗体名称】文本框中默认的“教材”不用修改，如图 4-9 所示。单击 确定 按钮，完成窗体的创建。

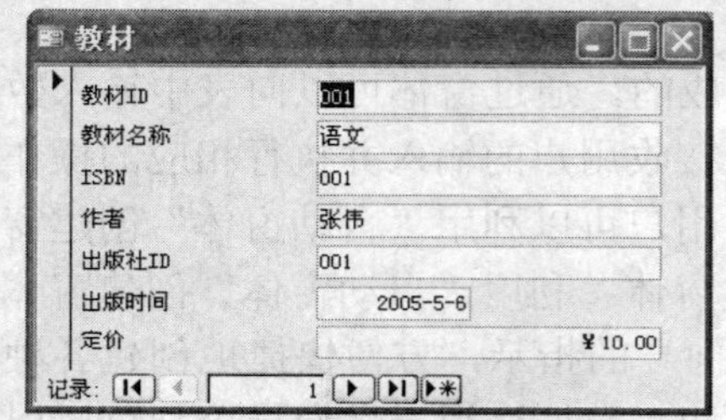

图4-8 系统自动创建的纵栏式窗体

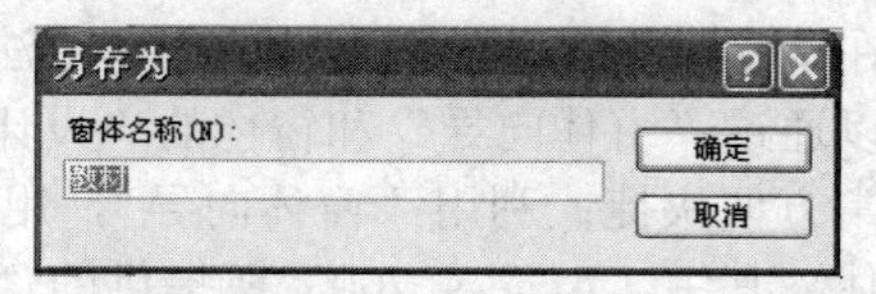

图4-9 【另存为】对话框

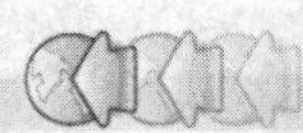

【知识链接】

在 Access 2003 中有 6 种窗体类型：纵栏式窗体、表格式窗体、数据表窗体、图表窗体、数据透视表视图和数据透视图视图。不同视图的窗体以不同的布局形式显示数据源，并且可以灵活地进行切换。

- 纵栏式窗体：纵栏式窗体一次只显示一条记录，记录中的每个字段纵向排列，字段名显示在左边，字段内容显示在右边（见图 4-8）。
- 表格式窗体：表格式窗体以记录为行、以字段为列显示成表格形式，一个窗体可以显示多条记录，如图 4-10 所示。

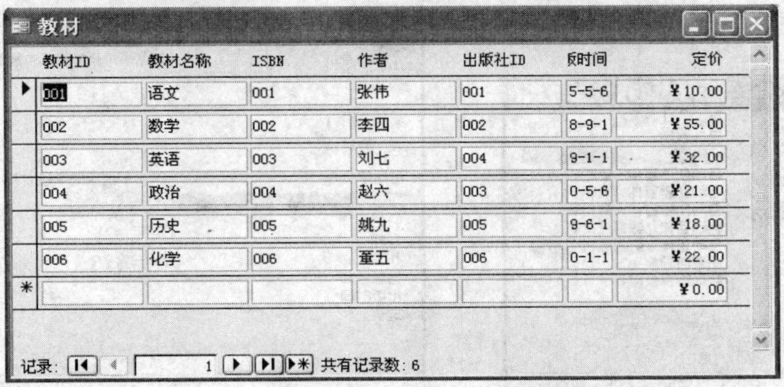

教材

教材ID	教材名称	ISBN	作者	出版社ID	反时间	定价
001	语文	001	张伟	001	5-5-6	￥10.00
002	数学	002	李四	002	8-9-1	￥55.00
003	英语	003	刘七	004	9-1-1	￥32.00
004	政治	004	赵六	003	0-5-6	￥21.00
005	历史	005	姚九	005	9-6-1	￥18.00
006	化学	006	董五	006	0-1-1	￥22.00
						￥0.00

记录：1 共有记录数：6

图4-10　表格式窗体示例

- 数据表窗体：数据表窗体的外观与数据表和查询显示的数据界面相同，如图 4-11 所示。

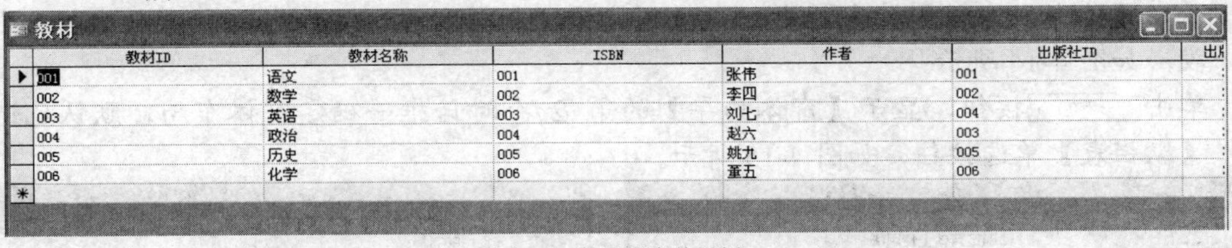

教材

教材ID	教材名称	ISBN	作者	出版社ID	出版
001	语文	001	张伟	001	
002	数学	002	李四	002	
003	英语	003	刘七	004	
004	政治	004	赵六	003	
005	历史	005	姚九	005	
006	化学	006	董五	006	

图4-11　数据表窗体示例

- 图表窗体：图表窗体将数据以图表的方式显示出来。
- 数据透视表视图：用于汇总和分析数据表或查询中的数据，将字段值作为透视表的行或列。
- 数据透视图视图：用于显示数据表或查询中数据的图形分析，以更直观的图形方式显示数据。

（二）　使用“窗体向导”创建“教材”窗体

如果想更好地选择哪些字段显示在窗体上，可以使用“窗体向导”创建窗体。使用“窗体向导”可以指定数据的组合和排序方式，如果创建了表与查询之间的关系，还可以使用来自多个表或查询的字段。

使用“窗体向导”创建的窗体的数据源可以是一个表或查询，也可以是多个表或查询。用户可以从所使用的数据源中选择窗体所需要的字段，还可以对窗体布局和样式进行定义。

下面以“教材管理”数据库为例，详细讲解使用“窗体向导”创建窗体的具体步骤。

【操作步骤】

1. 启动 Access 2003。
2. 打开“教材管理”数据库，在“教材管理”数据库窗口中的【对象】栏中选择【窗体】选项。
3. 单击 新建(N) 按钮，在弹出的【新建窗体】对话框的列表框中选择【窗体向导】选项，在【请选择该对象数据的来源表或查询】下拉列表中选择【教材】选项，如图 4-12 所示。
4. 单击 确定 按钮，打开【窗体向导】的第 1 个对话框，如图 4-13 所示。

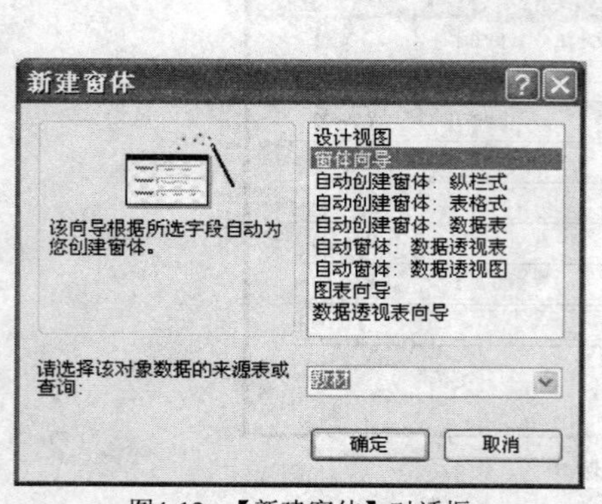

图4-12 【新建窗体】对话框

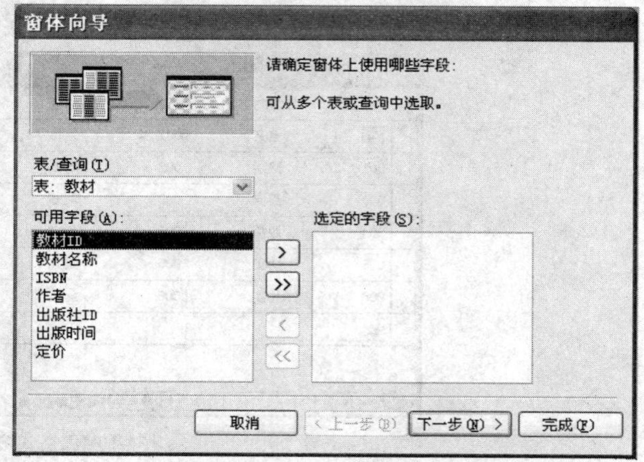

图4-13 【窗体向导】对话框—选择字段

5. 在【可用字段】列表框中选择要在窗体中显示的字段，然后单击 > 按钮，则该字段显示在【选定的字段】列表框中，本示例选择“教材名称”、“作者”和“定价”3 个字段，如图 4-14 所示。
6. 单击 下一步(N) > 按钮，显示【窗体向导】的第 2 个对话框—确定窗体布局，默认已选中【纵栏表】单选按钮，如图 4-15 所示。

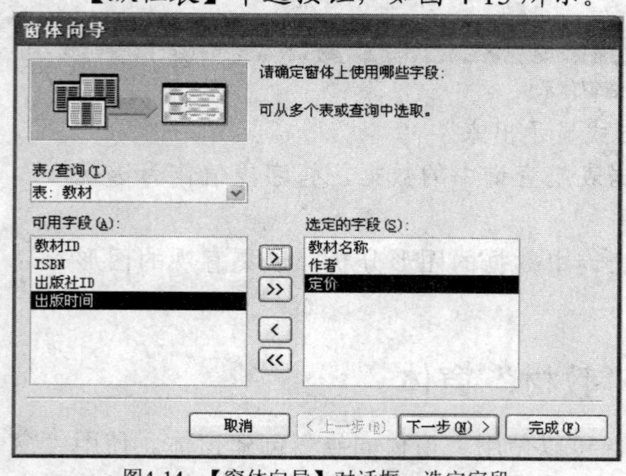

图4-14 【窗体向导】对话框—选定字段

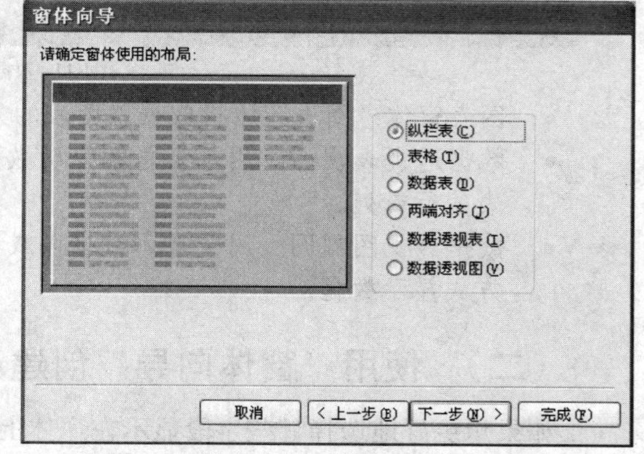

图4-15 【窗体向导】对话框—确定窗体布局

7. 单击 下一步(N) > 按钮，显示【窗体向导】的第 3 个对话框—确定窗体样式，默认已选择【标准】选项，如图 4-16 所示。
8. 单击 下一步(N) > 按钮，显示【窗体向导】的第 4 个对话框—确定窗体标题，把【请为窗体指定标题】文本框中的内容改为“使用窗体向导创建的教材窗体”，如图 4-17 所示。

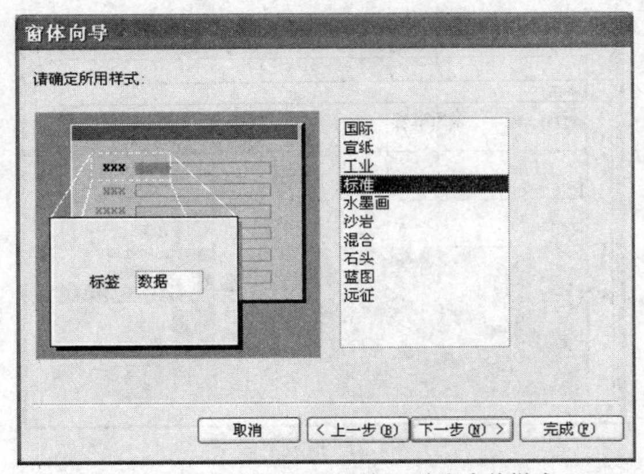

图4-16　【窗体向导】对话框—确定窗体样式

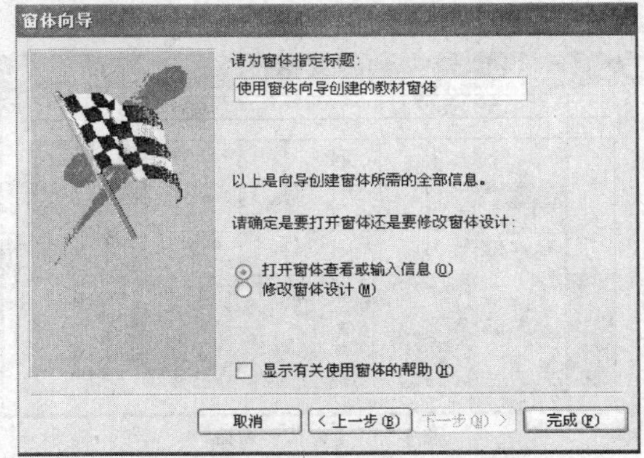

图4-17　【窗体向导】对话框—确定窗体标题

9.　单击 完成(F) 按钮，完成窗体的创建工作，创建结果如图 4-18 所示。

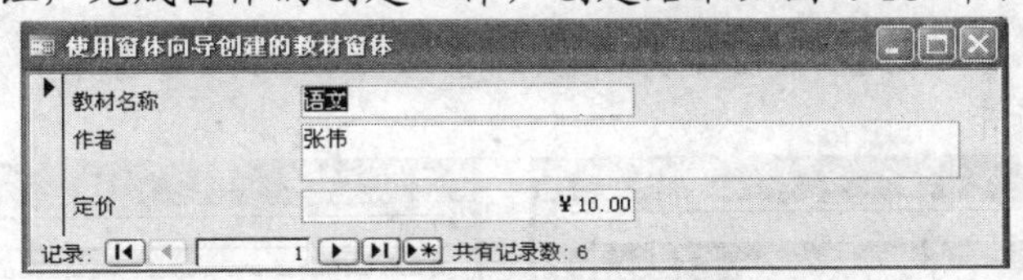

图4-18　使用“窗体向导”创建的“教材”窗体

【知识链接】

在如图 4-17 所示的【窗体向导】对话框中，还可以选中【修改窗体设计】单选按钮，以便对向导创建的窗体进行进一步的修改。

（三）　使用“设计视图”创建“教材”窗体

Access 2003 不仅提供了工具或向导创建窗体，还提供了设计视图创建窗体。使用窗体的设计视图不但能够创建窗体，而且能够修改窗体，在设计视图中可以设计出灵活复杂的窗体。无论使用哪种方法创建窗体，如果创建的窗体不符合要求，都可以在设计视图中进行修改和完善。

【操作步骤】

1.　启动 Access 2003。
2.　打开“教材管理”数据库，在“教材管理”数据库窗口中的【对象】栏中选择【窗体】选项。
3.　单击 新建(N) 按钮，在弹出的【新建窗体】对话框的列表框中选择【设计视图】选项，在【请选择该对象数据的来源表或查询】下拉列表中选择【教材】选项。如图 4-19 所示。

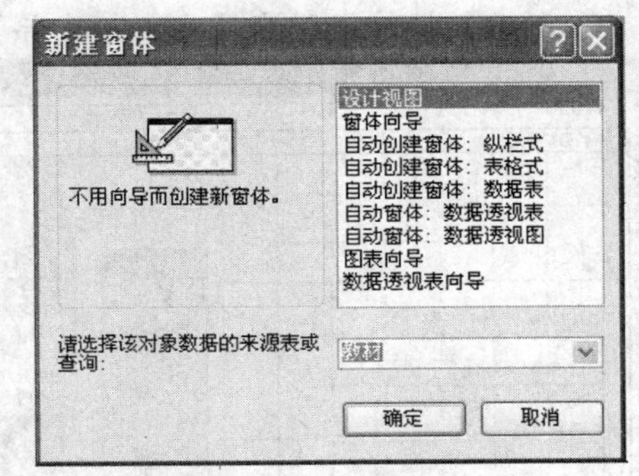

图4-19　使用设计视图创建窗体

4.　单击 确定 按钮，打开【窗体】窗口，如图 4-20 所示。
5.　在“教材”表的字段列表中，用鼠标将“教材名称”、“作者”、“定价” 3 个字段拖放到窗体适当的位置上，如图 4-21 所示。

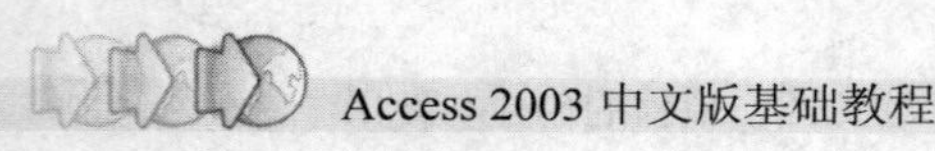

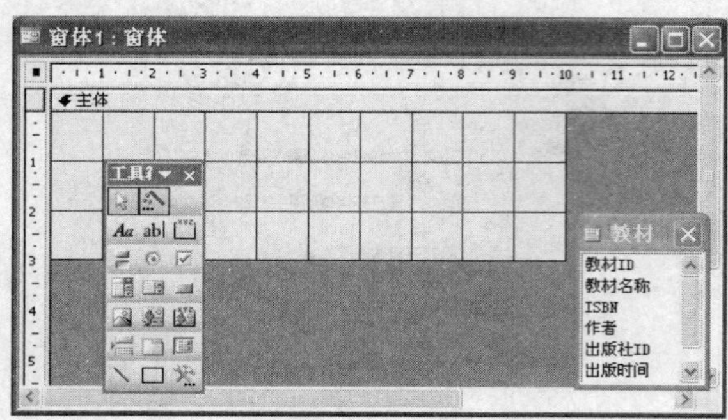

图4-20 【窗体】窗口

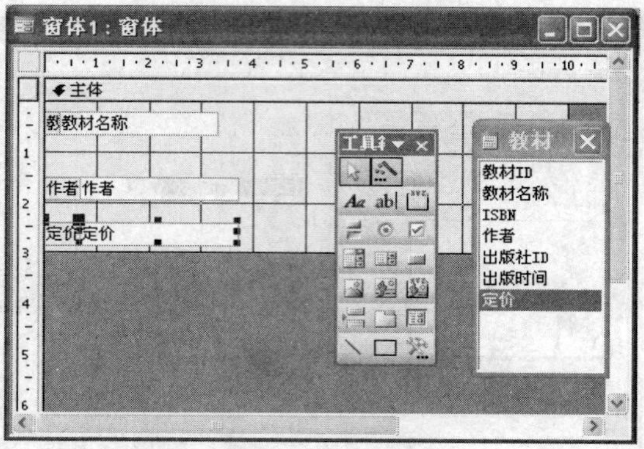

图4-21 拖放字段

6. 依次选中各控件，通过拖动控件左上角的大黑块把控件调整到适当位置上，如图 4-22 所示。
7. 选择菜单栏中的【视图】/【窗体页眉/页脚】命令，打开【窗体页眉】和【窗体页脚】节，如图 4-23 所示。

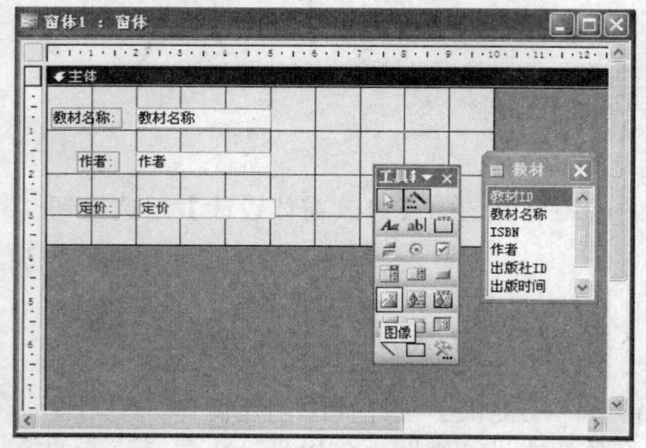

图4-22 调整控件位置

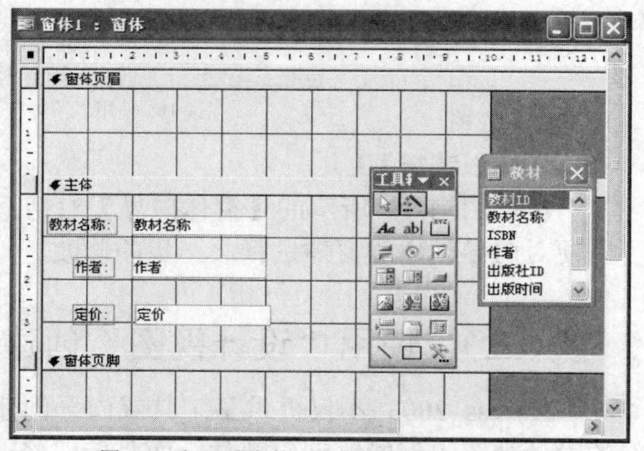

图4-23 打开【窗体页眉】和【窗体页脚】节

8. 单击【工具箱】中的【标签】控件，在【窗体页眉】节中用鼠标拖出一个适当大小的【标签】控件，在控件中输入“教材信息”，如图 4-24 所示。
9. 单击【工具箱】中的【文本框】控件，单击【窗体页脚】节中的适当位置放置【文本框】控件，弹出【文本框向导】的第 1 个对话框，如图 4-25 所示。

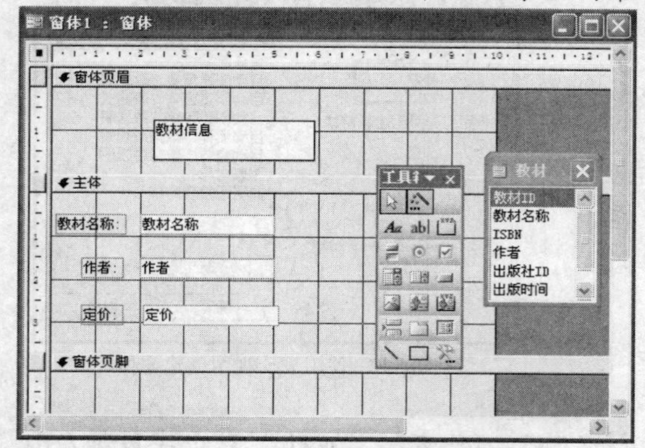

图4-24 在【窗体页眉】节中放置【标签】控件

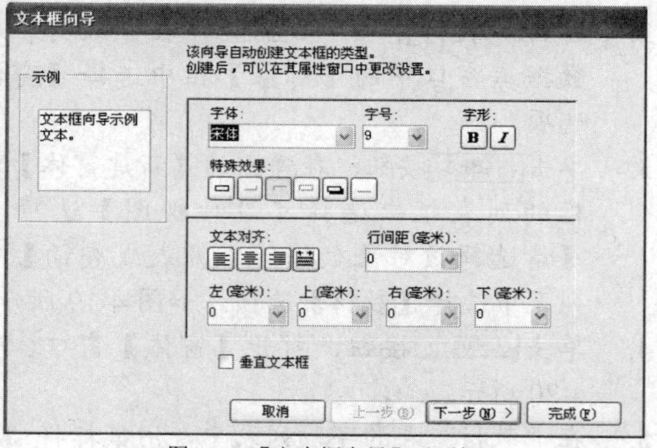

图4-25 【文本框向导】对话框

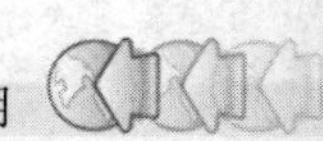

10. 不做任何修改，单击下一步(N)>按钮，显示【文本框向导】的第 2 个对话框，如图 4-26 所示。
11. 不做任何修改，单击下一步(N)>按钮，显示【文本框向导】的第 3 个对话框，在【请输入文本框的名称】文本框中输入“教材总价”，如图 4-27 所示。

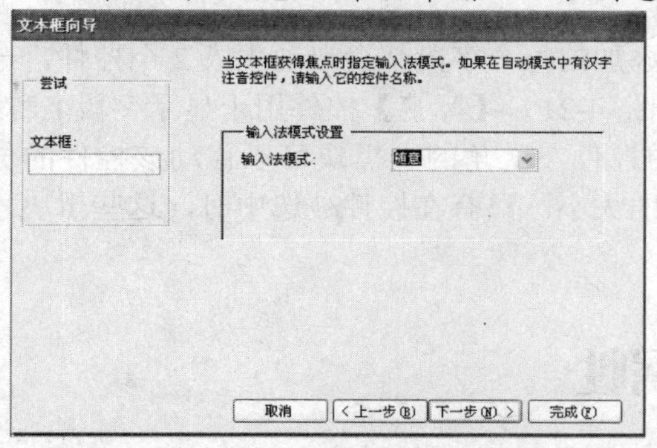

图4-26 【文本框向导】对话框—设置输入法模式　　图4-27 【文本框向导】对话框—设置文本框名称

12. 将【窗体页脚】节中新添加的控件调整为适当的大小和位置，如图 4-28 所示。
13. 在【未绑定】文本框控件中输入 “=Sum([定价])”，用于计算总书价，如图 4-29 所示。

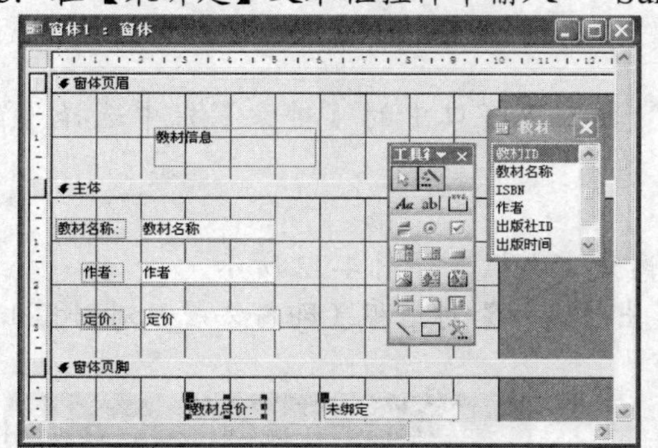

图4-28 调整【窗体页脚】节中控件的大小和位置

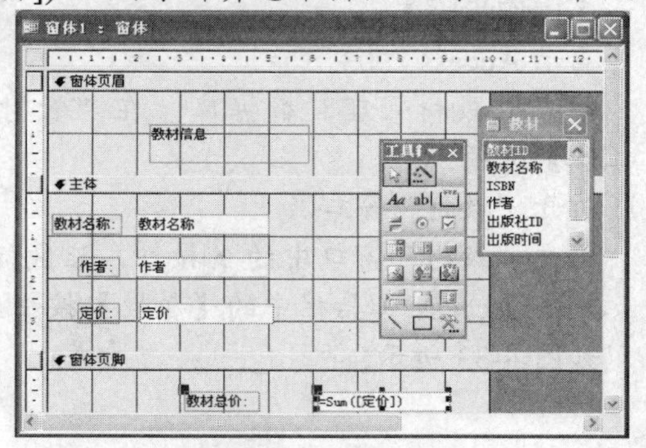

图4-29 输入总书价计算公式

14. 单击按钮，弹出【另存为】对话框。在该对话框的【窗体名称】文本框中输入“使用设计视图创建的教材窗体”，如图 4-30 所示。
15. 单击确定按钮完成窗体的创建工作。在【使用设计视图创建的教材窗体：窗体】窗口的标题栏上单击鼠标右键，从弹出的快捷菜单中选择【窗体视图】命令，可以看见该窗体的设计效果，如图 4-31 所示。

图4-30 【另存为】对话框

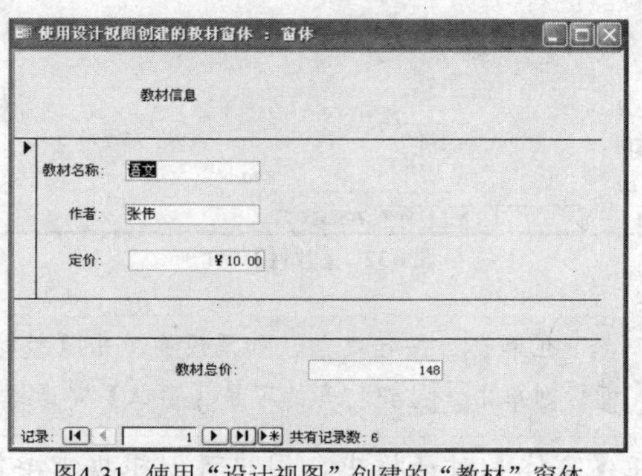

图4-31 使用“设计视图”创建的“教材”窗体

说明

如果在操作过程中不慎关掉了“教材”字段列表，再想使用时，单击 Access 工具栏上的【字段列表】按钮即可重新打开。

【知识链接】

使用“设计视图”创建窗体时，在窗体中新添加的每个字段都会自动生成 2 个控件，一个是【标签】控件，一个是【文本框】控件（见图 4-21）。【标签】控件用于显示字段名称，【文本框】控件用于显示字段的值。拖动被选中控件左上角的大黑块可以移动该控件的位置，拖动被选中控件周围的小黑块可以调整控件的大小。只有在控件被选中时，这些黑块才会出现。

任务二 设置“教材”窗体的属性

窗体的属性决定了窗体的结构、外观以及数据来源，一个窗体有许多属性，通过这些属性的设置，才能全面地掌握并设计窗体的整体构造。

【操作步骤】

1. 启动 Access 2003。
2. 打开“教材管理”数据库，在“教材管理”数据库窗口中的【对象】栏中选择【窗体】选项。
3. 打开“教材”窗口。
4. 单击“教材”窗口中的▶按钮，让鼠标光标离开文本框，如图 4-32 所示。
5. 单击 Access 工具栏中的【属性】按钮，弹出【窗体】对话框（即窗体属性对话框），如图 4-33 所示。

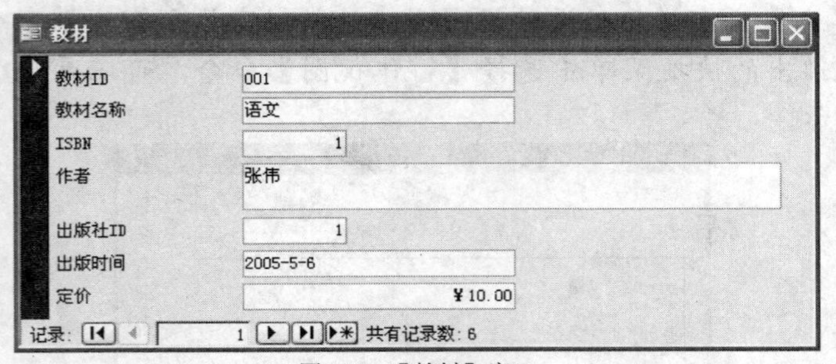

图4-32 【教材】窗口

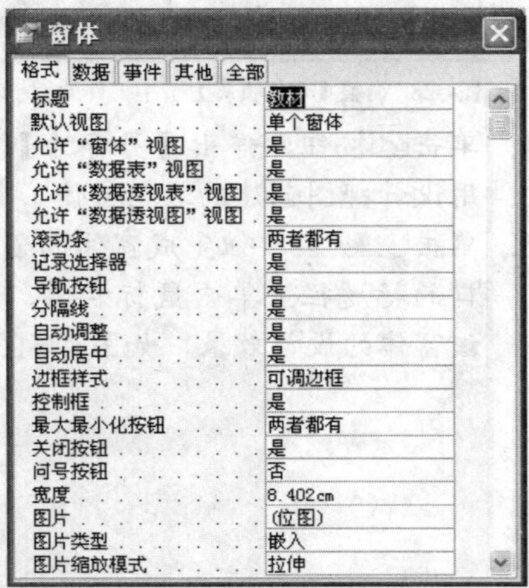

图4-33 【窗体】对话框

说明

在单击按钮之前，如果没有单击【教材】窗口中的▶按钮使鼠标光标离开窗口中的文本框，则单击按钮打开的不是【窗体】对话框，而是【文本框】对话框。

6. 在【窗体】对话框中，用户可以根据需要修改窗体的各种属性。

任务三　窗体中的基本控件及其应用

在 Access 2003 的窗体“设计视图”中，选择菜单栏中的【视图】/【工具箱】命令，就会弹出工具箱，如图 4-34 所示。

图4-34　工具箱

在工具箱中，系统提供了 4 类控件，分别是数据类控件、图形类控件、控制类控件和其他类控件。数据类控件包括标签、文本框、组合框、列表框、选项卡控件和子窗体/子报表控件；图形类控件包括直线、矩形、图像、未绑定对象；控制类控件包括选项组、切换按钮、单选按钮、复选框、命令按钮和分页符；其他类控件包括选择对象、控件向导和其他控件。

不同控件的功能和作用各有不同，通过对控件的属性及事件的定义，窗体的控件才能发挥其应有的作用。

（一）　添加窗体控件

控件分为绑定型控件、未绑定型控件或计算型控件。绑定型控件与表或查询中的字段相连，可用于显示、输入及更新数据库中的字段；未绑定型控件没有数据来源，可以用来显示信息、线条、矩形或图像；计算型控件用表达式作为数据源，表达式可以利用窗体或报表所引用的表或查询字段中的数据，也可以是窗体或报表上的其他控件中的数据。

在窗体设计视图中，可以直接将一个或多个字段拖放到主体区域中，Access 2003 可以自动地为该字段绑定适当的控件或绑定指定的控件。绑定适当的控件的操作方法是，单击工具栏中的【字段列表】按钮，Access 2003 则显示窗体数据源的字段列表，然后用鼠标从字段列表中拖曳某一个字段到“主体”节区域，在对该字段的位置进行调整时，可以进行整体调整，也可以进行单独的调整。

下面结合在窗体设计视图中创建名为“出版社信息”的窗体，并根据需要添加适当控件的实例来讲解具体的操作步骤。

【操作步骤】

1. 启动 Access 2003。
2. 打开“教材管理”数据库，在“教材管理”数据库窗口中的【对象】栏中选择【窗体】选项。
3. 单击新建(N)按钮，在弹出的【新建窗体】对话框中选择【设计视图】选项，在【请选择该对象数据的来源表或查询】下拉列表中选择【出版社】选项，如图 4-35 所示。
4. 单击确定按钮，打开【窗体】设计视图，如图 4-36 所示。

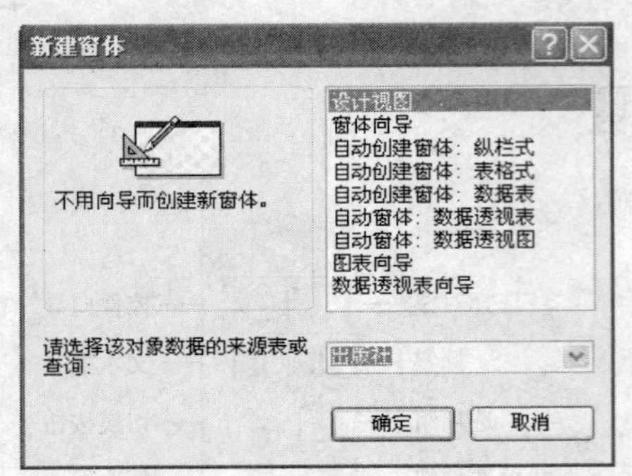

图4-35 【新建窗体】对话框

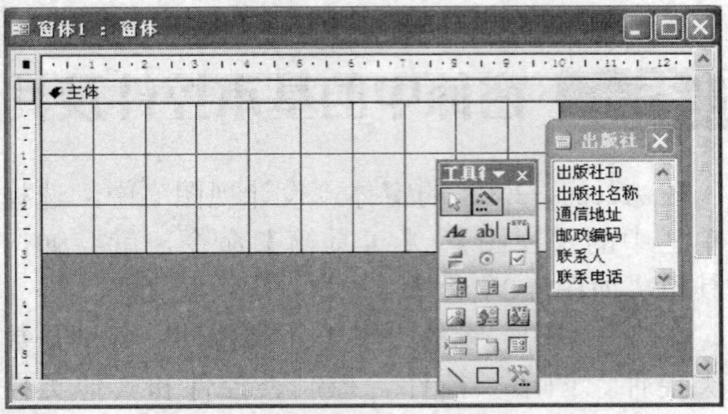

图4-36 【窗体】设计视图

5. 从“出版社”字段列表中将“出版社 ID”、“出版社名称”、“通信地址”、“邮政编码”、“联系电话”等字段拖放到窗体【主体】节的适当位置上，如图 4-37 所示。
6. 参照任务一中使用“设计视图”创建“教材”窗体的做法打开【窗体页眉】和【窗体页脚】两节，并在【窗体页眉】节中添加【出版社基本信息】标签，如图 4-38 所示。

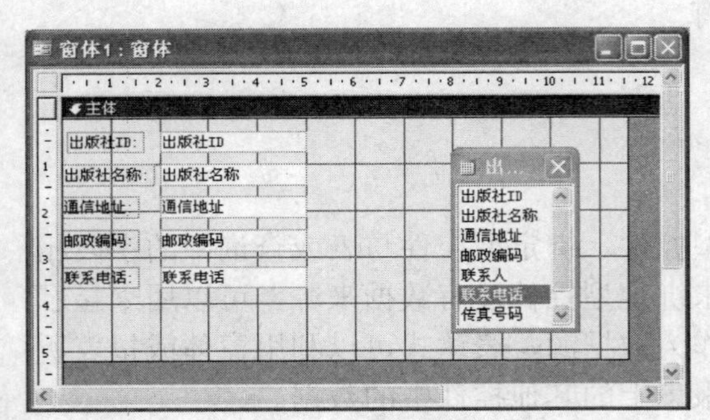

图4-37 添加字段（绑定型控件）

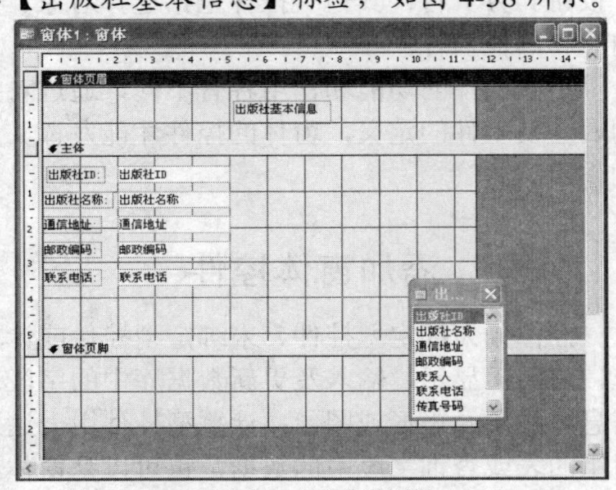

图4-38 设计窗体页眉

7. 单击按钮，在弹出的【另存为】对话框的【窗体名称】文本框中输入“出版社基本信息”，如图 4-39 所示，单击 确定 按钮。
8. 在“教材管理”数据库中，双击【出版社基本信息】窗体对象，可以看到如图 4-40 所示的设计结果。

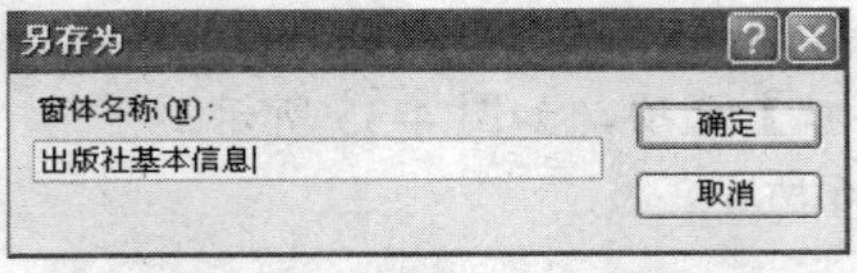

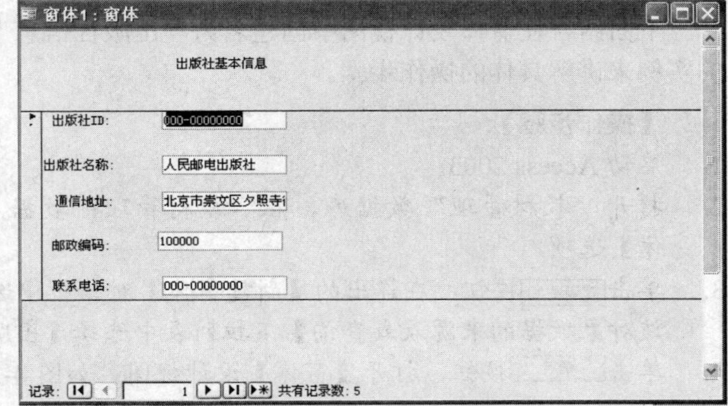

图4-39 【另存为】对话框

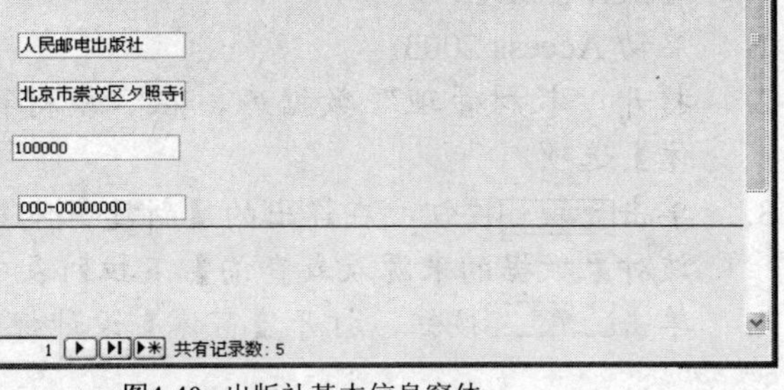

图4-40 出版社基本信息窗体

【知识链接】

工具箱中提供的控件如表 4-1 所示。

表 4-1 工具箱中提供的控件

图标	控件名称	功能
	选择对象	用于选取控件、节或窗体。单击该按钮可以释放以前锁定的工具栏按钮
	控件向导	用于打开或关闭控件“向导”。使用控件向导可以创建列表框、组合框、选项组、命令按钮、图表、子窗体或子报表。要使用向导创建这些控件，必须单击“控件向导”按钮
	标签	用于显示说明文本的控件，如窗体上的标题或指示文字。Access 2003 会自动为创建的控件附加标签
	文本框	用于显示、输入或编辑窗体的基础记录源数据，显示计算结果或接收用户输入的数据
	选项组	与复选框、单选按钮或切换按钮搭配使用，可以显示一组可选值
	切换按钮	作为绑定到“是/否”字段的独立控件；或者用来接收用户在自定义对话框中输入数据的非绑定控件；或者选项组的一部分
	选项按钮	可以作为绑定到“是/否”字段的独立控件；也可以用于接收用户在自定义对话框中输入数据的非绑定控件；或者选项组的一部分
	复选框	可以作为绑定到“是/否”字段的独立控件；也可以用于接收用户在自定义对话框中输入数据的非绑定控件；或者选项组的一部分
	组合框	该控件组合了列表框和文本框的特性，既可以在文本框中输入文字，又可以在列表框中选择输入项，然后将值添加到基础字段中
	列表框	显示可滚动的数值列表。在“窗体”视图中，可以从列表中选择值输入到新记录中；或者更改现有记录中的值
	命令按钮	用于完成各种操作，如查找记录、打印记录或应用窗体筛选
	图像	用于在窗体中显示静态图片。由于静态图片并非 OLE 对象，所以一旦将图片添加到窗体或报表中，便不能在 Access 内进行图片编辑
	未绑定对象框	用于在窗体中显示非绑定 OLE 对象。例如，Excel 电子表格。当在记录间移动时，该对象将保持不变
	绑定对象框	用于在窗体或报表上显示 OLE 对象。例如，一系列的图片。该控件针对的是保存在窗体或报表基础记录源字段中的对象。当在记录间移动时，不同的对象将显示在窗体或报表上
	分页符	用于在窗体上开始一个新的屏幕，或在打印窗体上开始一个新页
	选项卡控件	用于创建一个多页的选项卡窗体或选项卡对话框。可以在选项卡控件上复制或添加其他控件
	子窗体/子报表	用于显示来自多个表的数据
	直线	用于突出相关的或特别重要的信息
	矩形	显示图形效果。例如，在窗体中将一组相关的控件组织在一起
	其他控件	单击该图标将显示一个列表，可以从中选择所需要的其他控件加到当前窗体内

（二） 创建子窗体

子窗体是放在另一个窗体中的窗体，包含子窗体的窗体称为主窗体。子窗体一般用于显示具有一对多关系的表或查询中的数据。主窗体用于显示具有一对多关系的“一”方，子窗体用于显示具有一对多关系的“多”方。当主窗体中的记录发生变化时，子窗体中的记录也会随之发生变化。

使用控件创建子窗体，将创建的子窗体添加到已有的窗体中。下面是在“教材管理”数据库中，将“教材”窗体添加到已创建的“出版社基本信息”窗体中的操作步骤。

【操作步骤】

1. 启动 Access 2003。
2. 打开“教材管理”数据库。
3. 在“教材管理”数据库窗口左侧选择【窗体】选项，单击【出版社基本信息】窗体，然后单击[设计(D)]按钮，打开如图 4-41 所示的【出版社基本信息：窗体】窗口。
4. 在【出版社基本信息：窗体】窗口中的【工具箱】里单击【子窗体】按钮，在【出版社基本信息】标签的主体右侧按住鼠标左键拖曳，直至成为一个大小合适的窗体后松开鼠标左键，弹出如图 4-42 所示的【子窗体向导】对话框。

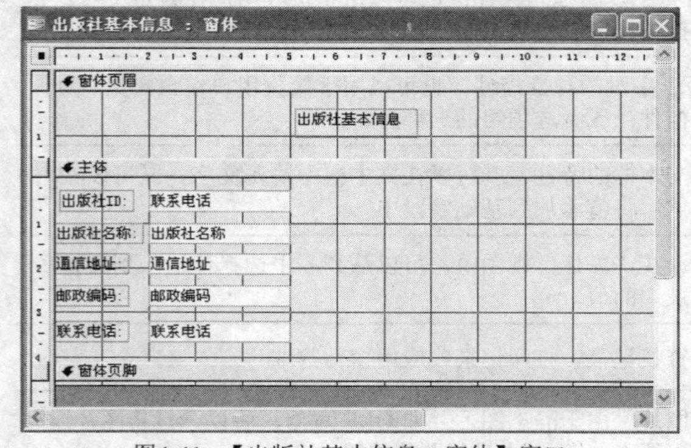

图4-41 【出版社基本信息：窗体】窗口

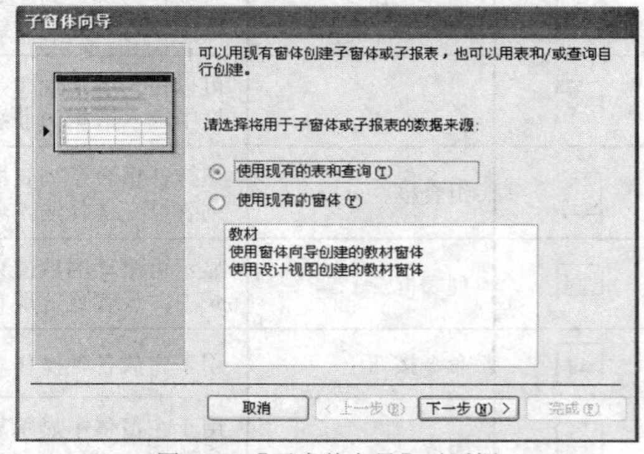

图4-42 【子窗体向导】对话框

5. 在【子窗体向导】对话框中，选中【使用现有的窗体】单选按钮，在列表框中选择【教材】选项，单击[下一步(N) >]按钮，弹出如图 4-43 所示的对话框。
6. 在该对话框中选中【从列表中选择】单选按钮，在列表框中选择默认记录，单击[下一步(N) >]按钮，弹出如图 4-44 所示的对话框。

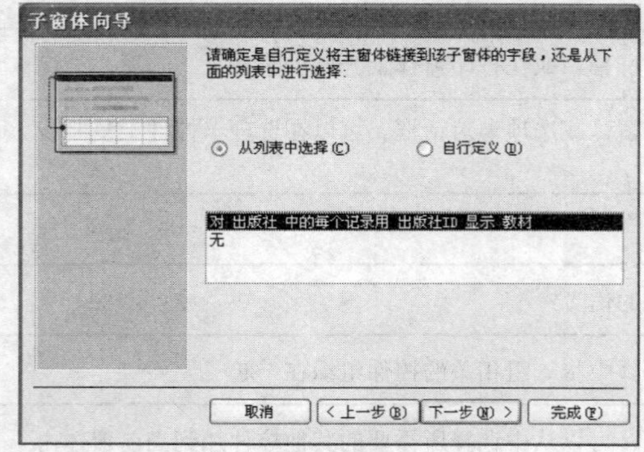

图4-43 选择子窗体的字段

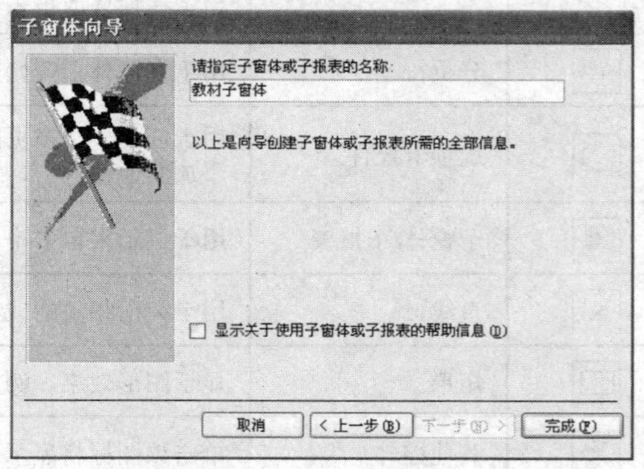

图4-44 指定子窗体名称

7. 在【请指定子窗体或子报表的名称】文本框中输入“教材子窗体”，然后单击 完成(F) 按钮，子窗体创建完成，其效果如图 4-45 所示。

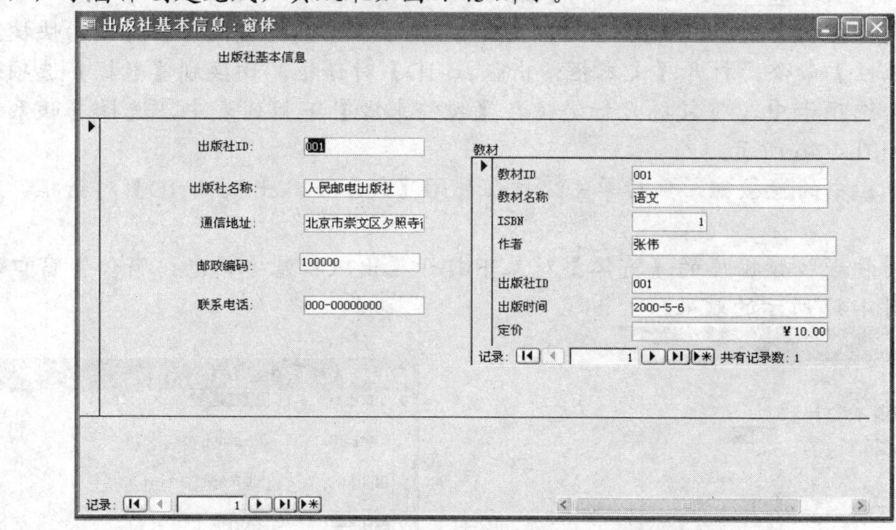

图4-45　创建的子窗体

（三）　窗体控件属性及其设置

在 Access 中，控件的属性可以用来描述和反映控件的特征，每一个控件都有自己的属性。不同控件的属性不完全相同，但在某几个控件之间可能有许多共同的属性。在 Access 中，用户可以对一个或一组控件进行属性设置。在对一个或一组控件进行属性设置之前，通常需要按照以下方式选定一个或一组控件。

- 如果要选定一个控件，则单击该控件的任何位置。
- 如果要选定相邻的多个控件，则首先单击某个控件外的任意点，然后按住鼠标左键拖曳，并使拖动出现的矩形框包含所有需要选定的控件。
- 如果要选定不相邻的多个控件，则在按住【Shift】键的同时，单击需要选中的每一个控件。

设置控件的属性有多种方法，最常用的方法是利用控件的属性设置对话框。在“窗体”的设计视图中，用户可以采用如下方法中的任何一种打开该对话框。

- 选择一个或一组控件，选择【视图】菜单中的【属性】命令；
- 选择一个或一组控件，单击工具栏上的【属性】按钮；
- 将鼠标光标指向需要设置属性的控件，单击鼠标右键，在弹出的快捷菜单中选择【属性】命令；
- 将鼠标光标指向需要设置属性的某一个控件，双击鼠标左键。

例如，在“出版社基本信息”窗体中，将“出版社 ID”文本框控件与“出版社”表中的“联系电话”绑定，详见下面的操作步骤。

【操作步骤】

1. 启动 Access 2003。
2. 打开“教材管理”数据库。

3. 在“教材管理”数据库窗口中，选择【窗体】选项，选中【出版社基本信息】窗体，单击工具栏上的设计按钮，打开【出版社基本信息】设计视图。
4. 将鼠标光标指向“出版社 ID”文本框控件，然后单击鼠标右键，在弹出的快捷菜单中选择【属性】命令，打开【文本框：出版社 ID】对话框，切换到【数据】选项卡。在【数据】选项卡中，将鼠标光标定位在【控件来源】下拉列表中，选择【联系电话】选项，如图 4-46 所示。
5. 单击菜单栏中的按钮，然后单击按钮关闭【文本框：出版社 ID】对话框，属性设置完毕。
6. 在“教材管理”数据库的【窗体】对象下打开【出版社基本信息：窗体】窗口，可以看到如图 4-47 所示的效果。

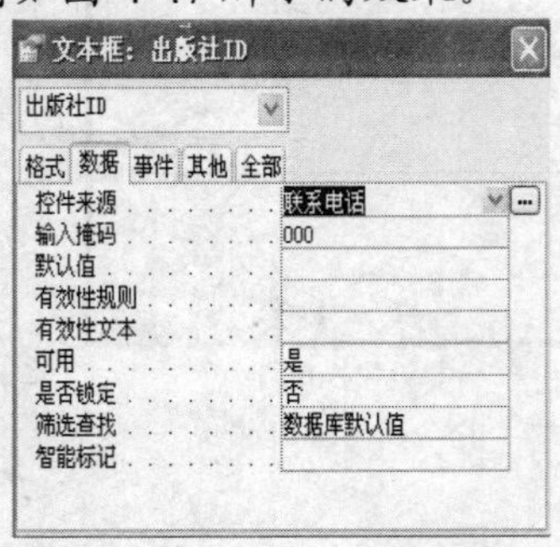

图4-46　控件属性设置

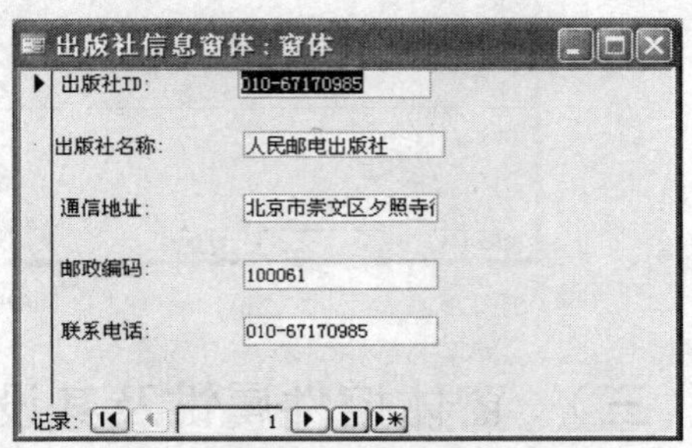

图4-47　控件属性设置完毕

【知识链接】

在控件属性设置对话框（见图 4-46）中，包括【格式】、【数据】、【事件】、【其他】和【全部】5 个选项卡，其中：

- 【格式】选项卡用来设置控件的显示效果；
- 【数据】选项卡用来设置控件是否绑定以及操作数据的规则；
- 【事件】选项卡用来设置当某些事件发生时所进行的操作；
- 【其他】选项卡可以设置包括控件的名称属性在内的其他属性；
- 【全部】选项卡包含【格式】、【数据】、【事件】和【其他】选项卡中的全部属性。用户需要利用控件的属性设置对话框为控件的每个属性设置合适的属性值。

在 Access 中，控件的常用属性如下。

- 标题：设置控件上显示的文本信息。
- 背景样式：设置控件是否透明。
- 背景色：设置控件的背景颜色。
- 特殊效果：设置控件的显示效果。
- 前景色：设置控件上显示文本的颜色。
- 字体名称、字号、字体粗细、倾斜字体、下画线：设置文本的外观。
- 文本对齐：设置控件上文本的对齐方式。
- 文本左边距、文本上边距、右边距、下边距：分别用于设置控件上显示的文本与控件的左、上、右、下边界之间的距离。
- 行距：设置控件上文本的行间距。
- 小数位数：设置数字字段中小数的位数。

- 可见性：设置控件是否可见。
- 左边距、上边距：分别用于设置控件距离窗体左、上边界的距离。
- 宽度、高度：分别用于设置控件的宽度和高度。
- 列数：设置组合框或列表框中显示的列数。
- 列标题：设置是否在组合框或列表框中显示列的标题。
- 列宽：设置组合框或列表框中列的宽度。
- 图片：设置控件上显示的图片。
- 控件来源：设置控件如何检索或保存在窗体中要显示的数据，可以设置为空、某个字段或者一个计算表达式。
- 输入掩码：设置控件中文本型或日期型数据的输入格式。
- 行来源类型：设置组合框或列表框中选择内容的来源，可以是表/查询、值列表或字段列表。
- 行来源：设置组合框或列表框中各行的来源。
- 默认值：设置计算型控件或非绑定型控件的初始值。
- 有效性规则：设置在控件中输入数据的合法性检查表达式。
- 可用：设置控件是否可以被使用。
- 名称：设置控件被引用时的标识名字。
- 控件提示文本：设置当鼠标光标在控件上停留时显示的文本。

任务四　窗体视图中数据的操作

在窗体中，可以对数据进行的操作主要有添加或删除数据、浏览或修改数据、数据排序、数据查找与替换、数据筛选和窗体打印等。本任务详细介绍具体的操作步骤。

【操作步骤】

1. 启动 Access 2003。
2. 打开“教材管理”数据库，在“教材管理”数据库窗口中的【对象】栏中选择【窗体】选项。
3. 打开【出版社基本信息：窗体】窗口，如图 4-48 所示。

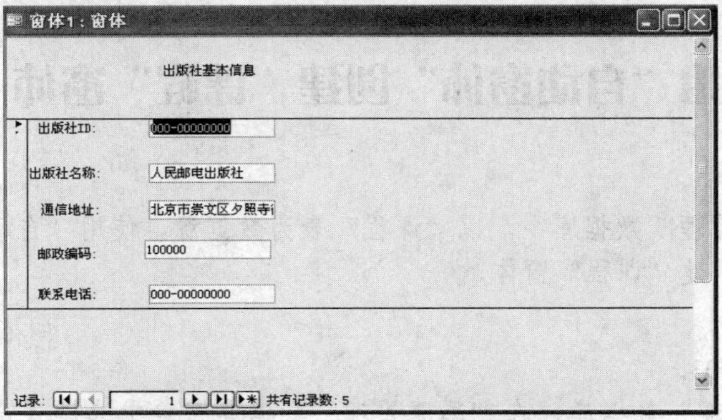

图4-48　【出版社基本信息：窗体】窗口

4. 添加或删除记录：如果要添加一条新记录，单击窗体下方的【添加新记录】按钮，此时窗体中的输入栏就会全部出现空白，等待用户输入新的记录信息；如果要删除某条记录，首先利用窗体下方的【记录定位】按钮或，在窗体中找到所要删除的记录，然后选择菜单栏中的【编辑】/【删除记录】命令，即可实现对指定记录的删除操作。
5. 浏览并修改数据：可以在窗体视图中，单击或按钮浏览数据，若要修改数据，则首先要利用或按钮找到所要修改的记录，在需要修改的字段处，删除原有数据，并输入新的数据。单击工具栏上的按钮，完成对指定数据的修改。
6. 数据排序：选择菜单栏中的【记录】/【排序】命令，可以使窗体中的数据按照指定的方式进行排序，其中包括【升序排序】和【降序排序】两个选项。在进行排序的时候，一定要与子窗体中的数据区分好，鼠标光标所在的位置为系统排序的默认位置。如果想对子窗体中的字段进行排序，则将鼠标光标移至子窗体中的字段，然后单击，再进行排序操作。
7. 数据的查找与替换：选择菜单栏中的【编辑】/【查找】命令，打开【查找和替换】对话框，如图 4-49 所示。在【查找内容】组合框中输入要查找的信息，单击查找下一个(F)按钮即可。若需要对数据进行替换，则需要切换到【替换】选项卡进行相关的操作。
8. 数据筛选：选择菜单栏中的【记录】/【筛选】/【按窗体筛选】命令，打开如图 4-50 所示的窗口，在该窗口中，左边显示字段名称，右边为用于设置筛选条件的空白文本框，在该文本框中输入筛选条件，选择【筛选】/【应用筛选/排序】命令，即可显示筛选结果。

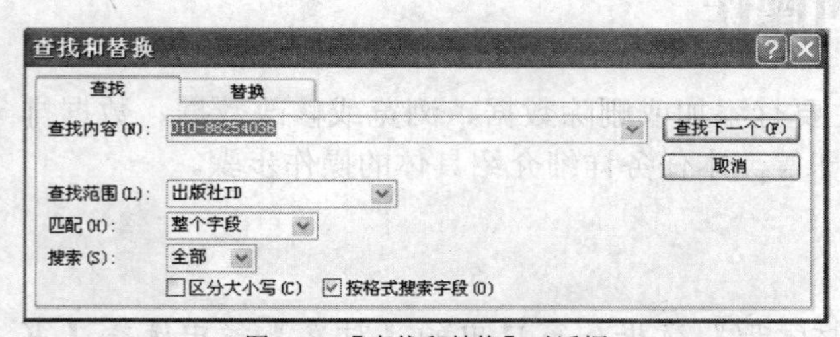

图4-49 【查找和替换】对话框

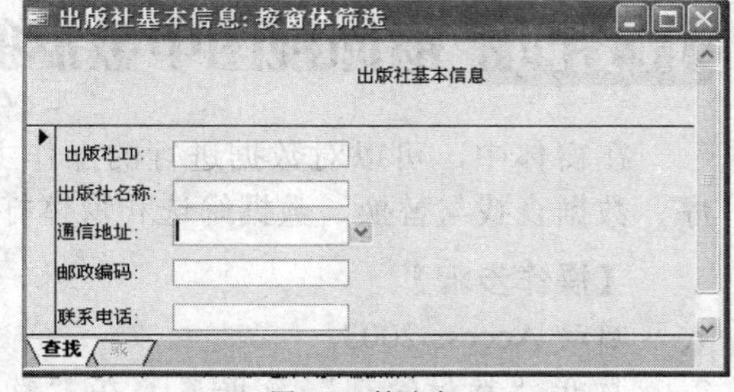

图4-50 筛选窗口

9. 窗体的打印与预览：选择菜单栏中的【文件】/【打印】命令，或者选择菜单栏中的【文件】/【打印预览】命令，可以执行相关的“打印”或者“打印预览”操作。

实训一 使用“自动窗体”创建“课程”窗体

【实训要求】

在“选课管理”数据库中，以“课程”表为数据源，使用“自动窗体”创建窗体的方法创建“课程”窗体。

【步骤提示】

1. 启动 Access 2003。
2. 打开“选课管理”数据库。在“选课管理”数据库窗口中选择【窗体】选项，再单击新建(N)按钮，弹出【新建窗体】对话框。

3. 在【新建窗体】对话框中，选择【自动创建窗体：纵栏式】选项，在【请选择该对象数据的来源表或查询】下拉列表中选择【课程】选项作为数据来源。
4. 单击 确定 按钮，打开系统自动创建的纵栏式窗体。
5. 单击 按钮，弹出【另存为】对话框，在【窗体名称】文本框中输入“课程”，最后单击 确定 按钮，完成窗体的创建，效果如图 4-51 所示。

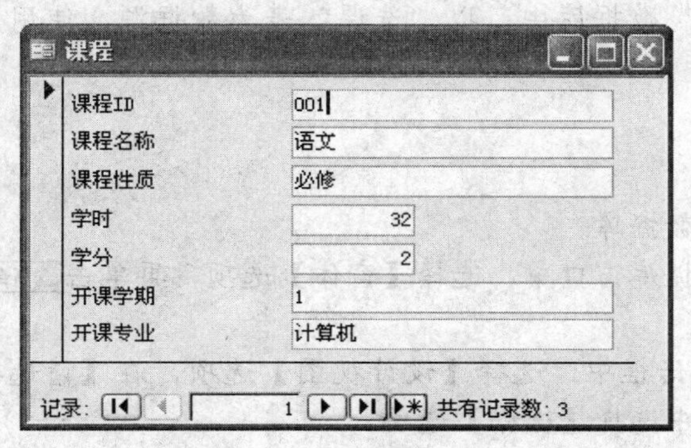

图4-51　【课程】窗口

实训二　使用“窗体向导”创建“学生”窗体

【实训要求】

在“选课管理”数据库中，以“学生”表为数据源，使用“窗体向导”创建“学生”窗体。

【步骤提示】

1. 启动 Access 2003。
2. 打开“选课管理”数据库。
3. 在“选课管理”数据库窗口中，选择【窗体】选项，再单击 新建(N) 按钮，弹出【新建窗体】对话框。
4. 在【新建窗体】对话框中，选择【窗体向导】选项，在【请选择该对象数据的来源表或查询】下拉列表中选择【学生】选项。
5. 单击 确定 按钮，打开【窗体向导】对话框。
6. 在【窗体向导】对话框的【可用字段】列表框中选择要在窗体中显示的字段，然后单击 > 按钮，则该字段显示在【选定的字段】列表框中，选择“学号”、“姓名”、“入学年份”和“专业”4 个字段。
7. 单击 下一步(N) > 按钮，显示【窗体向导】下一个对话框，选择窗体显示的类型，本实训选中【纵栏表】单选按钮。
8. 单击 下一步(N) > 按钮，选择窗体的样式，本示例选择【国际】样式。
9. 单击 下一步(N) > 按钮，在【请为窗体指定标题】文本框中输入“学生”。
10. 单击 完成(F) 按钮，完成窗体的创建工作。

实训三 使用“设计视图”创建“选课”窗体

【实训要求】

在“选课管理”数据库中，以“选课”表为数据源，使用“设计视图”创建“选课”窗体。

【步骤提示】

1. 启动 Access 2003。
2. 打开“选课管理”数据库。
3. 在“选课管理”数据库窗口中，选择【窗体】选项，再单击新建(N)按钮，弹出【新建窗体】对话框。
4. 在【新建窗体】对话框中，选择【设计视图】选项，在【请选择该对象数据的来源表或查询】下拉列表中选择【选课】选项。
5. 单击确定按钮，打开【窗体】设计视图。
6. 在“选课”表的字段列表中，用鼠标将“选课 ID”、“学号”、“课程 ID”和“成绩”4个字段拖到窗体的适当位置上。
7. 选择菜单栏中的【视图】/【页面页眉/页脚】和【视图】/【窗体页眉/页脚】命令，分别向窗体添加页面页眉/页脚和窗体页眉/页脚。在此利用【工具箱】中的Aa按钮，将窗体的页眉设置为“选课窗体”，在此利用【工具箱】中的ab|按钮，在窗体的页面页脚中输入“=now()”，该计算表达式用于显示系统时间，最后适当调整控件的位置和大小，如图 4-52 所示。
8. 单击按钮，弹出【另存为】对话框，在【窗体名称】文本框中输入“选课”。
9. 单击确定按钮完成设计视图窗体的创建工作。创建后的窗体如图 4-53 所示。

图4-52 选课窗体设计图

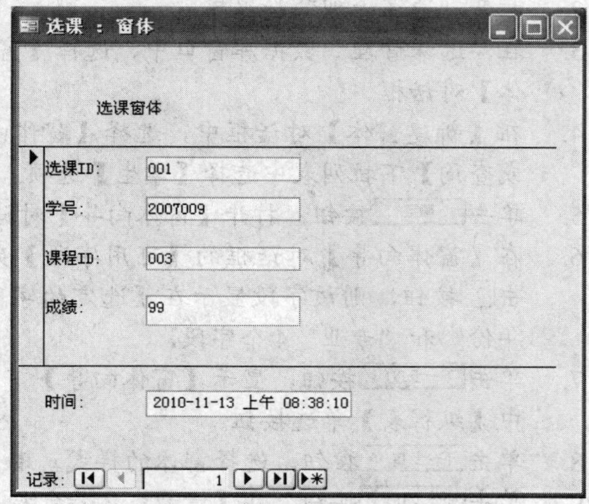

图4-53 选课窗体创建效果图

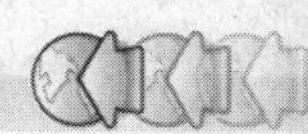

实训四　在“选课管理”中设计“课程”窗体

【实训要求】

- 在“选课管理”数据库中，以“课程”表为数据源，在窗体的设计视图中设计窗体。在窗体的“页眉”节中添加标题空间，在“主体”节中添加“课程名称”、“课程性质”、“学分”和“开课学期”字段，将“开课学期”字段设计为列表框，在窗体的页眉上添加“课程信息”，在窗体的页脚上添加当前系统时间。
- 窗体的页眉页脚大小合理，字段在主体中所占比例符合正常效果，字段尽量保持水平与垂直方向的一致。

【步骤提示】

1. 启动 Access 2003。
2. 打开“选课管理”数据库。
3. 在“选课管理”数据库窗口左侧选择【窗体】选项，再单击新建(N)按钮，弹出【新建窗体】对话框。
4. 在【新建窗体】对话框中，选择【设计视图】选项，在【请选择该对象数据的来源表或查询】下拉列表中选择【课程】选项。
5. 单击确定按钮，打开【窗体】设计视图。
6. 在“课程”表的字段列表中，将“课程名称”、“课程性质”、“学分”3 个字段拖到窗体的适当位置上，单击工具栏中的按钮，输入“开课学期”并调整至适当的位置。
7. 选择菜单栏中的【视图】/【窗体页眉/页脚】命令，向窗体中添加页眉/页脚。在此利用【工具箱】中的标签按钮Aa，将窗体的页眉设置为“课程信息”，利用【工具箱】中的文本框按钮ab|，在窗体的页面页脚中输入“=now()”以显示当前系统时间。
8. 单击按钮，弹出【另存为】对话框，在【窗体名称】文本框中输入“课程信息窗体”。
9. 单击确定按钮完成课程信息窗体的创建工作，如图 4-54 所示。

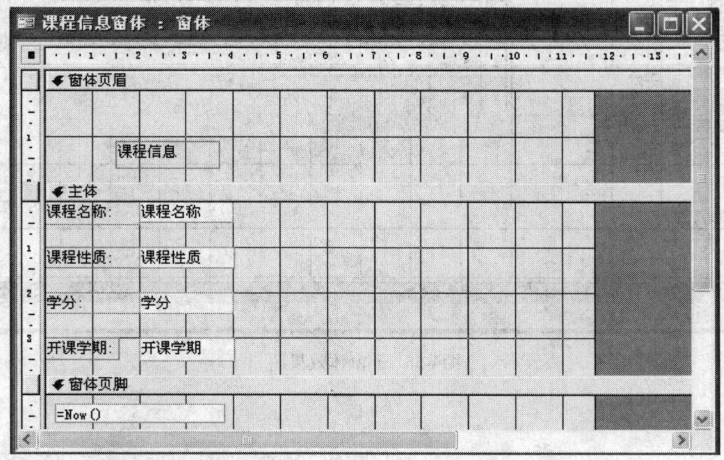

图4-54　视图窗体效果图

实训五 在“选课信息窗体”中创建“学生”子窗体

【实训要求】

在“选课管理”数据库中，以“课程”和“学生”表为数据源，在实训一中的“选课信息窗体”中创建一个子窗体，用于显示“学生”表中的所有信息。

【步骤提示】

1. 启动 Access 2003。
2. 打开“选课管理”数据库。
3. 在“选课管理”数据库窗口左侧选择【窗体】选项，再选择【课程信息窗体】选项，单击 设计(D) 按钮，弹出【课程信息窗体：窗体】窗口。
4. 在【课程信息窗体：窗体】窗口中的工具栏里单击【子窗体】按钮，在【课程信息窗体：窗体】窗口中的主体右侧按住鼠标左键拖曳，直至成为一个大小合适的窗口后松开鼠标左键。
5. 系统自动弹出【子窗体向导】对话框，选中【使用现有的表和查询】单选按钮，单击 下一步(N) > 按钮。
6. 在【表/查询】下拉列表中选择【表：学生】选项，在【可用字段】列表框中分别将“学号”，“姓名”，“入学年份”和“专业”字段移至【选定字段】列表框中。
7. 单击 完成(F) 按钮，效果如图 4-55 所示。

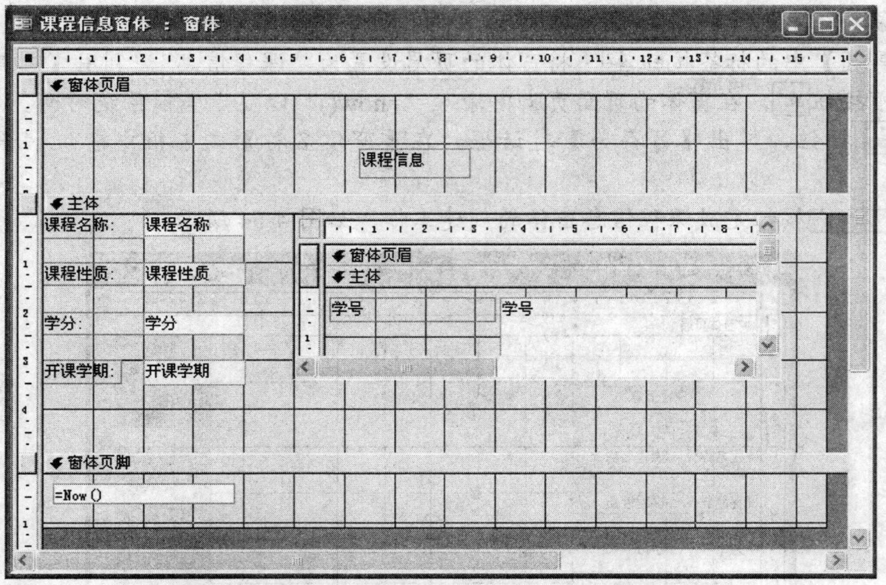

图4-55 子窗体效果图

实训六　对“学生”子窗体中的数据进行操作

【实训要求】

- 在“选课管理”数据库中，以实训二的“学生”子窗体为基础，增加一条学生数据，内容自拟。
- 在子窗体中使用浏览或查找功能，查找到新增数据并对学号进行修改。
- 通过筛选功能，将之前录入的那条数据查找出来并将其删除。
- 将所有的数据打印出来。

【步骤提示】

1. 启动 Access 2003。
2. 打开“选课管理”数据库。
3. 在“选课管理”数据库窗口中，选择【窗体】选项，再选择【学生 子窗体】选项，单击工具栏上的打开(O)按钮，打开【学生 子窗体：窗体】窗口。
4. 单击窗体下方的【添加新记录】按钮▶*，此时窗体中的输入栏就会全部出现空白，依次输入“2010009”、“张三”、“2010”和“计算机”4 个数据，单击左上方的按钮，记录增加完毕。
5. 在窗体视图中，单击◀或▶按钮浏览数据，找到新增数据后，在“学号”字段处删除原有数据，并输入新的数据信息“2010010”。单击工具栏上的按钮，完成对数据的修改。
6. 选择菜单栏中的【记录】/【筛选】/【按窗体筛选】命令，打开【学生 子窗体：按窗体筛选】窗口，在该窗口中，左边显示字段名称，右边为用于设置筛选条件的空白文本框，在【姓名】文本框中输入“张三”，选择菜单栏中的【筛选】/【应用筛选/排序】命令，即可显示出增加的记录信息。
7. 选择菜单栏中的【编辑】/【删除记录】命令，即可实现对该记录的删除操作。
8. 选择菜单栏中的【文件】/【打印】命令，执行相关的【打印】或者【打印预览】操作。

项目拓展　“网上书店”数据库中窗体的设计与应用

在“网上书店”数据库中，分别使用“自动窗体”、“窗体向导”及“设计视图”的方法创建“出版社”、“图书”及“用户”3 个对象的窗体。在用户的窗体中设计“订单”为其子窗体，之后在用户窗体中进行窗体视图的基本数据操作，增加、修改、删除、浏览、筛选数据记录等。

【步骤提示】

1. 使用“自动窗体”创建“出版社”窗体，使用“窗体向导”创建“图书”窗体，使用“设计视图”创建“用户”窗体。
2. 在“用户”窗体中加入“订单”子窗体。

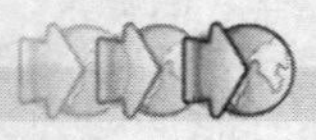

3. 使用控件设计“订单”子窗体。
4. 对“用户”窗体进行数据录入、修改和删除操作。
5. 使用浏览、查找和筛选功能定位所要查找的数据。

思考与练习

一、简答题

1. 创建窗体有哪几种方法？分别是什么？
2. 如果想选取特定字段显示在窗体上，选用何种方式创建该窗体？为什么？
3. 如果想选取多个表作为数据源，选用何种方式创建该窗体？为什么？
4. 创建子窗体的方法有哪些？
5. 窗体的属性以及窗体控件的分类有哪些？
6. 简述窗体与子窗体之间的关系。
7. 在窗体中对数据进行的操作有哪些？
8. 在窗体中对数据进行查找与筛选操作有何不同？

二、操作题

1. 在“员工工资管理”数据库中创建“员工”表的窗体。
2. 在“员工工资管理”数据库中使用设计视图创建界面美观、功能齐全的“工资”表的窗体。
3. 在“员工工资管理”数据库的“员工”表的窗体中创建“岗位”表的子窗体。
4. 在“员工工资管理”数据库的“员工”表的窗体中创建“部门”和“岗位”表的子窗体。

项目五

报表的创建与使用

报表是 Access 2003 中用来打印格式数据的一种非常有效的方法，利用报表可以控制每个对象的大小和显示方式，并可以将相应的内容显示在屏幕上或输出到打印设备上，与窗体相比，报表不能对表中的数据进行编辑和交互操作，报表主要用于数据统计和打印。

本项目以“教材管理”数据库为例，详细介绍报表的创建、设计以及其他相关的操作。图 5-1 所示为利用“自动报表”创建的报表，图 5-2 所示为使用“报表向导”创建的报表，图 5-3 所示为利用“设计视图”创建的报表，图 5-4 所示为由窗体转换成的报表，图 5-5 所示为设计的分组汇总报表。

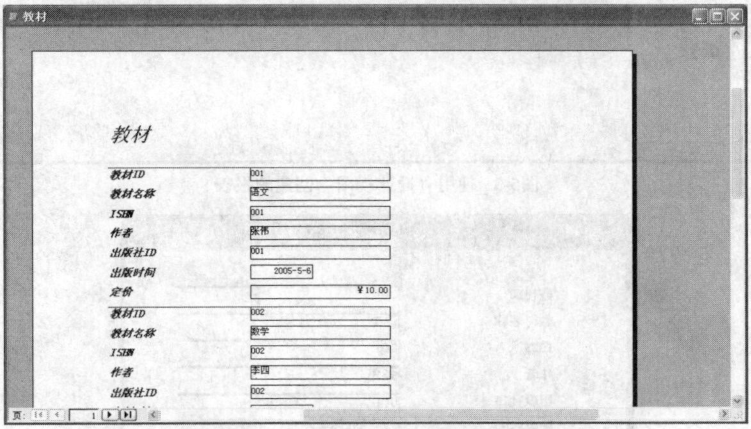

教材
教材
教材ID 001
教材名称 语文
ISBN 001
作者 张伟
出版社ID 001
出版时间 2005-5-6
定价 ¥10.00
教材ID 002
教材名称 数学
ISBN 002
作者 李四
出版社ID 002
页: 1

图5-1　使用“自动报表”创建的报表

使用向导创建的教材报表
使用向导创建的教材报表
教材名称 作者 定价
化学 刘德华 ¥22.00
历史 姚明 ¥18.00
数学 李四 ¥45.00
英语 刘翔 ¥32.00
语文 张伟 ¥10.00
政治 刘翔 ¥21.00
页: 1

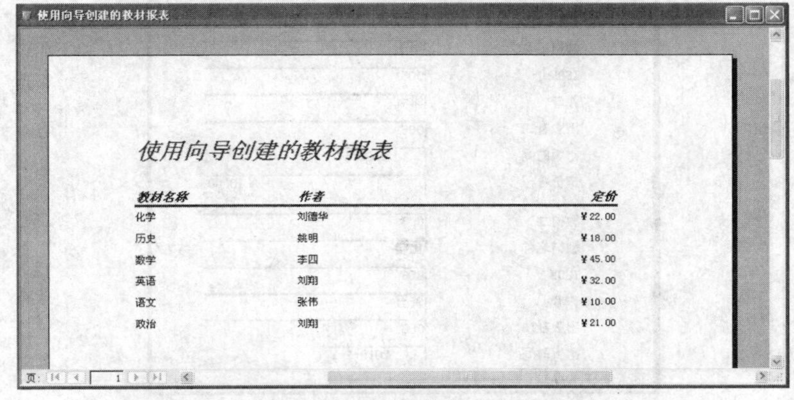

图5-2　使用“报表向导”创建的报表

使用设计视图创建的教材报表 ： 报表
使用设计视图创建的教材报表
教材名称: 语文
作者: 张伟
定价: ￥10.00
教材名称: 数学
作者: 李四
定价: ￥45.00
教材名称: 英语
作者: 刘翔
定价: ￥32.00
教材名称: 政治
作者: 刘翔
定价: ￥21.00
教材名称: 历史
作者: 姚明
定价: ￥18.00
页: 1

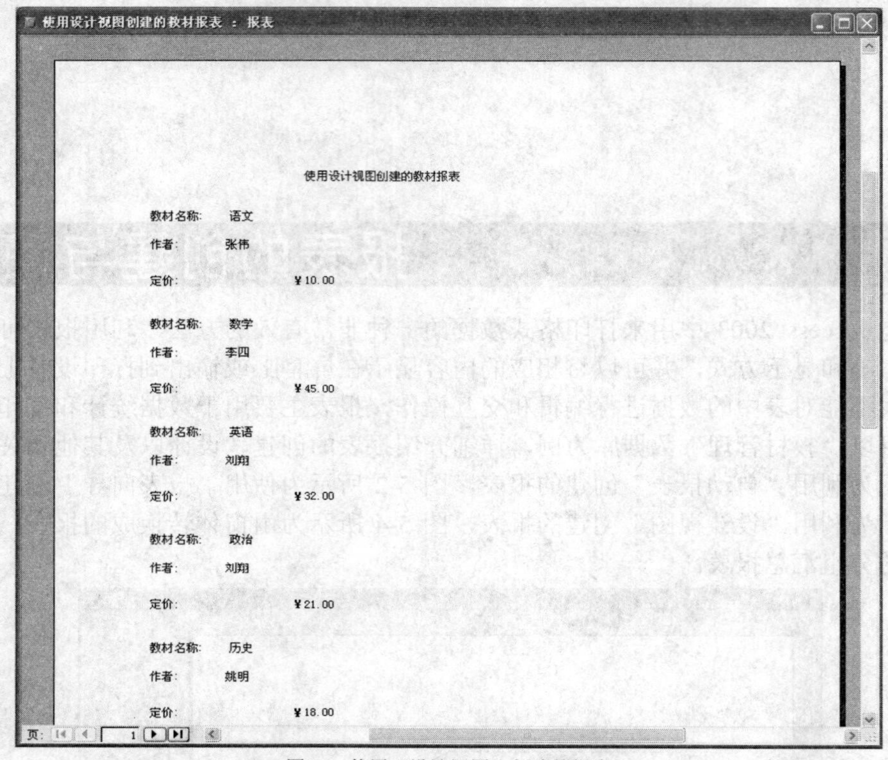

图5-3　使用“设计视图”创建的报表

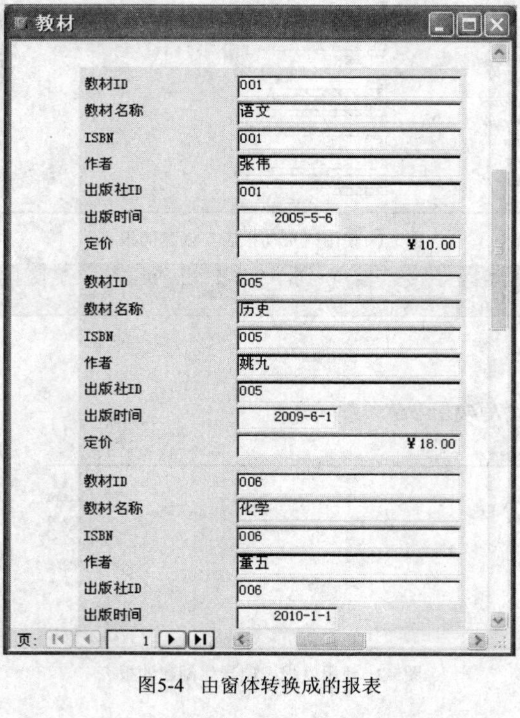

教材
教材ID 001
教材名称 语文
ISBN 001
作者 张伟
出版社ID 001
出版时间 2005-5-6
定价 ￥10.00
教材ID 005
教材名称 历史
ISBN 005
作者 姚九
出版社ID 005
出版时间 2009-6-1
定价 ￥18.00
教材ID 006
教材名称 化学
ISBN 006
作者 董五
出版社ID 006
出版时间 2010-1-1
页: 1

图5-4　由窗体转换成的报表

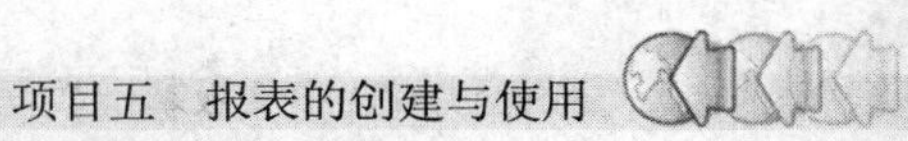

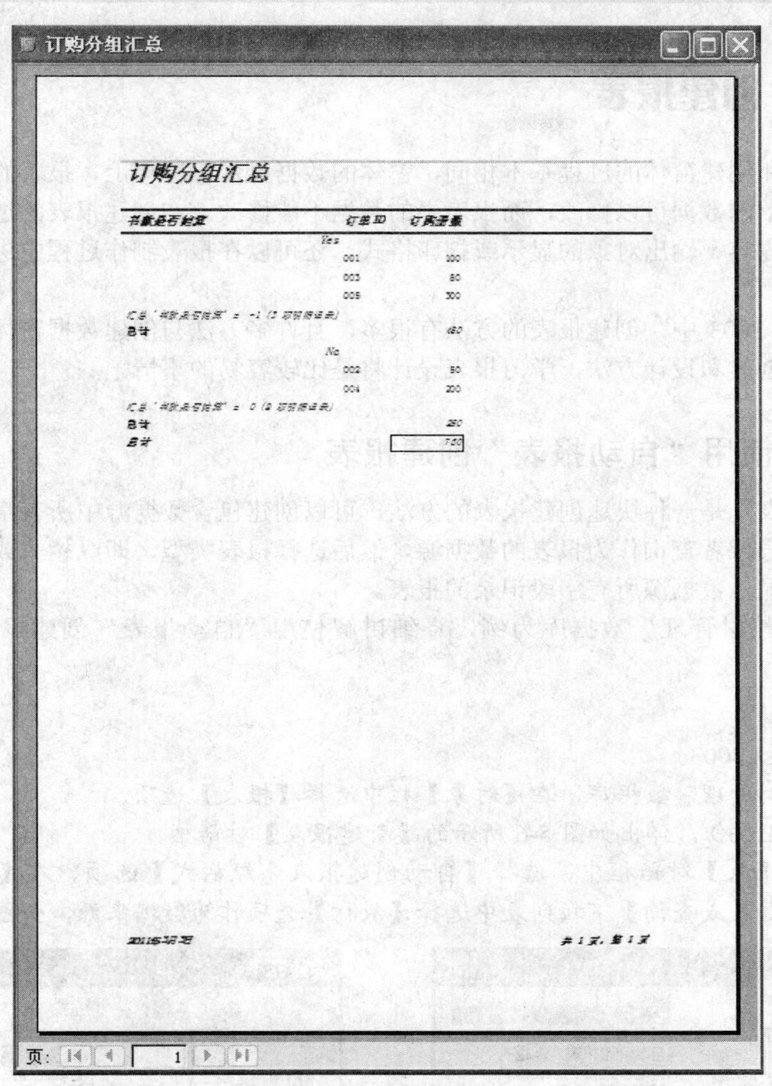

图5-5　分组汇总报表

学习目标

- 掌握使用“自动报表”创建报表的方法。
- 掌握使用“报表向导”创建报表的方法。
- 掌握使用“设计视图”创建报表的方法。
- 掌握将窗体转换为报表的方法。
- 掌握报表控件的应用方法。
- 掌握设计汇总报表的方法。
- 熟悉设计分组报表的方法。
- 熟悉设计子报表与多列报表的方法。
- 了解设置报表页面的方法。

任务一 创建报表

创建报表和创建窗体的过程基本相同，窗体的数据显示在屏幕上，报表的数据还可以打印出来；窗体上的数据可以修改，而报表中的数据不能修改。在创建报表的过程中，可以控制数据输出的内容、输出对象的显示或打印格式，还可以在报表制作过程中进行数据的统计计算。

在 Access 2003 中，创建报表的方法有很多，且许多方法与创建数据窗体很相似，如果掌握了窗体的创建和设计方法，学习报表设计将是比较容易的事情。

（一） 使用“自动报表”创建报表

“自动报表”是一种快速创建报表的方法，可以创建包含数据源中所有字段的报表。设计时，先选择表或者查询作为报表的数据源，然后选择报表类型，即纵栏式或表格式，最后自动生成一个显示数据源所有字段记录的报表。

下面以“教材管理”数据库为例，详细讲解使用“自动报表”创建报表的具体操作步骤。

【操作步骤】

1. 启动 Access 2003。
2. 打开“教材管理”数据库，在【对象】栏中选择【报表】选项。
3. 单击 新建(N) 按钮，弹出如图 5-6 所示的【新建报表】对话框。
4. 在【新建报表】对话框中，选择【自动创建报表：纵栏式】选项，在【请选择该对象数据的来源表或查询】下拉列表中选择【教材】选项作为数据来源，如图 5-7 所示。

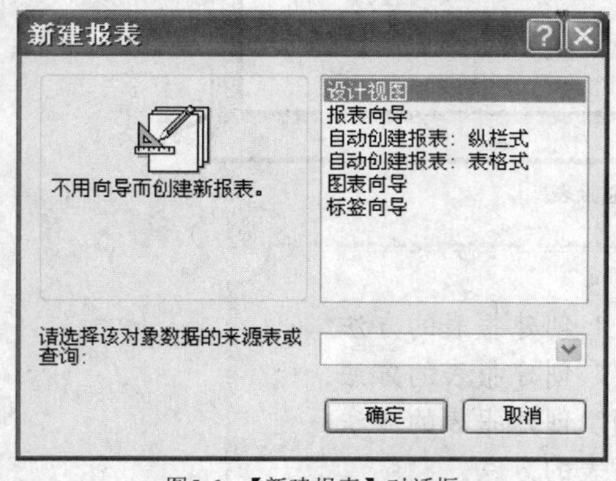

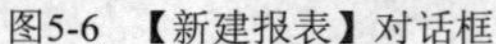

图5-6 【新建报表】对话框

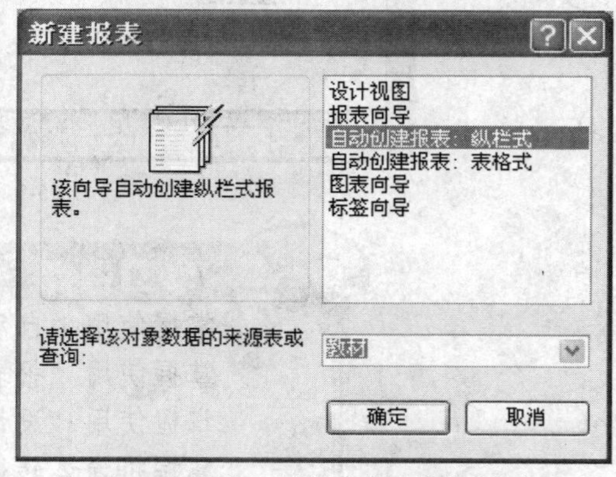

图5-7 使用“自动报表”创建纵栏式报表

5. 单击 确定 按钮，“教材”报表自动生成，如图 5-8 所示。
6. 单击 Access 工具栏中的按钮，弹出【另存为】对话框。在该对话框的【报表名称】文本框中输入“教材报表”，如图 5-9 所示。至此，报表创建完成。

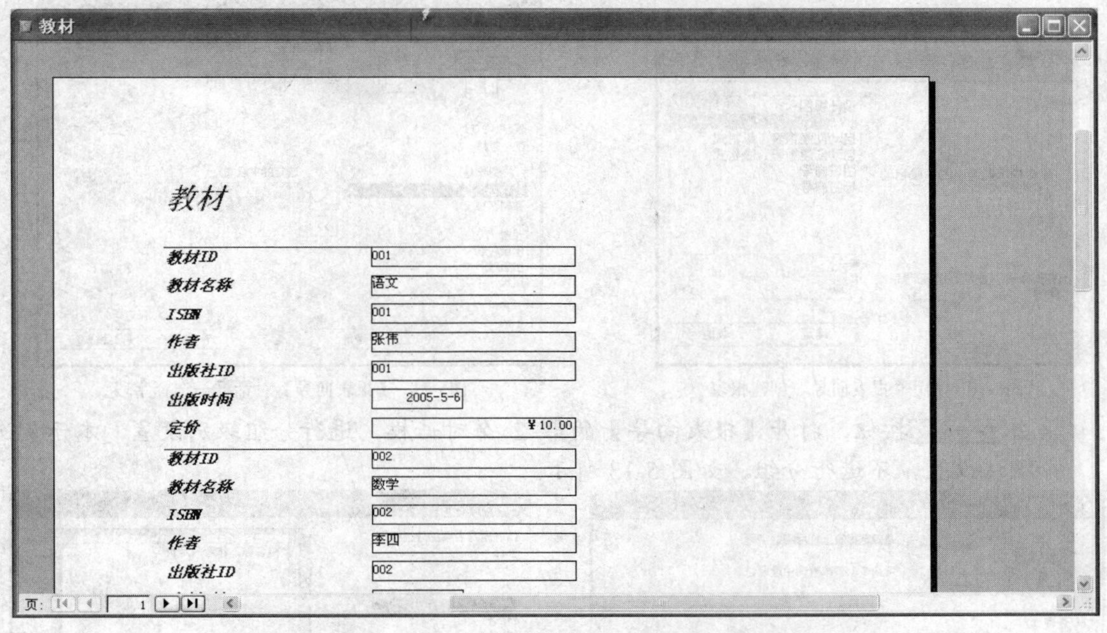

图5-8 “教材”报表

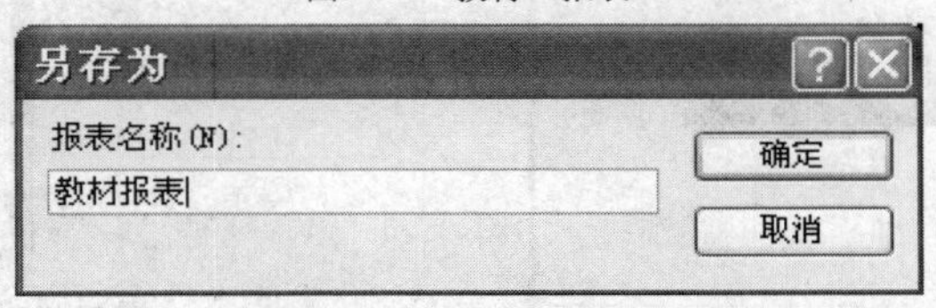

图5-9 【另存为】对话框

（二） 使用“报表向导”创建报表

使用“报表向导”创建报表，可以选择在报表上显示哪些字段，指定数据的分组和排序方式，如果事先设置了表与查询之间的关系，那么还可以使用来自多个表或查询的字段。

下面以“教材管理”数据库为例，详细讲解使用“报表向导”创建报表的具体操作步骤。

【操作步骤】

1. 启动 Access 2003。
2. 打开“教材管理”数据库，在【对象】栏中选择【报表】选项。
3. 单击新建(N)按钮，弹出【新建报表】对话框，在列表框中选择【报表向导】选项，在【请选择该对象数据的来源表或查询】下拉列表中选择【教材】选项，如图 5-10 所示。
4. 单击确定按钮，弹出【报表向导】的第 1 个对话框，如图 5-11 所示。
5. 在【报表向导】对话框的【可用字段】列表框中选择要在报表中显示的字段，然后单击>按钮，则该字段显示在【选定的字段】列表框中，本示例选择“教材名称”、“作者”和“定价”3 个字段，如图 5-12 所示。

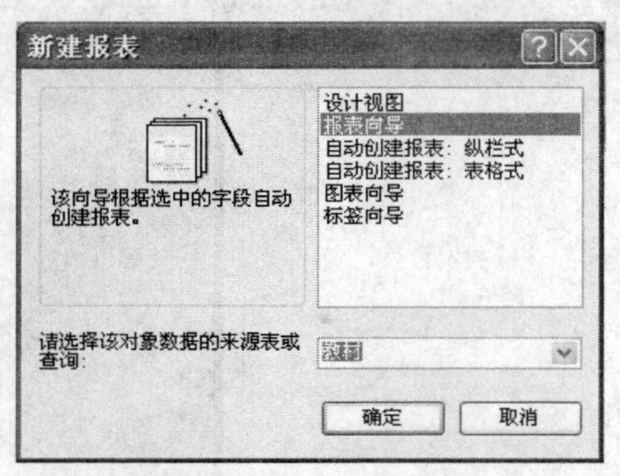

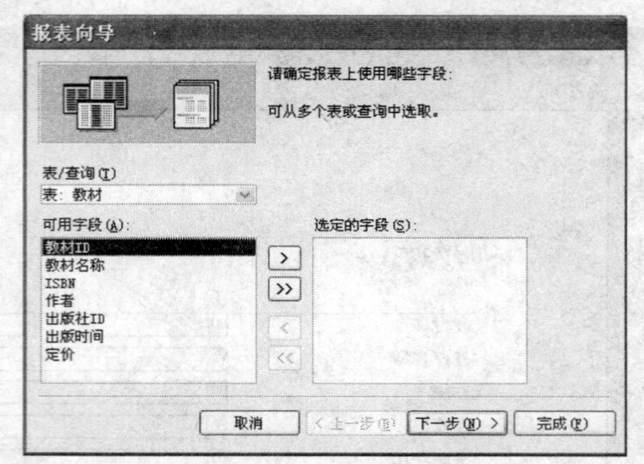

图5-10 使用“报表向导”创建报表

图5-11 【报表向导】对话框—选择字段

6. 单击 下一步(N) > 按钮，打开【报表向导】的第 2 个对话框，进行分组级别设置，本示例选择默认设置，不进行分组，如图 5-13 所示。

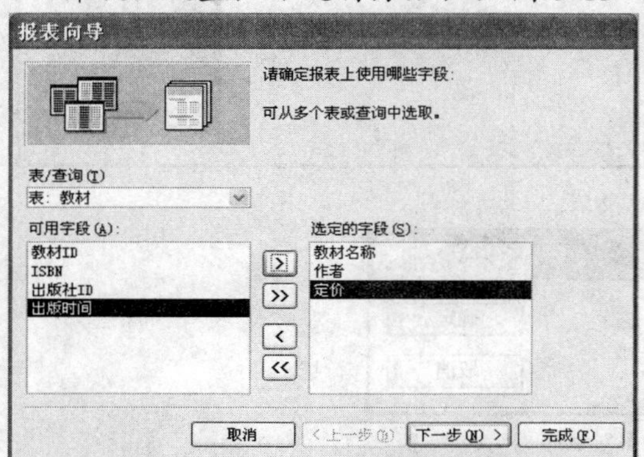

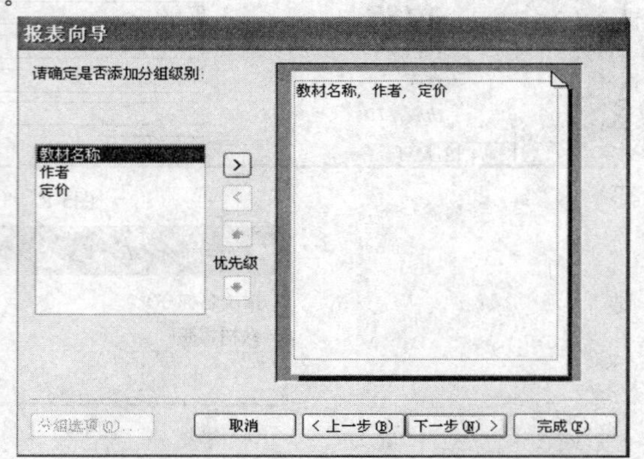

图5-12 选择要在报表中显示的字段

图5-13 【报表向导】对话框—添加分组级别

7. 单击 下一步(N) > 按钮，打开【报表向导】的第 3 个对话框，进行记录的排序设置，如图 5-14 所示。

8. 单击 ▼ 按钮，显示报表的字段列表，默认为升序排列，若想改为降序，只需单击 升序 按钮，该按钮就可以变成 降序 按钮。本例选择“教材名称”升序排列，“作者”升序排列，“定价”降序排列，如图 5-15 所示。

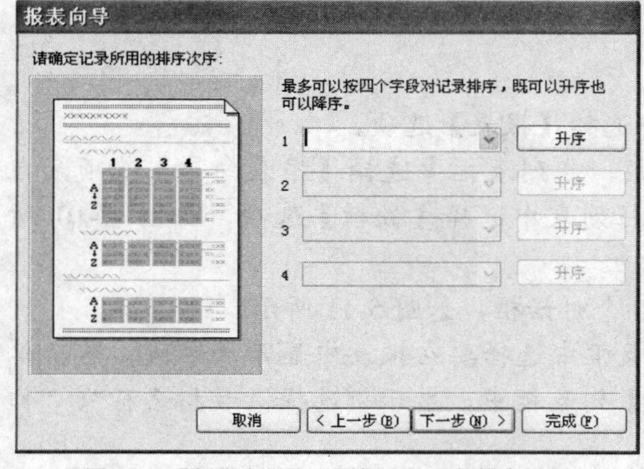

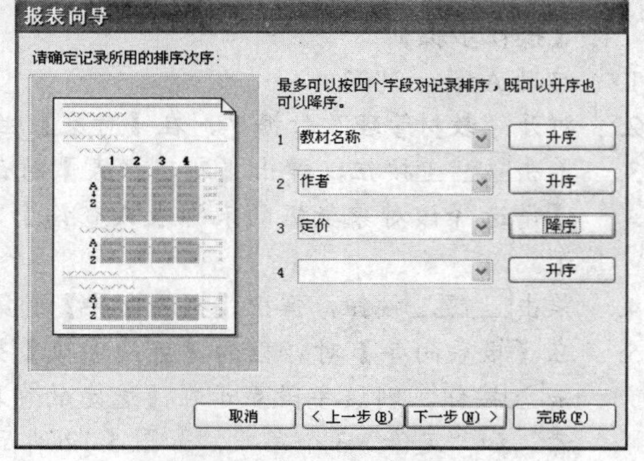

图5-14 【报表向导】对话框—记录的排序设置

图5-15 选择字段排列顺序

9. 单击 下一步(N) > 按钮，打开【报表向导】的第 4 个对话框，选择布局方式，如图 5-16 所示。
10. 单击 下一步(N) > 按钮，打开【报表向导】的第 5 个对话框，选择所用的样式，如图 5-17 所示。

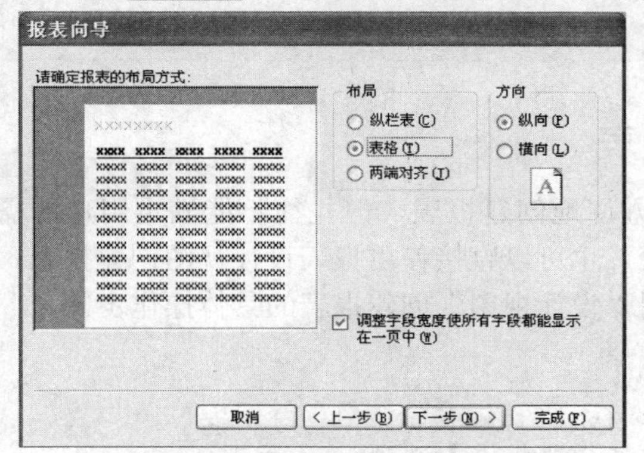

图5-16 【报表向导】对话框—选择布局方式

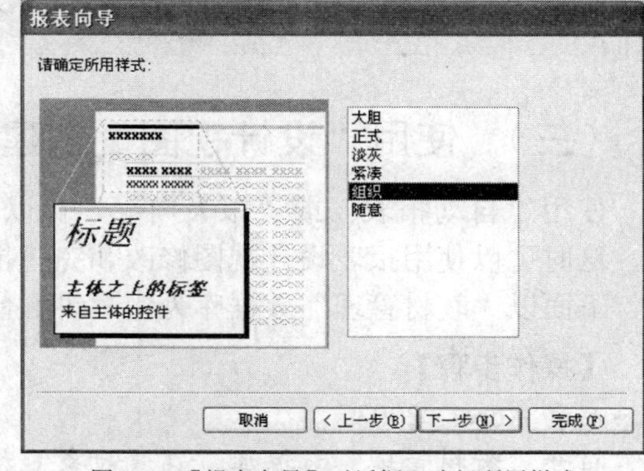

图5-17 【报表向导】对话框—选择所用样式

11. 单击 下一步(N) > 按钮，打开【报表向导】的第 6 个对话框，设定报表的标题，本示例输入“使用向导创建的教材报表”，如图 5-18 所示。

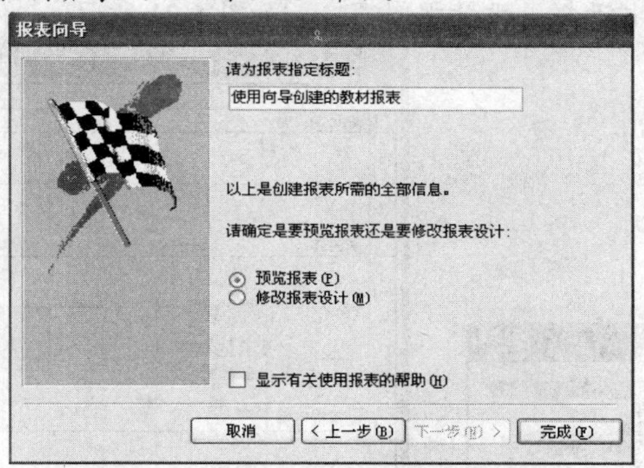

图5-18 【报表向导】对话框—输入报表标题

12. 单击 完成(F) 按钮，报表设计完成，预览效果如图 5-19 所示。

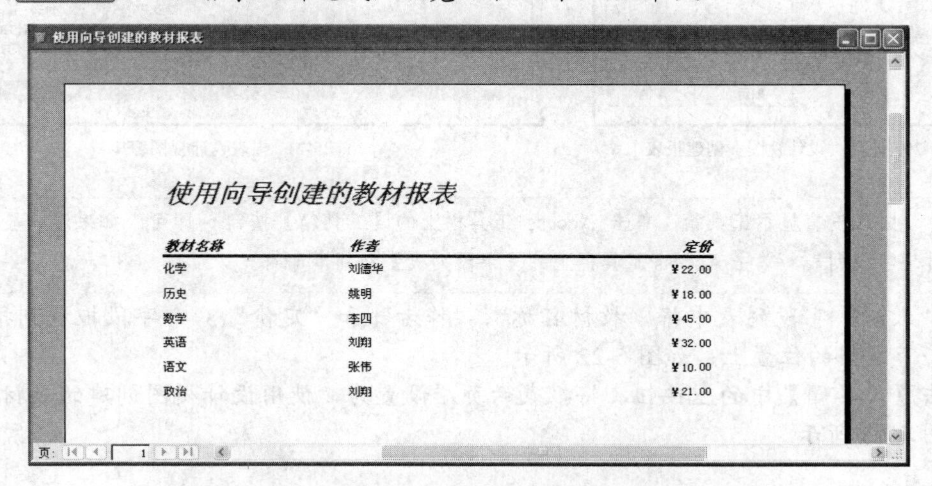

图5-19 使用“报表向导”创建的“教材”报表

使用“报表向导”新创建的报表会以所指定的报表标题为名被自动保存，如果已有同名报表存在，会弹出对话框提示是否替换。

（三） 使用“设计视图”创建报表

使用“自动报表”或“报表向导”可以很方便地创建报表，但往往不能满足用户的需求，这时可以使用报表设计视图修改和完善报表，也可以直接使用报表设计视图创建报表。下面以“教材管理”数据库为例，讲解使用“设计视图”创建报表的具体操作步骤。

【操作步骤】

1. 启动 Access 2003。
2. 打开“教材管理”数据库，在【对象】栏中选择【报表】选项。
3. 单击 新建(N) 按钮，弹出【新建报表】对话框，在列表框中选择【设计视图】选项，在【请选择该对象数据的来源表或查询】下拉列表中选择【教材】选项，如图 5-20 所示。
4. 单击 确定 按钮，打开报表设计视图窗口，如图 5-21 所示。

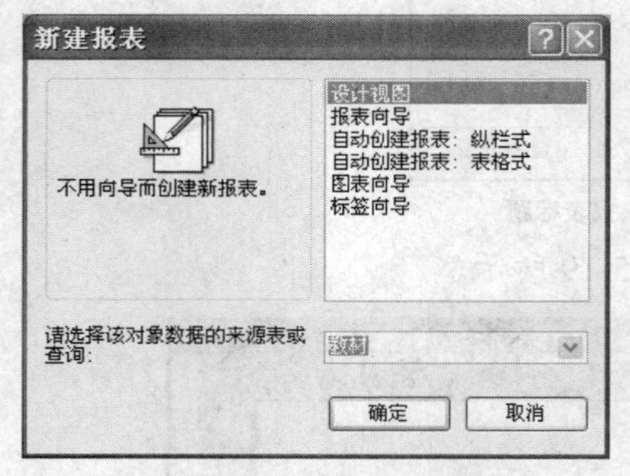

图5-20 使用“设计视图”创建报表

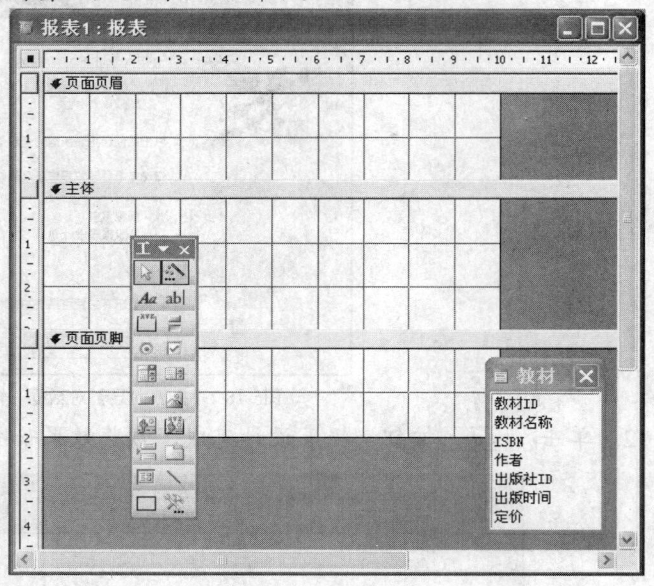

图5-21 报表设计视图窗口

如果没有显示工具箱，单击 Access 工具栏上的【工具箱】按钮即可；如果没有显示“教材”字段列表，单击 Access 工具栏上的【字段列表】按钮即可。

5. 从“教材”字段列表中将“教材名称”、“作者”和“定价”3 个字段拖放到报表【主体】节适当的位置上，如图 5-22 所示。
6. 单击【工具箱】中的按钮，将报表的页眉设置为“使用设计视图创建的教材报表”，如图 5-23 所示。

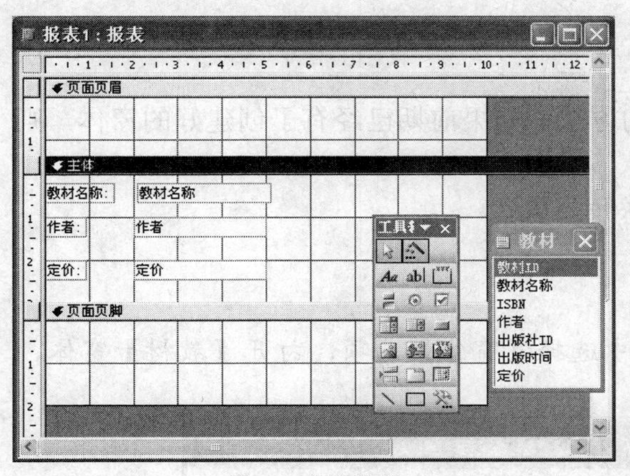

图5-22　添加字段

图5-23　添加页眉信息

7.　单击 Access 工具栏中的按钮，弹出如图 5-24 所示的【另存为】对话框。在该对话框的【报表名称】文本框中输入“使用设计视图创建的教材报表”。单击确定按钮，完成报表的设计工作。

图5-24　【另存为】对话框

8.　返回“教材管理”数据库窗口，打开“使用设计视图创建的教材报表”报表，显示如图 5-25 所示的结果。

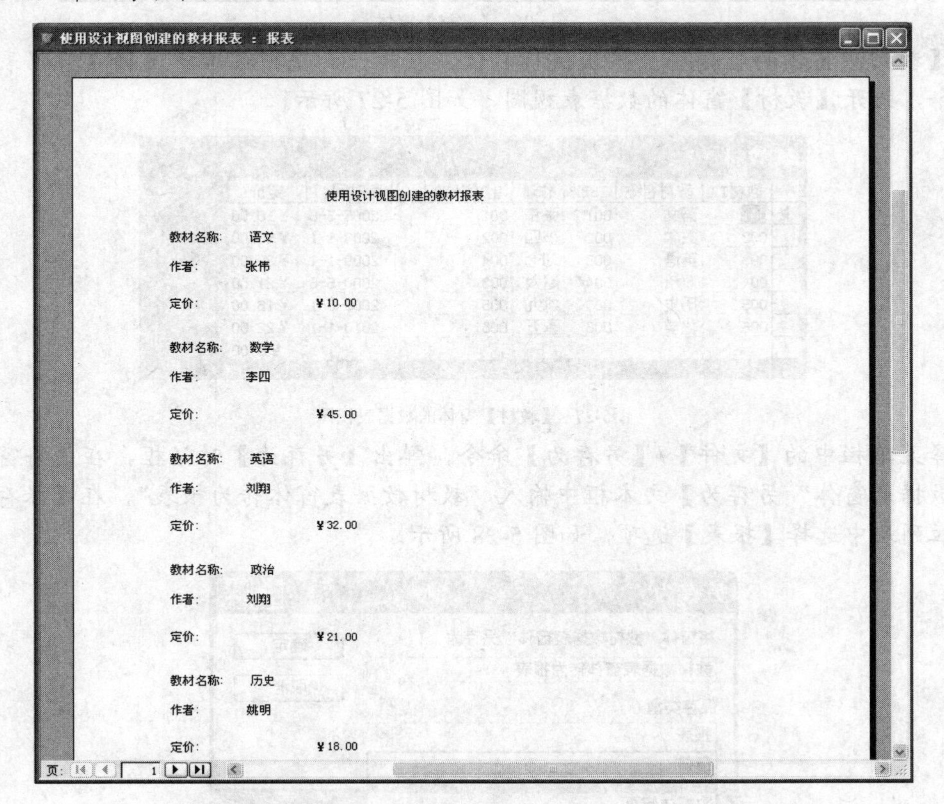

图5-25　利用“设计视图”创建的报表

（四） 将窗体换转为报表

Access 2003 提供了非常灵活的创建报表的方法，如果前期已经有了创建好的窗体，则可以将窗体的数据表视图转换为报表。

下面以“教材管理”数据库为例，将窗体换转为报表。

【操作步骤】

1. 启动 Access 2003。
2. 打开“教材管理”数据库，在【对象】栏中选择【窗体】选项，打开【教材】窗体，如图 5-26 所示。

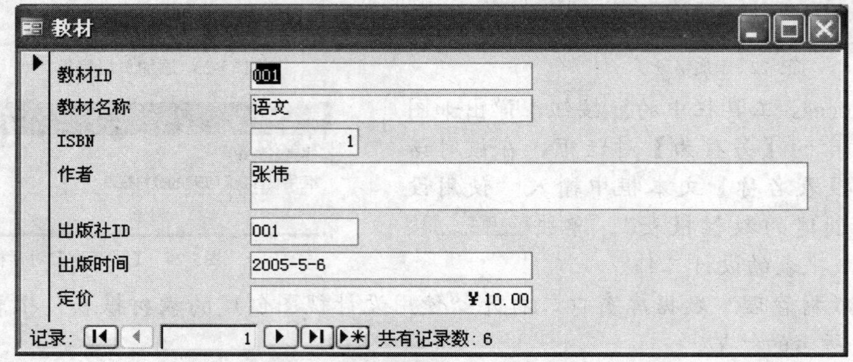

图5-26 【教材】窗体

3. 在【教材】窗体的标题栏上单击鼠标右键，在弹出的快捷菜单中选择【数据表视图】命令，打开【教材】窗体的数据表视图，如图 5-27 所示。

教材ID	教材名称	ISBN	作者	出版社ID	出版时间	定价
001	语文	001	张伟	001	2005-5-6	¥10.00
002	数学	002	李四	002	2008-9-1	¥55.00
003	英语	003	刘七	004	2009-1-1	¥32.00
004	政治	004	赵六	003	2000-5-6	¥21.00
005	历史	005	姚九	005	2009-6-1	¥18.00
006	化学	006	董五	006	2010-1-1	¥22.00
						¥0.00

图5-27 【教材】窗体的数据表视图

4. 选择菜单栏中的【文件】/【另存为】命令，弹出【另存为】对话框，在【将窗体“教材数据表窗体”另存为】文本框中输入“教材数据表窗体转为报表”，在【保存类型】下拉列表中选择【报表】选项，如图 5-28 所示。

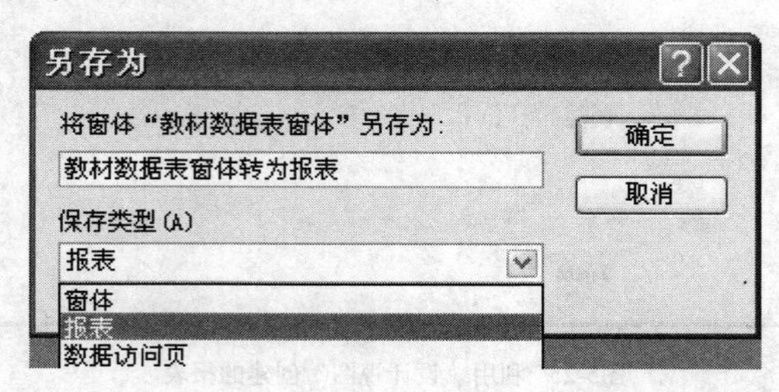

图5-28 保存为报表对话框

5. 单击 确定 按钮，返回“教材管理”数据库窗口，在【报表】选项卡中打开“教材数据表窗体转为报表”报表，如图 5-29 所示。

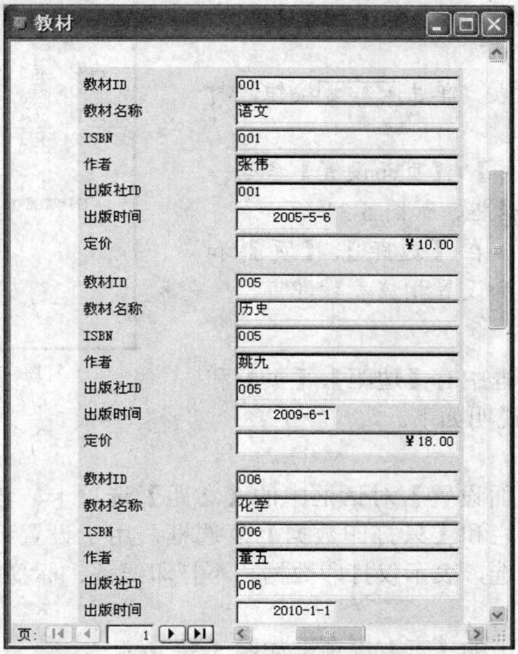

图5-29　窗体转为报表的效果

说明

纵栏式窗体无法直接另存为报表，要想另存为报表，需切换到数据表视图。

任务二　修改报表

在 Access 2003 中，由于窗体与报表的“设计视图”与结构非常相似，因此，对已经熟悉窗体设计器的用户来说，掌握报表设计器的用法是非常轻松的。使用报表设计视图设计报表，主要是了解报表的使用、页面的设置及布局的设计。

（一）　报表控件的应用

报表的控件与窗体的控件几乎一致，如图 5-30 所示，使用方法与窗体控件完全相同。

图5-30　报表的控件

（二）　报表的页面设置

设置报表的页面主要是设置页面的大小等相关内容，这是报表设计的基础。下面以“教材管理”数据库为例，简要介绍报表页面设置的相关操作。

【操作步骤】

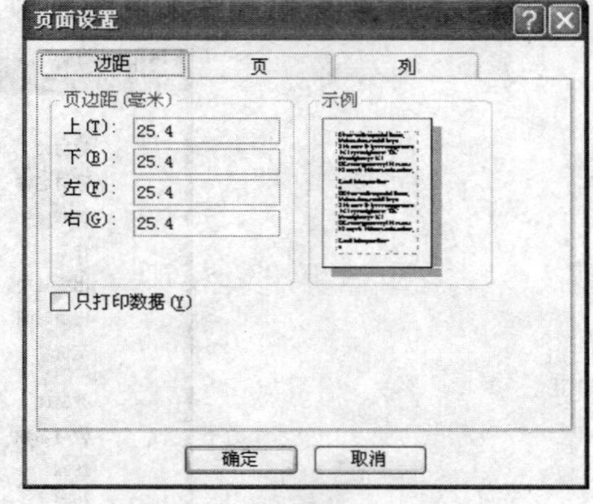

图5-31 【页面设置】对话框

1. 启动 Access 2003。
2. 打开“教材管理”数据库，在【对象】栏中选择【报表】选项。
3. 选择“教材报表”报表，单击按钮，打开报表设计视图窗口。
4. 选择菜单栏中的【文件】/【页面设置】命令，打开【页面设置】对话框，如图 5-31 所示。
5. 根据报表设计需求，在【边距】、【页】和【列】选项卡中修改和设置相应参数即可。

【知识链接】

在【页面设置】对话框中有【边距】、【页】和【列】3 个选项卡，具体说明如下。

(1) 【边距】选项卡。

图 5-31 所示是【页面设置】对话框中的【边距】选项卡。该选项卡中包括【页边距（毫米）】、【示例】两个栏和【只打印数据】复选框，用于设置纸张页边距等。将其中的【只打印数据】复选框勾选，表示仅打印数据，不打印线条、标签等控件。

(2) 【页】选项卡。

【页面设置】对话框中的【页】选项卡如图 5-32 所示。

【页】选项卡中包括【打印方向】、【纸张】和【用下列打印机打印】3 个栏，用于设置纸张和选择打印机。

(3) 【列】选项卡。

【页面设置】对话框中的【列】选项卡如图 5-33 所示。

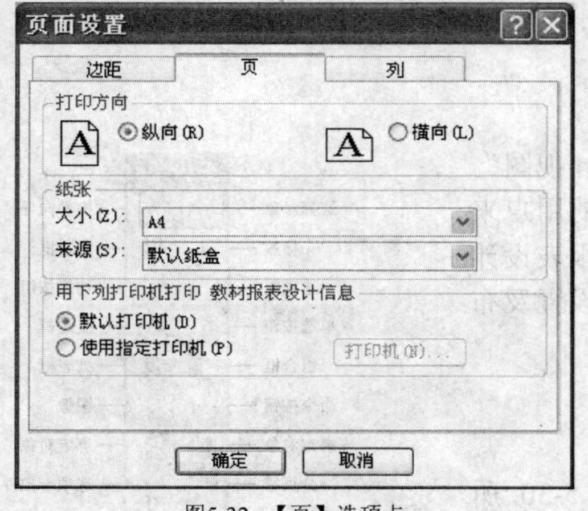

图5-32 【页】选项卡

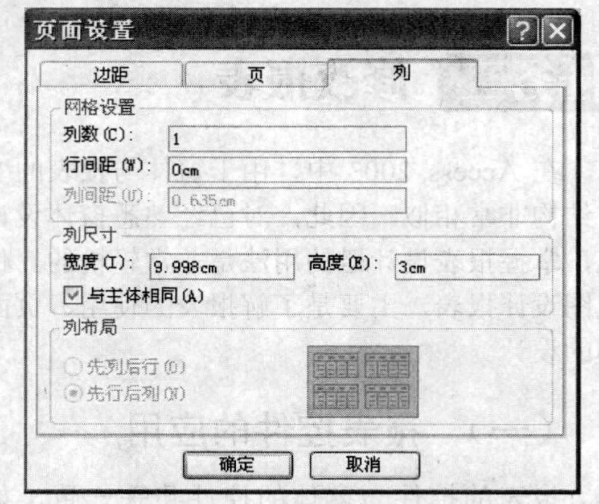

图5-33 【列】选项卡

【列】选项卡中包括【网格设置】、【列尺寸】和【列布局】3 个栏，主要用于指定打印列数、宽度和布局。

选定一个报表对象或者在报表的任何视图（报表设计视图、打印预览等）中均可进行报表的页面设置。

（三） 修改报表布局

在报表窗口中有若干个分区，每个分区实现的功能各不相同。由于各个控件在报表设计功能中的位置不同，可按需要调整控件的位置和大小，这就是修改报表布局的内容。

下面以“教材管理”数据库为例，介绍如何修改报表布局。

【操作步骤】

1. 启动 Access 2003。
2. 打开“教材管理”数据库，在【对象】栏中选择【报表】选项。
3. 选择“教材报表”报表，单击设计按钮，打开报表设计视图。
4. 选择菜单栏中的【格式】菜单，如图 5-34 所示。然后从中选择【对齐】、【大小】等命令修改报表布局。

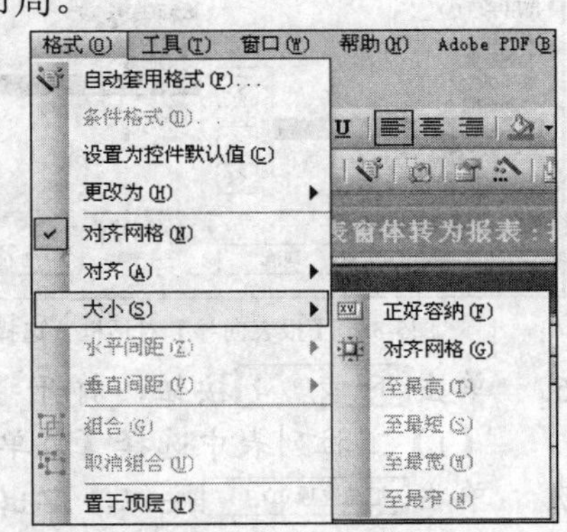

图5-34 “格式”菜单

任务三 设计分组汇总报表

通常，在报表中将信息分组显示，并在每组的结尾对数据进行汇总，会使报表更清晰、有条理且易于理解。使用 Access 可以轻松地创建分组汇总报表。

Access 2003 为报表统计汇总提供了许多函数，在制作报表时，用户只要确定了数据源中的分组字段，制定出计算函数，就可以得到各组记录的统计汇总值，另外可以对已有的数据源进行统计汇总。通过汇总可以对报表的所有数据或分组数据进行计算，如求和、平均值、记录计数、值计数、最大值、最小值、标准偏差和方差等。

下面以“教材管理”数据库为例，介绍如何设计汇总报表。

【操作步骤】

1. 启动 Access 2003。
2. 打开“教材管理”数据库，在【对象】栏中选择【报表】选项。
3. 单击新建按钮，打开【新建报表】对话框，在列表框中选择【报表向导】选项，在【请选择该对象数据的来源表或查询】下拉列表中选择【订购】选项，如图 5-35 所示。
4. 单击确定按钮，打开【报表向导】的第 1 个对话框，选择“订单 ID”、“订购册数”和“书款是否结算”3 个字段，如图 5-36 所示。

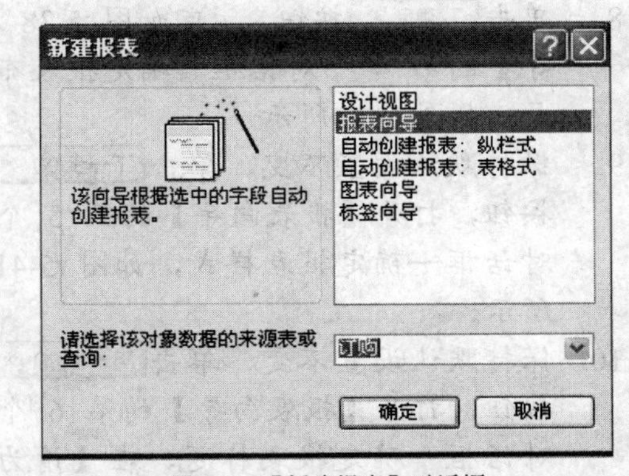

图5-35 【新建报表】对话框

5. 单击下一步按钮，打开【报表向导】的第 2 个对话框—添加分组级别，在左侧的列表框中双击【书款是否结算】选项，将其添加到右侧的列表框中，如图 5-37 所示。

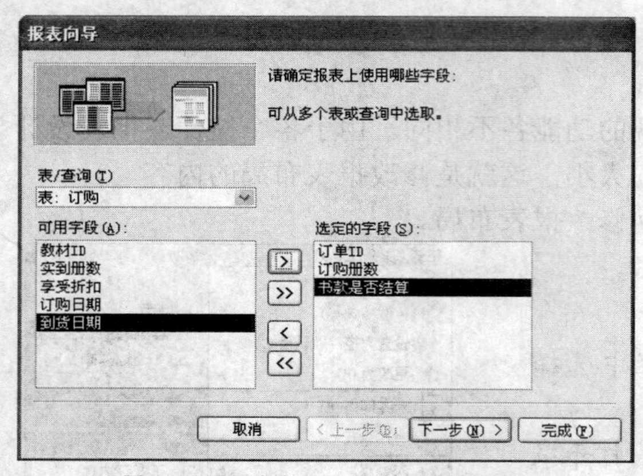

图5-36 【报表向导】对话框—选择字段

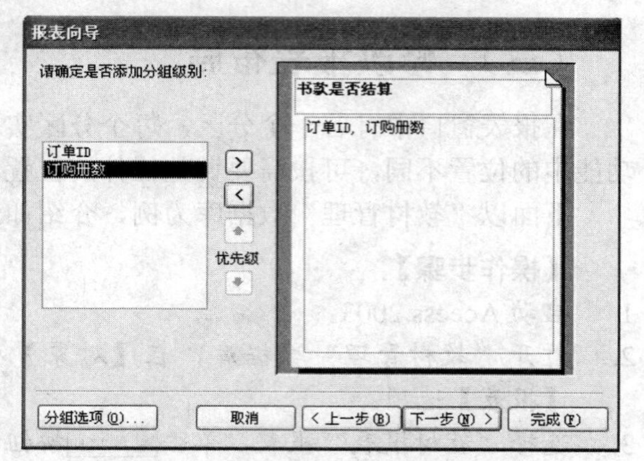

图5-37 【报表向导】对话框—添加分组级别

6. 单击下一步(N) >按钮，打开【报表向导】的第 3 个对话框—设置排序和汇总选项，在【1】下拉列表中选择【订单 ID】选项，如图 5-38 所示。
7. 单击汇总选项(O)...按钮，弹出【汇总选项】对话框，勾选【汇总】复选框，如图 5-39 所示。

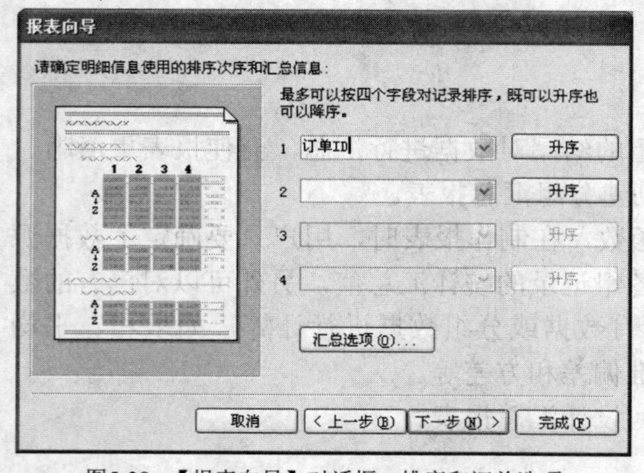

图5-38 【报表向导】对话框—排序和汇总选项

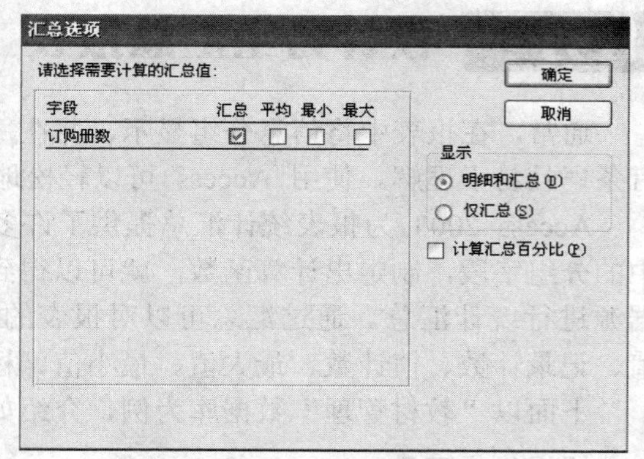

图5-39 【汇总选项】对话框

8. 单击确定按钮，返回如图 5-38 所示的对话框，单击下一步(N) >按钮，打开【报表向导】的第 4 个对话框—确定报表布局，如图 5-40 所示。
9. 保持默认设置不变，单击下一步(N) >按钮，打开【报表向导】的第 5 个对话框—确定报表样式，如图 5-41 所示。
10. 保持默认设置不变，单击下一步(N) >按钮，打开【报表向导】的第 6 个对话框—确定报表标题，在【请为报表指定标题】文本框中输入“订购分组汇总”，如图 5-42 所示。

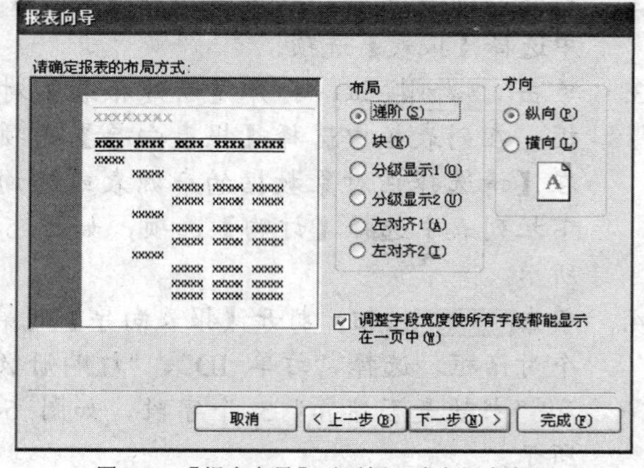

图5-40 【报表向导】对话框—确定报表布局

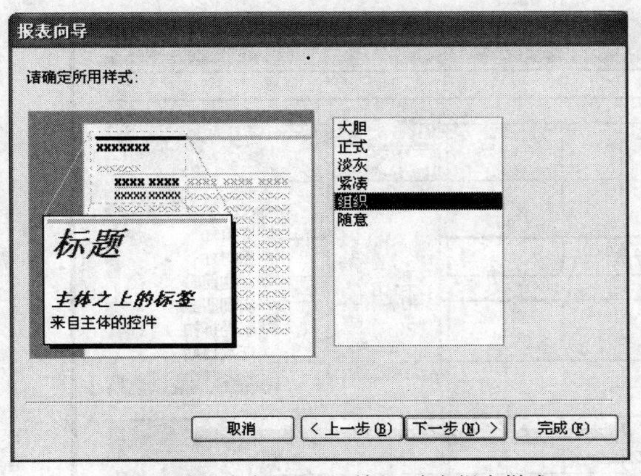

图5-41　【报表向导】对话框—确定报表样式

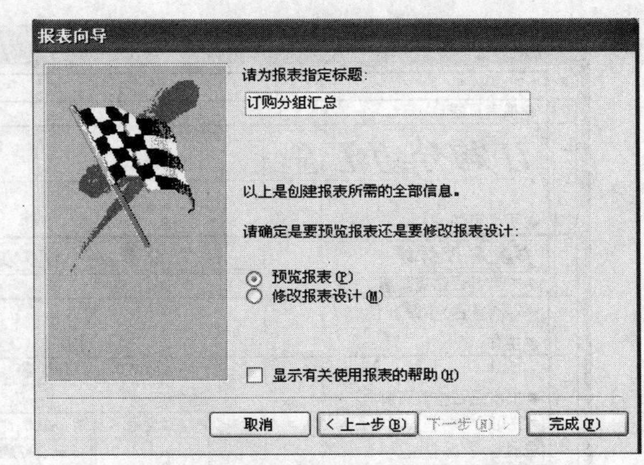

图5-42　【报表向导】对话框—确定报表标题

11. 单击完成(F)按钮，设计的“订购分组汇总”报表如图 5-43 所示。

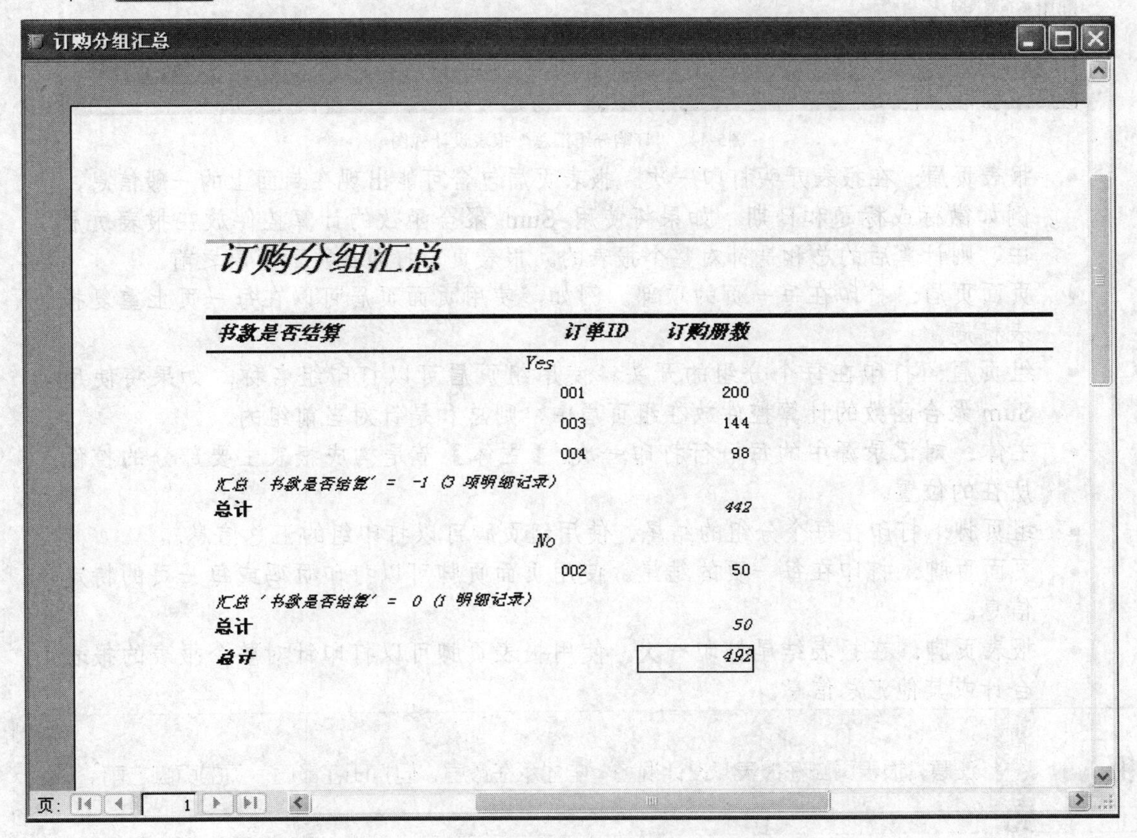

图5-43　“订购分组汇总”报表

【知识链接】

打开“订购分组汇总”报表的设计视图窗口，如图 5-44 所示，可以看到分组汇总报表比普通的报表多出很多节。在 Access 中，报表是按节来设计的。要创建复杂的分组汇总报表，需要了解每一节的作用方式。

图5-44 “订购分组汇总”报表设计视图

- 报表页眉：在报表开头打印一次。报表页眉包含可能出现在封面上的一般信息，例如徽标或标题和日期。如果将使用 Sum 聚合函数的计算控件放在报表页眉中，则计算后的总和是针对整个报表的。报表页眉打印在页面页眉之前。
- 页面页眉：打印在每一页的顶部。例如，使用页面页眉可以在每一页上重复报表标题。
- 组页眉：打印在每个分组的开头。使用组页眉可以打印组名称。如果将使用 Sum 聚合函数的计算控件放在组页眉中，则总和是针对当前组的。
- 主体：对记录源中的每一行打印一次。【主体】节是构成报表主要部分的控件所在的位置。
- 组页脚：打印在每个分组的结尾。使用组页脚可以打印组的汇总信息。
- 页面页脚：打印在每一页的结尾。使用页面页脚可以打印页码或每一页的特定信息。
- 报表页脚：在报表结尾打印一次。使用报表页脚可以打印针对整个报表的报表合计或其他汇总信息。

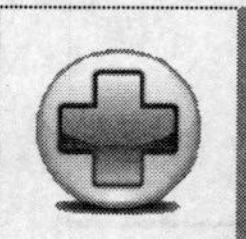

要点提示 注意，报表页脚在报表“设计视图”中显示在最后，但打印在最后一页的页脚之前。

任务四 设计子报表与多列报表

报表可以包含子报表，但最多只能包含两级子报表或者子窗体。报表一般设计为单列报表，也可以设置成多列报表，下面详细介绍如何设计子报表或者多列报表。

（一） 子报表

子报表是出现在另一个报表内部的报表，包含子报表的报表称为主报表。主报表中包含的是一对多关系中的“一”，而子报表则显示“多”的相关记录。

一个报表要用到来自多个表或者查询的数据时，可以通过在一个报表中链接两个或多个报表的方法实现，这时链接的报表是主体，称为主报表，被链接的报表称为子报表。

一个主报表可以是绑定型，也可以是非绑定型。也就是说，它可以基于表或查询，也可以不基于它们。通常，主报表与子报表的数据来源有以下几种联系。

- 一个主报表内的多个子报表的数据来自不相关的记录源。在此情况下，非结合型的主报表只是作为合并的不相关的子报表的“容器”使用。
- 主报表和子报表数据来自相同的记录源。当希望插入包含与主报表数据相关信息的子报表时，应该把主报表与表或查询结合起来。
- 主报表和多个子报表数据来自相关的记录源。一个主报表也可以包含两个或多个子报表共用的数据，在此情况下，子报表包含与公共数据相关的详细记录。

下面以“教材管理”数据库中已经建立的“教材报表”为例，创建一个以“订购”表为数据源的子报表，并放在“教材报表”中。

【操作步骤】

1. 启动 Access 2003。
2. 打开“教材管理”数据库，在【对象】栏中选择【报表】选项。
3. 选择“教材报表”报表，单击设计(D)按钮，打开报表设计视图，如图 5-45 所示。

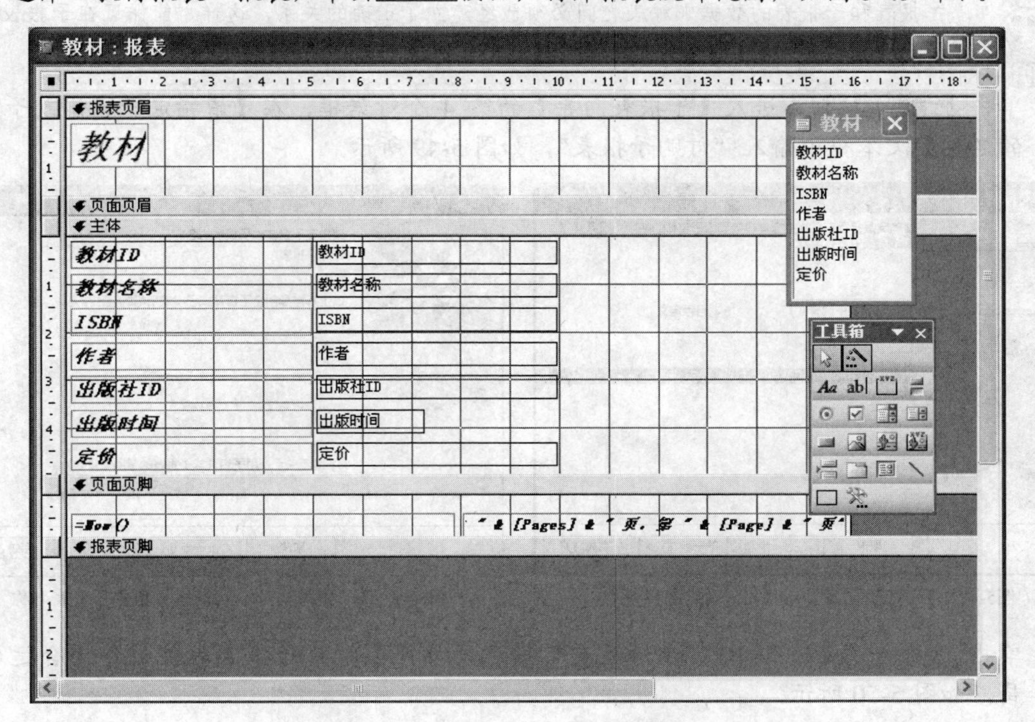

图5-45 “教材报表”报表设计视图

4. 确保【工具箱】中的【控件向导】按钮处于选中状态，单击【工具箱】中的【子报表】按钮，然后单击【主体】节中放置报表的位置，显示如图 5-46 所示的【子报表向导】的第 1 个对话框，选中【使用现有的表和查询】单选按钮作为数据来源。
5. 单击 下一步(N) > 按钮，进入【子报表向导】的第 2 个对话框，在【表/查询】下拉列表中选择【表：订购】选项，从【可用字段】列表框中依次选择“订购册数”、“实到册数”和“书款是否结算”3 个字段到【选定字段】列表框中，如图 5-47 所示。

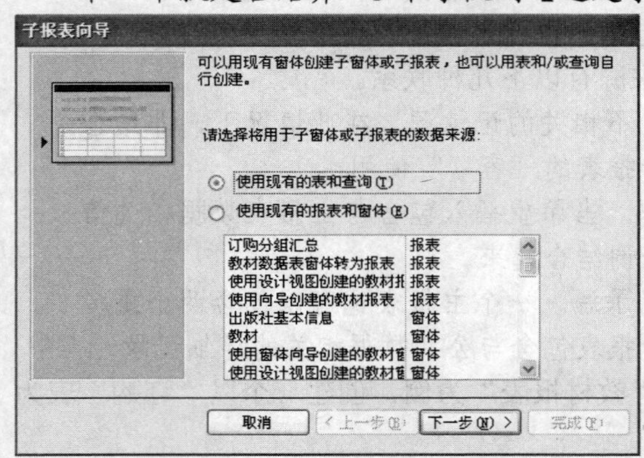

图5-46 【子报表向导】对话框—选择数据来源

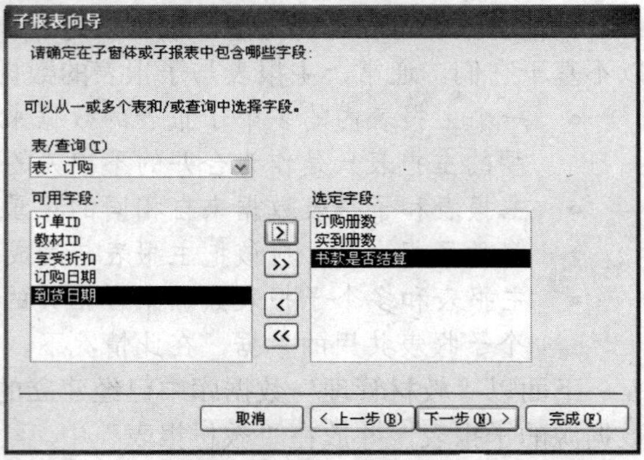

图5-47 【子报表向导】对话框—选择字段

6. 单击 下一步(N) > 按钮，进入【子报表向导】的第 3 个对话框—确定链接字段，如图 5-48 所示。

> **说明** 主报表和子报表的数据来源表之间必须已经建立了正确的关系，这样才能保证在子报表中打印的记录与在主报表中打印的记录保持对应的关系。

7. 单击 下一步(N) > 按钮，进入【子报表向导】的第 4 个对话框，在【请指定子窗体或子报表的名称】文本框中输入“订购子报表”，如图 5-49 所示。

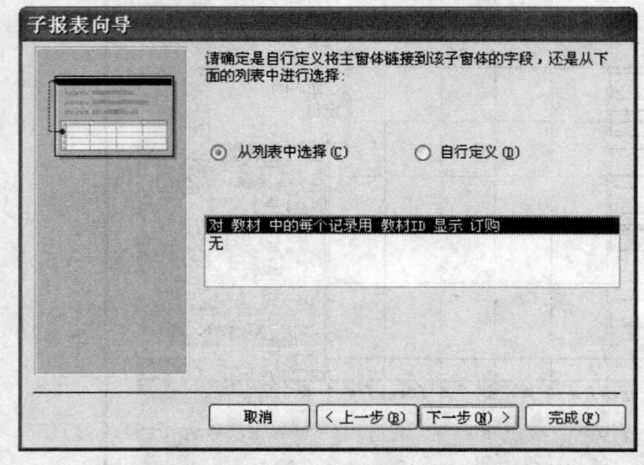

图5-48 【子报表向导】对话框—确定链接字段

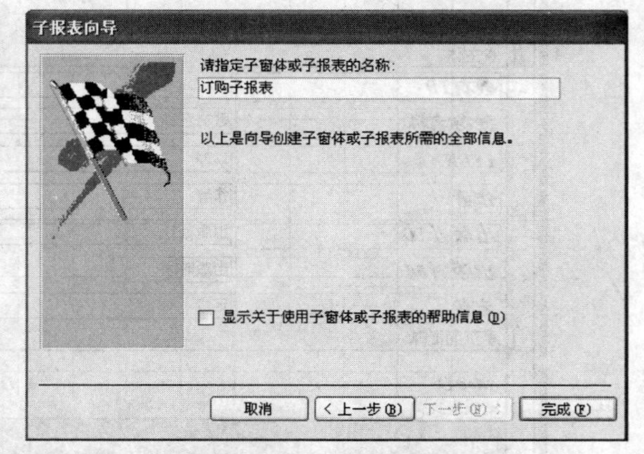

图5-49 【子报表向导】对话框—指定子报表名称

8. 单击 完成(F) 按钮，返回“教材报表”报表设计视图，将子报表控件调整为合适的布局，如图 5-50 所示。

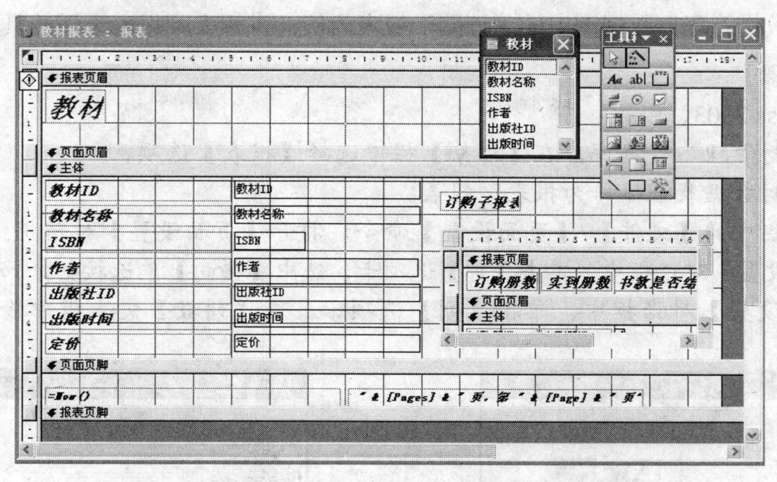

图5-50　嵌入了“订购子报表”的“教材报表”报表设计视图

9. 在“教材报表”报表设计视图窗口标题栏上单击鼠标右键，在弹出的快捷菜单中选择【打印预览】命令，报表打印预览效果如图 5-51 所示。

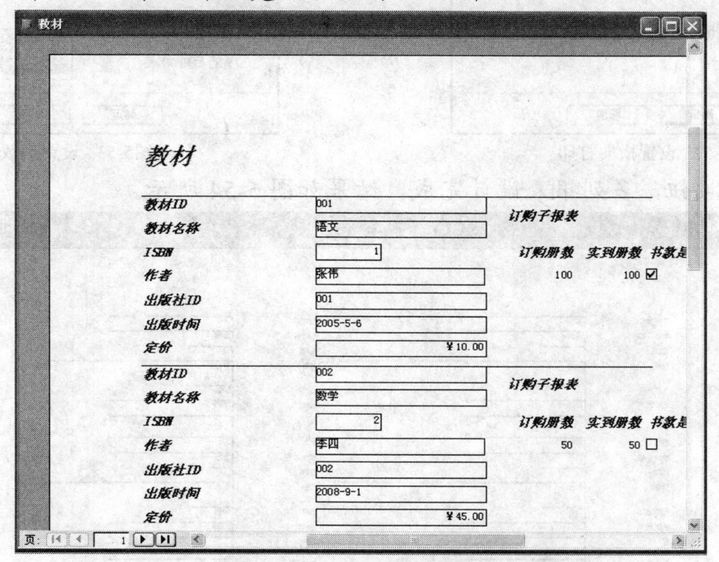

图5-51　嵌入了“订购子报表”的“教材报表”

【知识链接】

也可以将已经创建好的报表或窗体作为子报表嵌入到主报表中，在如图 5-46 所示的【子报表向导】对话框中选中【使用现有的报表和窗体】单选按钮，从其下面的列表框中选择一个已有的报表或窗体即可。同样，主报表和子报表之间也需要建立好关系才能保证记录间的对应关系。

（二）　多列报表

当报表中的信息较短时，需要在一行中打印多个记录，即将报表分成多列打印，这就是多列报表。但需要注意的是，设置多列后的页面宽度是否能够容纳多列内容。

下面以“教材管理”数据库中的“订购”报表为例，讲解多列报表设置的具体操作步骤。

【操作步骤】

1. 启动 Access 2003。
2. 打开“教材管理”数据库，在【对象】栏中选择【报表】选项。
3. 打开“教材数据表窗体转为报表”报表。
4. 选择菜单栏中的【文件】/【页面设置】命令，打开【页面设置】对话框。
5. 在【页面设置】对话框中，单击【页】选项卡，选中【横向】单选按钮，如图 5-52 所示。
6. 在【页面设置】对话框中，单击【列】选项卡，在【列数】文本框中输入“2”，如图 5-53 所示。

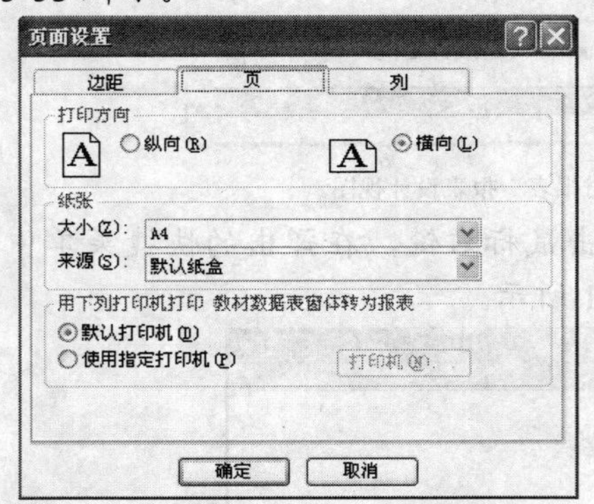

图5-52 设置横向打印

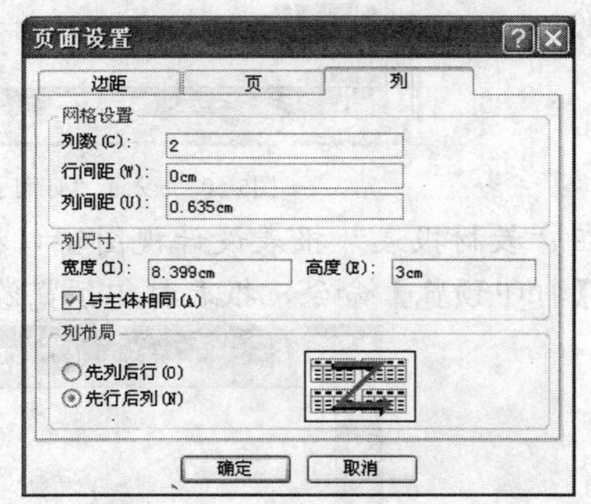

图5-53 设置列数

7. 单击 确定 按钮，多列报表设计完成，结果如图 5-54 所示。

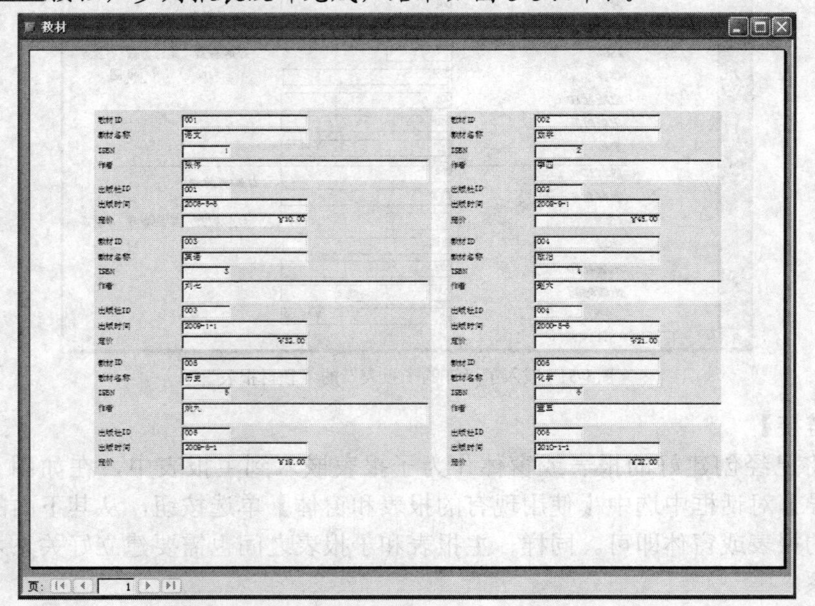

图5-54 多列报表

设置多列显示时，经常会遇到页面没有足够的水平空间来容纳多列报表的情况，系统会给出如图 5-55 所示的提示信息，如果单击 确定 按钮强行按多列显示，可能会导致信息显示不全。

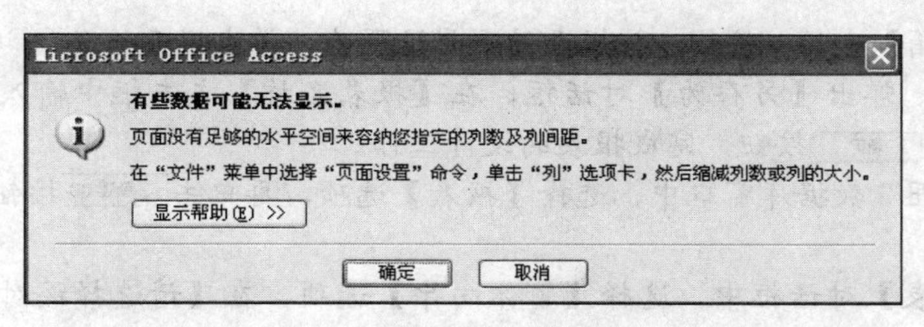

图5-55　页宽不够提示信息

实训一　使用"自动报表"创建"课程"报表

【实训要求】

以"选课管理"数据库中的"课程"表为数据源，使用"自动报表"中的纵栏式对"课程"表进行报表创建操作。

【步骤提示】

1. 启动Access 2003。
2. 打开"选课管理"数据库。
3. 在"选课管理"数据库窗口中选择【报表】选项，再单击【新建(N)】按钮，弹出【新建报表】对话框。
4. 在【新建报表】对话框中，选择【自动创建报表：纵栏式】选项，在【请选择该对象数据的来源表或查询】下拉列表中选择【课程】选项作为数据来源。
5. 单击【确定】按钮，"课程"报表自动生成。
6. 选择菜单栏中的【文件】/【保存】命令，弹出【另存为】对话框，在该对话框中输入"课程报表"，报表创建完成。

实训二　使用设计视图创建"学生"和"选课"报表

【实训要求】

以"选课管理"数据库中的"学生"和"选课"表为数据源，使用"设计视图"创建"学生"和"选课"报表，做到报表美观，布局合理。

【步骤提示】

1. 启动Access 2003。
2. 打开"选课管理"数据库。
3. 在"选课管理"数据库窗口中选择【报表】选项，再单击【新建(N)】按钮，弹出【新建报表】对话框。
4. 在【新建报表】对话框中，选择【窗体向导】选项，在【请选择该对象数据的来源表或查询】下拉列表中选择【学生】选项。
5. 单击【确定】按钮，打开报表设计视图窗口。
6. 在"学生"表的字段列表中，用鼠标将"学号"、"姓名"、"专业"和"入学年份"4个字段拖到报表【主体】节的适当位置上。

7. 单击【工具箱】中的按钮，将报表的页眉设置为“学生报表信息”。
8. 单击按钮，弹出【另存为】对话框，在【报表名称】文本框中输入“学生报表设计信息”。单击[确定]按钮，完成报表的设计工作。
9. 在“选课管理”数据库窗口中，选择【报表】选项，再单击[新建(N)]按钮，弹出【新建报表】对话框。
10. 在【新建报表】对话框中，选择【窗体向导】选项，在【请选择该对象数据的来源表或查询】下拉列表中选择【选课】选项。
11. 单击[确定]按钮，打开报表设计视图窗口。
12. 在“选课”表的字段列表中，用鼠标将“选课 ID”、“学号”、“课程 ID”和“成绩”4 个字段拖到报表【主体】节的适当位置上。
13. 单击【工具箱】中的【标签】按钮，将报表的页眉设置为“选课报表信息”。
14. 单击按钮，弹出【另存为】对话框，在【报表名称】文本框中输入“选课报表设计信息”。单击[确定]按钮，完成报表的设计工作。

实训三 在“课程”报表中添加控件

【实训要求】

以“选课管理”数据库中的“课程”表为数据源，使用设计视图创建“课程”报表，做到报表美观，布局合理。

【步骤提示】

1. 启动 Access 2003。
2. 打开“选课管理”数据库。
3. 在“选课管理”数据库窗口中，选择【报表】选项，再单击[新建(N)]按钮，弹出【新建报表】对话框。
4. 在【新建报表】对话框中，选择【窗体向导】选项，在【请选择该对象数据的来源表或查询】下拉列表中选择【课程】选项。
5. 单击[确定]按钮，打开报表设计视图窗口。
6. 在“课程”表的字段列表中，用鼠标将“课程 ID”、“课程名称”、“课程性质”、“学时”、“学分”、“开课学期”、“开课专业”7 个字段拖到报表【主体】节的适当位置上。
7. 在【工具箱】中选中【列表框】按钮，放置在【主体】节适当的位置，弹出【列表框向导】对话框，单击[下一步(N) >]按钮，在弹出对话框的下拉列表中选择【表：课程】选项，单击[下一步(N) >]按钮。
8. 在弹出对话框的【可用字段】列表框中，将“开课学期”字段放入到【选定字段】列表框中，单击[下一步(N) >]按钮，在弹出的对话框中单击下拉列表会弹出【课程 ID】和【开课学期】选项，在第一个下拉列表中选择【开课学期】选项，单击[下一步(N) >]按钮，单击[完成(F)]按钮即可。
9. 单击【工具箱】中的按钮，将报表的页眉设置为“课程报表信息”。
10. 单击按钮，弹出【另存为】对话框，在【报表名称】文本框中输入“课程报表设计信息”。单击[确定]按钮，完成报表的设计工作。

实训四　设计“课程”报表中的“学分”汇总报表

【实训要求】

以“选课管理”数据库中的“课程”表为数据源，使用“设计视图”创建“课程”报表，对“课程”报表中的“学分”项进行汇总，汇总显示在“学分页眉”处。可以按照任务三中讲过的使用报表向导的方法来操作，也可以参照下列步骤来操作，对比过程和结果有什么不同。

【步骤提示】

1. 启动 Access 2003。
2. 打开“选课管理”数据库。
3. 在“选课管理”数据库窗口中，选择【报表】选项，单击工具栏上的新建(N)按钮，打开【新建报表】对话框。
4. 在“课程”表的字段列表中，用鼠标将“课程 ID”、“课程名称”、“课程性质”、“学时”、“学分”、“开课学期”、“开课专业”7 个字段拖到报表【主体】节的适当位置上。
5. 选择菜单栏中的【视图】/【排序与分组】命令，打开【排序与分组】对话框。
6. 在【排序与分组】对话框的【字段/表达式】下拉列表中选择【学分】选项，在【排序次序】下拉列表中选择【升序】选项，在【组属性】栏的【组页眉】下拉列表中选择【是】选项。
7. 单击【排序与分组】对话框中的按钮，关闭【排序与分组】对话框，此时，【课程报表：报表】窗口中增加了【学分页眉】节。
8. 在【课程报表：报表】窗口的分组字段（学分）页眉处添加两个文本框控件，输入显示标题以及汇总公式（计算公式为=Sum([学分])，显示标题为="学分汇总："），如图 5-56 所示。
9. 单击工具栏上的按钮，弹出【另存为】对话框，在【报表名称】文本框中输入“课程报表”。
10. 单击确定按钮，汇总报表设计完成，设计效果如图 5-57 所示。

图5-56　课程报表“学分”汇总

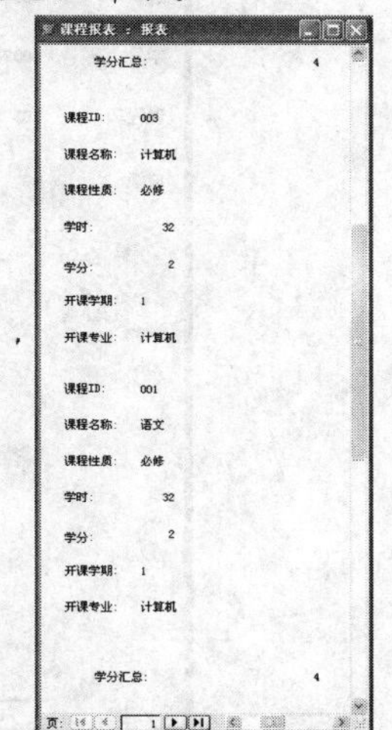

图5-57　课程报表“学分”汇总效果图

实训五 在“选课”报表中添加“课程”子报表

【实训要求】

以“选课管理”数据库中的“选课”表为数据源，使用“设计视图”创建“选课”报表，在“选课”报表中创建“课程”子报表，布局要合理。

【步骤提示】

1. 启动 Access 2003。
2. 打开“选课管理”数据库。
3. 在“选课管理”数据库窗口中，选择【报表】选项，选择“选课报表”报表，单击工具栏中的设计按钮，打开报表设计视图。
4. 用鼠标将“选课”表中的字段分别拖放到【主体】节中，位置及大小调整至合理即可。
5. 确保【工具箱】中的按钮处于选中状态，单击【工具箱】中的按钮，然后单击【主体】节中放置报表的位置，显示“子报表向导”第 1 个对话框，从中选中【课程】单选按钮。
6. 单击下一步按钮，打开下一个对话框，在该对话框的【表/查询】下拉列表中选择【表：课程】选项。
7. 单击下一步按钮，打开下一个对话框，在该对话框中选中【从列表中选择】单选按钮，将表中所有的字段都添加到右侧的列表框中。
8. 单击下一步按钮，打开下一个对话框，在【请指定子窗体或子报表名称】文本框中输入子报表名称为“课程子报表”。
9. 单击完成按钮，子报表创建完成，效果如图 5-58 所示。

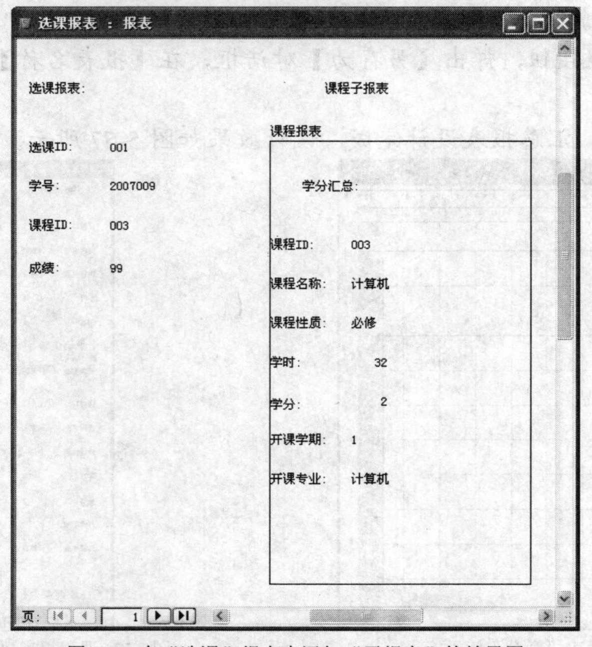

图5-58 在“选课”报表中添加“子报表”的效果图

项目拓展　“网上书店”数据库中报表的创建与使用

【实训要求】

在“网上书店”数据库中，分别使用“自动报表”、“报表向导”和“设计视图”创建“出版社”、“用户”和“订单”报表，通过分组显示的方法在“订单”报表中显示“书款是否结算”，设计出“订单”报表中“总书款”项的“订单总书款汇总报表”，在“订单”报表中加入“订单明细”中的所有字段并作为“订单明细”子报表。

【步骤提示】

1. 使用“自动报表”创建“出版社”报表。使用“报表向导”创建“用户”报表。使用“设计视图”创建“订单”报表。
2. 在“订单”报表中，选择菜单栏中的【视图】/【排序与分组】命令，打开【排序与分组】对话框，以“书款是否结算”为依据进行分组。
3. 在“订单”报表中设计出“订单总书款汇总报表”。
4. 在“订单”报表中加入“订单明细”子报表。

思考与练习

一、简答题

1. 什么是报表？报表有什么作用？
2. 报表由哪些部分组成？
3. 创建报表的方法有哪几种？各有什么优缺点？
4. 报表有几种形式？
5. 创建子报表有哪几种方法？

二、操作题

1. 在“员工工资管理”数据库中，使用“自动报表”创建“员工”报表。
2. 在“员工工资管理”数据库中，使用“报表向导”创建“工资”报表。
3. 在“员工工资管理”数据库中，使用“设计视图”创建“部门”报表。
4. 在“部门”报表中添加控件。
5. 设计“工资”报表中的“基本工资”汇总报表
6. 分组显示“部门”报表中不同部门的成员。
7. 在“员工”报表中添加“工资”子报表。

项目六

数据访问页的创建与使用

数据访问页是 Access 2003 数据库中的一个基本对象。与其他 Access 2003 数据库对象不同，数据访问页不保存在数据库中，也不包括在 Web 服务器上的 Access 2003 数据库或 Access 2003 项目文件内，而是保存在外部的独立文件中。创建数据访问页后，Access 2003 会在数据库窗口中自动为该文件添加一个快捷方式。

在 Access 2003 数据库中，可以根据需要设计用于不同用途的数据访问页。本项目以“教材管理”数据库为例，详细讲解数据访问页的创建与使用方法，包括创建数据访问页、编辑数据访问页和使用数据访问页。图 6-1 所示为利用设计视图创建数据访问页的效果图，图 6-2 所示为设置数据访问页主题的效果图，图 6-3 所示为利用 Internet Explorer 浏览器打开数据访问页的效果图。

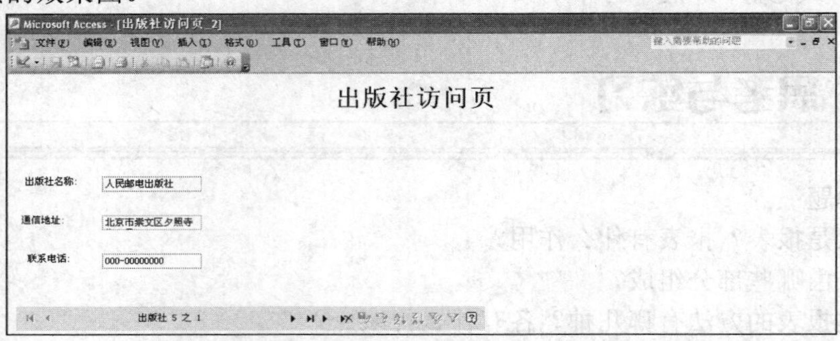

图6-1　利用设计视图创建数据访问页的效果图

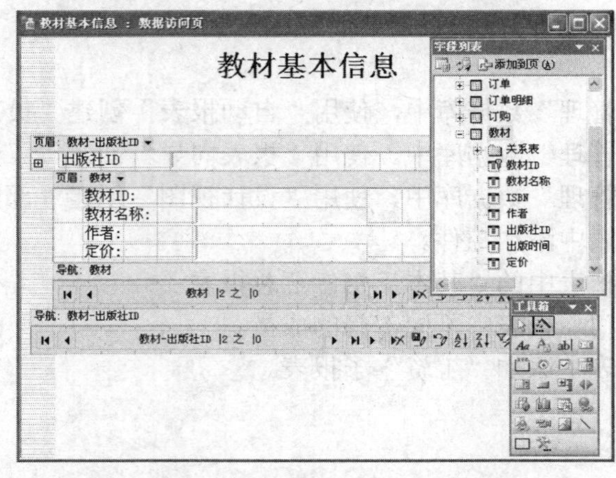

图6-2　设计数据访问页主题的效果图

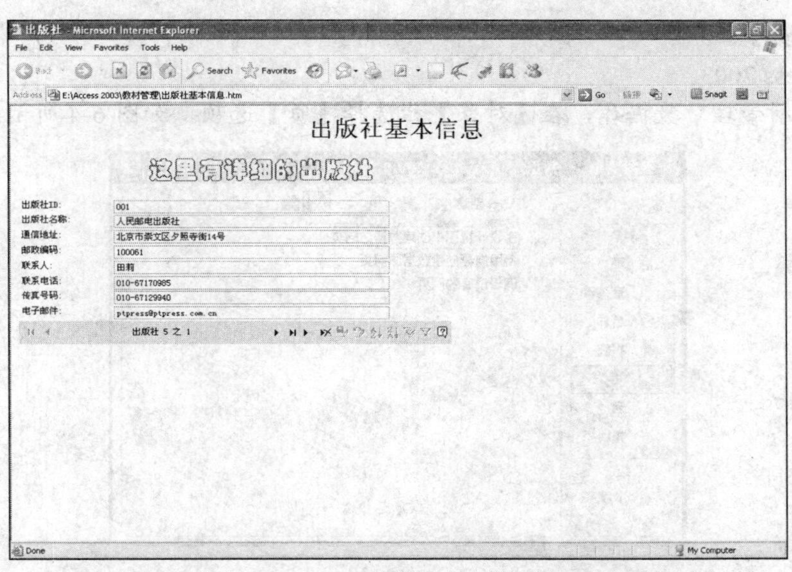

图6-3　利用 Internet Explorer 浏览器打开数据访问页的效果图

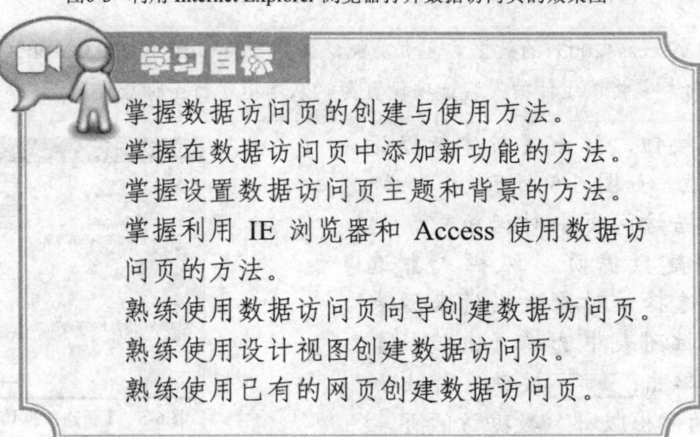

任务一　创建数据访问页

数据访问页是用户通过 Internet 进行数据交互的数据库对象，它的创建方法与创建窗体和报表的方法相似，如果大家已掌握了窗体和报表的创建方法，就会很轻松地创建数据访问页。

本任务的主要目的是使大家熟练掌握自动创建数据访问页的方法、使用数据页向导创建数据访问页的方法、在设计视图中创建数据访问页的方法以及利用已有的网页创建数据访问页的方法。

（一）　自动创建数据访问页

使用“自动创建数据访问页”可以创建纵栏式数据访问页，格式是由 Access 系统规定的，使用这种方法，不需要做任何设置，所有工作由 Access 2003 自动完成。

下面以“教材管理”数据库中的“出版社”表为例，介绍使用“自动创建数据访问页”创建数据访问页的步骤。

【操作步骤】

1. 启动 Access 2003。
2. 打开“教材管理”数据库，在【对象】栏选择【页】选项，如图 6-4 所示。

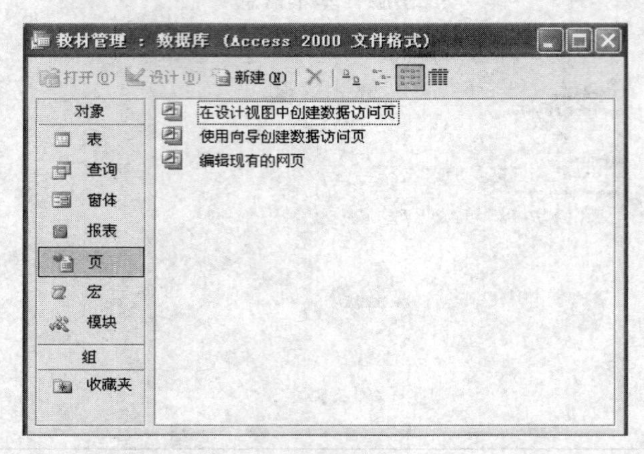

图6-4 “教材管理”数据库

> 说明：要使用 Access 2003 的数据访问页功能，必须安装 Office 2003 Web Components，在安装 Office 软件时，需将该组件的安装选项设置为“从本机运行全部程序”。

3. 单击 新建(N) 按钮，弹出【新建数据访问页】对话框，如图 6-5 所示。
4. 在【新建数据访问页】对话框中，选择【自动创建数据页：纵栏式】选项，在【请选择该对象数据的来源表或查询】下拉列表中选择【出版社】选项，然后单击 确定 按钮，弹出如图 6-6 所示的“出版社”数据访问页。

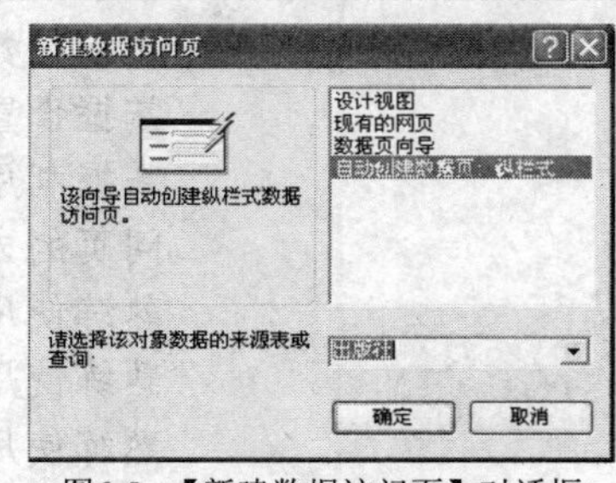

图6-5 【新建数据访问页】对话框

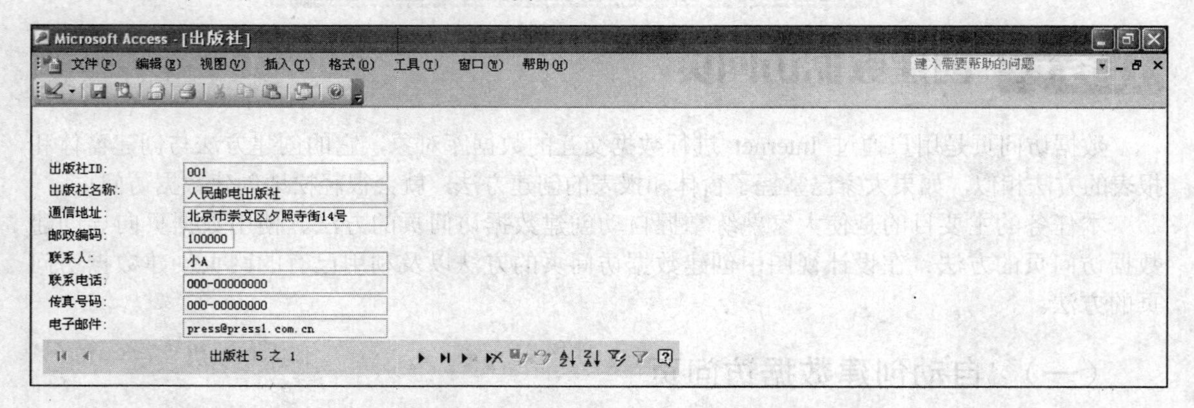

图6-6 使用“自动创建数据访问页”创建的“出版社”数据访问页

5. 单击 按钮，弹出【另存为数据访问页】对话框。在该对话框中，需要为所建立的数据访问页指定存储路径和文件名。在此，将数据访问页保存在默认的磁盘和路径下，并将【文件名】设置为“出版社基本信息”，如图 6-7 所示。

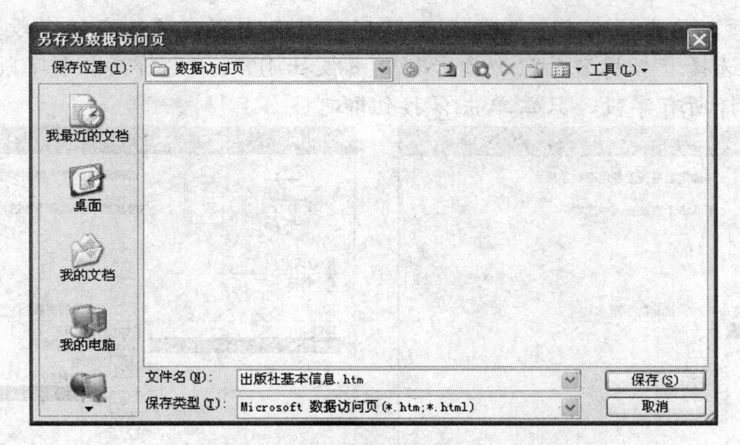

图6-7　【另存为数据访问页】对话框

6. 单击 保存(S) 按钮，数据访问页创建成功。

【知识链接】

使用“自动创建数据访问页”创建数据访问页时，Access 自动将创建的数据访问页以 HTML 格式保存在文件中，并在“数据库”窗口中添加一个访问该页的快捷方式，当鼠标光标指向这个快捷方式时，可以显示文件的路径。

在创建数据访问页的过程中，如果出现“OLE 服务器没有注册”的提示信息，是因为计算机上未注册 Triedit.dll 文件，注册该文件的方法是，选择 Windows 的【开始】/【运行】命令，在弹出的【运行】对话框的【打开】组合框中输入“Regsvr32.exe "Files\Common Files\Microsoft Shared\Triedit\Triedit.dll"”，然后单击 确定 按钮，即可完成注册。

（二）　使用数据页向导创建数据访问页

使用数据页向导创建数据访问页是最简便的方法，与使用向导创建窗体和报表一样，通过对话方式，根据需要选择数据源，确定要显示的字段，然后根据选择来创建数据访问页。

下面以“教材管理”数据库中的“教材”表为例，介绍使用向导创建数据访问页的步骤。

【操作步骤】

1. 启动 Access 2003。
2. 打开“教材管理”数据库。
3. 在“教材管理”数据库窗口中，选择【页】选项为操作对象，再单击 新建(N) 按钮，弹出【新建数据访问页】对话框，如图 6-8 所示。
4. 在【新建数据访问页】对话框中，选择【数据页向导】选项，在【请选择该对象数据的来源表或查询】下拉列表中选择【教材】选项，然后单击 确定 按钮，弹出如图 6-9 所示对话框。

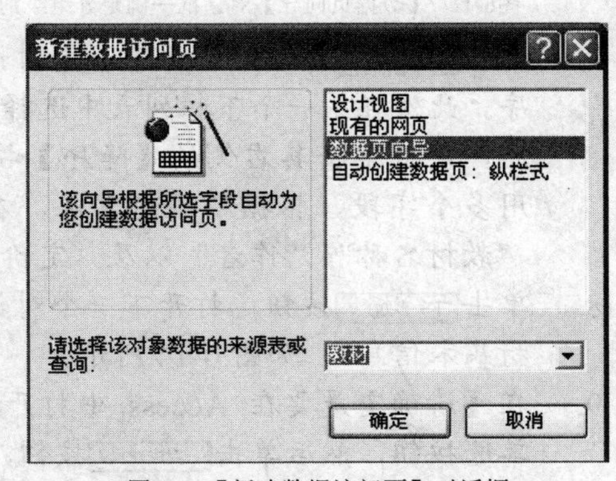

图6-8　【新建数据访问页】对话框

5. 在【表/查询】下拉列表中选择【表：教材】选项，在【可用字段】列表框中选择【教

材 ID】选项，单击[>]按钮，“教材 ID”字段就会出现在【选定的字段】列表框中，用同样的方法选择“教材名称”、“作者”、“出版社 ID”、“定价” 4 个字段，如图 6-10 所示。若要选择所有字段，只需单击[>>]按钮即可。

图6-9 【数据页向导】对话框

图6-10 【数据页向导】对话框—选择字段

6. 单击[下一步(N) >]按钮，弹出如图 6-11 所示的【数据页向导】对话框。该对话框要求确定是否添加分组级别。这里采用一级分组，使用“出版社 ID”字段作为分组依据，选择【出版社 ID】选项，然后单击[>]按钮，结果如图 6-12 所示。

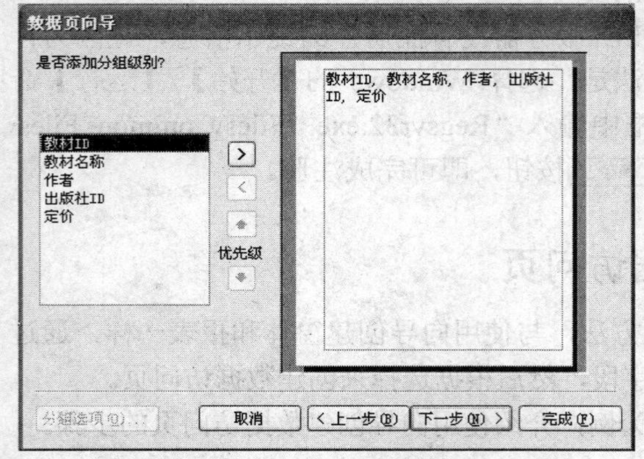

图6-11 【数据页向导】对话框—确定分组级别

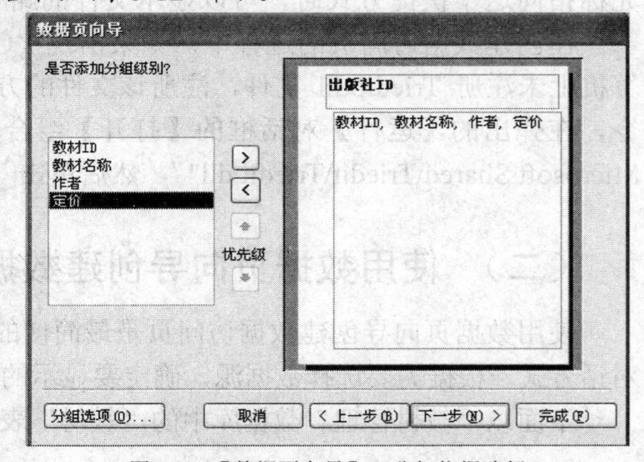

图6-12 【数据页向导】—分组依据选择

7. 单击[下一步(N) >]按钮，打开下一个对话框，该对话框要求确定数据访问页中记录的排序次序。此处在第一个下拉列表中选择【教材 ID】选项，如图 6-13 所示。如果要按降序排序，则应单击其右侧的【降序】按钮。此外，在利用字段对记录进行排序时，可以选用多个字段，根据不同的需求，在对“教材 ID”字段选择排序之后，同样可以选择“教材名称”、“作者”以及“定价”等字段进行排序。排序依据最多为 4 个。
8. 单击[下一步(N) >]按钮，打开下一个对话框，在【请为数据页指定标题】文本框中输入“教材基本信息”，如图 6-14 所示。
9. 在【请确定是要在 Access 中打开数据页还是要修改其设计】栏中选中【打开数据页】单选按钮，然后单击[完成(F)]按钮，生成的教材基本信息预览图如图 6-15 所示。若选中【修改数据页的设计】单选按钮，则进入由“设计视图”方式对所建立的数据访问页进行设计。

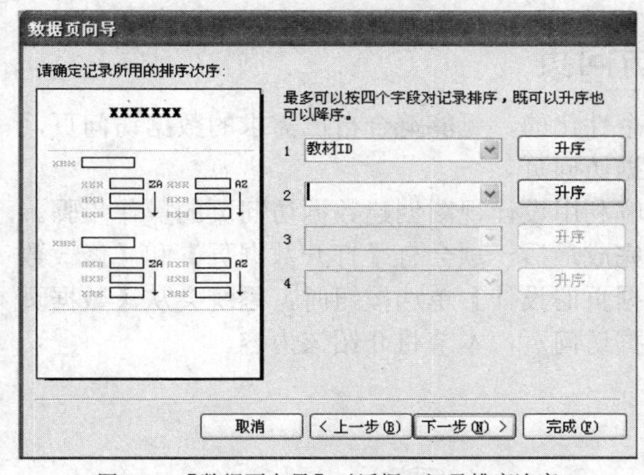

图6-13　【数据页向导】对话框—记录排序次序

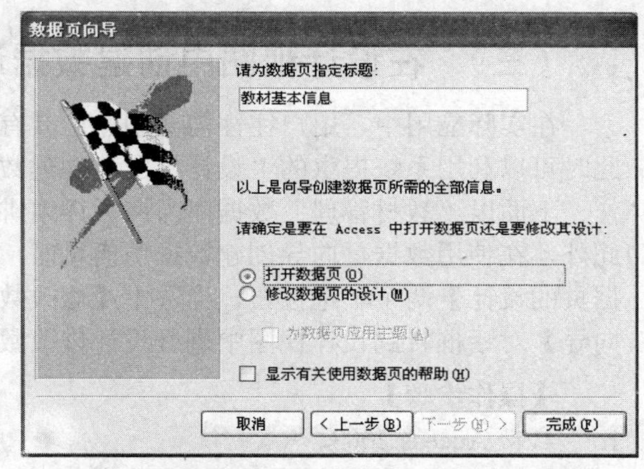

图6-14　【数据页向导】对话框—为数据页指定标题

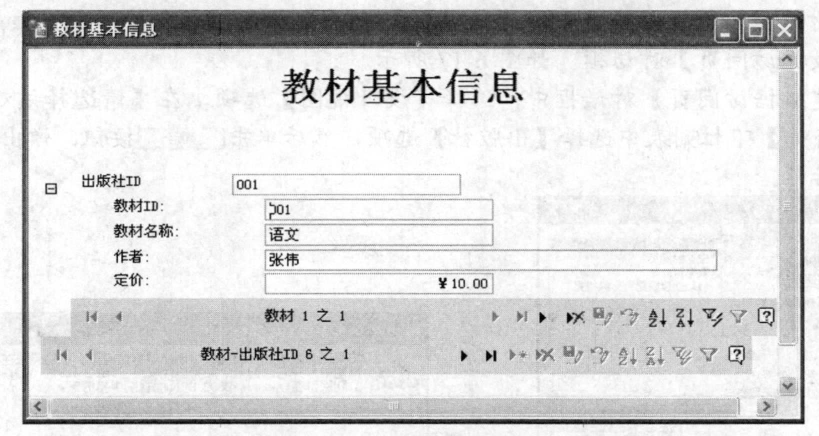

图6-15　【教材基本信息】窗口

10. 单击按钮，弹出【另存为数据访问页】对话框，将【文件名】设置为“出版社基本信息”，如图 6-16 所示。

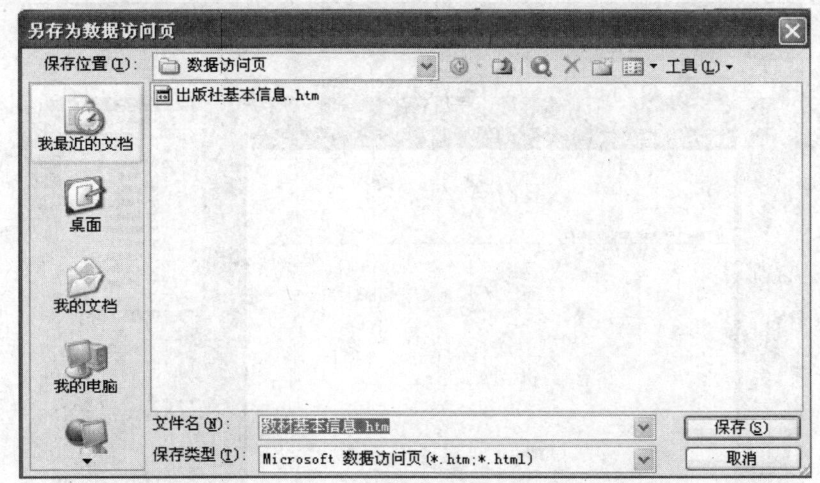

图6-16　【另存为数据访问页】对话框

11. 单击 保存(S) 按钮，使用“数据页向导”创建数据访问页成功。

（三） 在设计视图中创建数据访问页

在实际应用中，用户往往需要创建出具有个性化的、更能符合自己需求的数据访问页，此时可以利用系统提供的“设计视图”创建数据访问页。

下面以“教材管理”数据库为例，详细讲解利用设计视图创建数据访问页的操作步骤。此外，在使用数据页向导创建数据访问页时，完成最后一项会有【打开数据页】和【修改数据页的设计】两个单选按钮，当选中【修改数据页的设计】单选按钮时，系统会从【数据页向导】对话框转到设计视图中进行设计修改数据访问页，本节将介绍该内容。

【操作步骤】

1. 启动 Access 2003。
2. 打开“教材管理”数据库。
3. 在“教材管理”数据库窗口中，选择【页】选项为操作对象，再单击 新建(N) 按钮，弹出【新建数据访问页】对话框，如图 6-17 所示。
4. 在【新建数据访问页】对话框中，选择【设计视图】选项，在【请选择该对象数据的来源表或查询】下拉列表中选择【出版社】选项，然后单击 确定 按钮，弹出如图 6-18 所示的对话框。

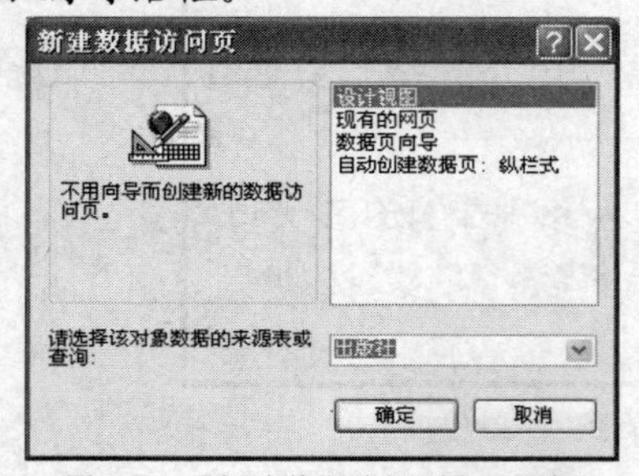

图6-17 【新建数据访问页】对话框

图6-18 警告对话框

5. 单击 确定 按钮，打开数据访问页的设计视图窗口，如图 6-19 所示。

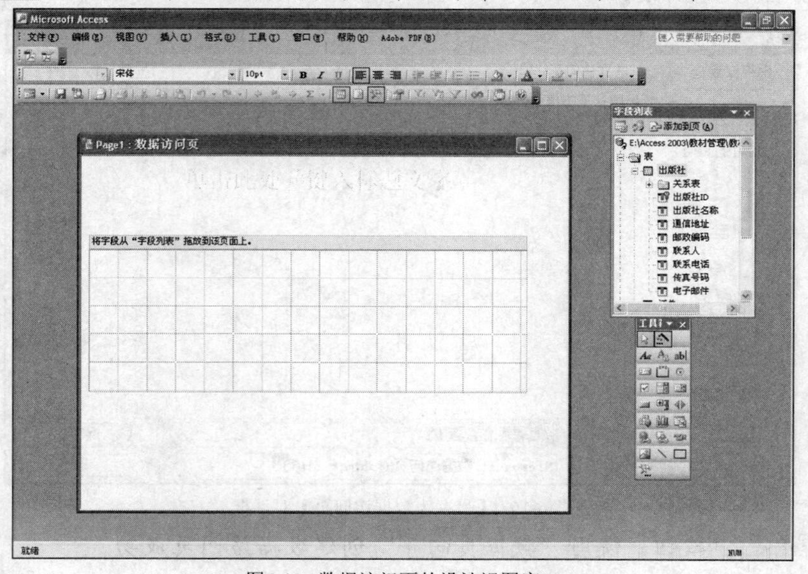

图6-19 数据访问页的设计视图窗口

6. 在【单击此处并键入标题文字】位置单击，为数据访问页输入标题文本以便查阅人员的操作。在此处输入标题“出版社访问页”，如图 6-20 所示。

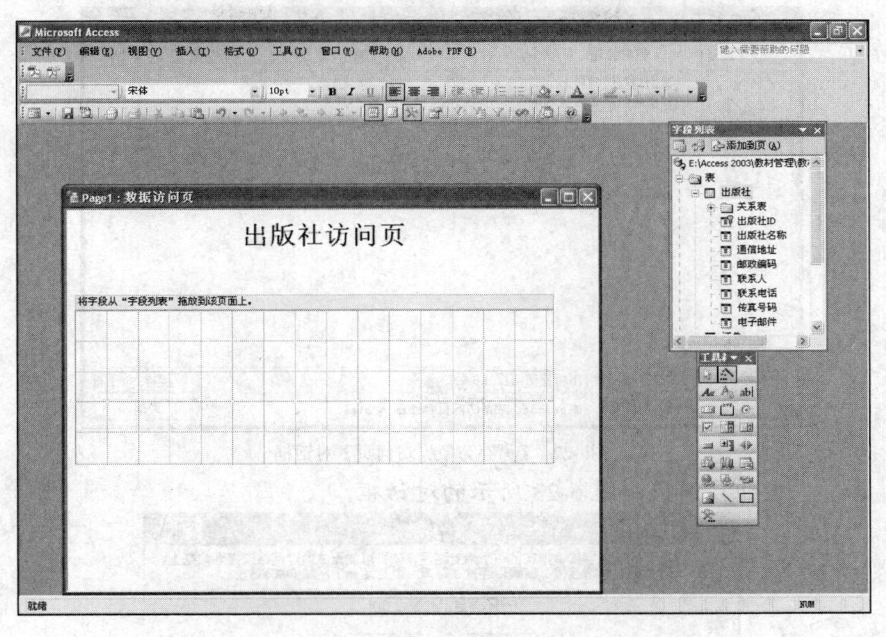

图6-20　输入标题文本

7. 在【字段列表】窗格中选中数据访问页所需要的字段，并按住鼠标左键拖曳，将选中的字段拖曳到页面上。这里添加“出版社名称”、“通信地址”和“联系电话”字段，将位置及大小调整合适，调整的时候要尽量保证边框与网格对齐，这样有助于标签和文本框对齐。此外，要根据各个字段的长度对其文本框的大小进行相应的调整，如图 6-21 所示。

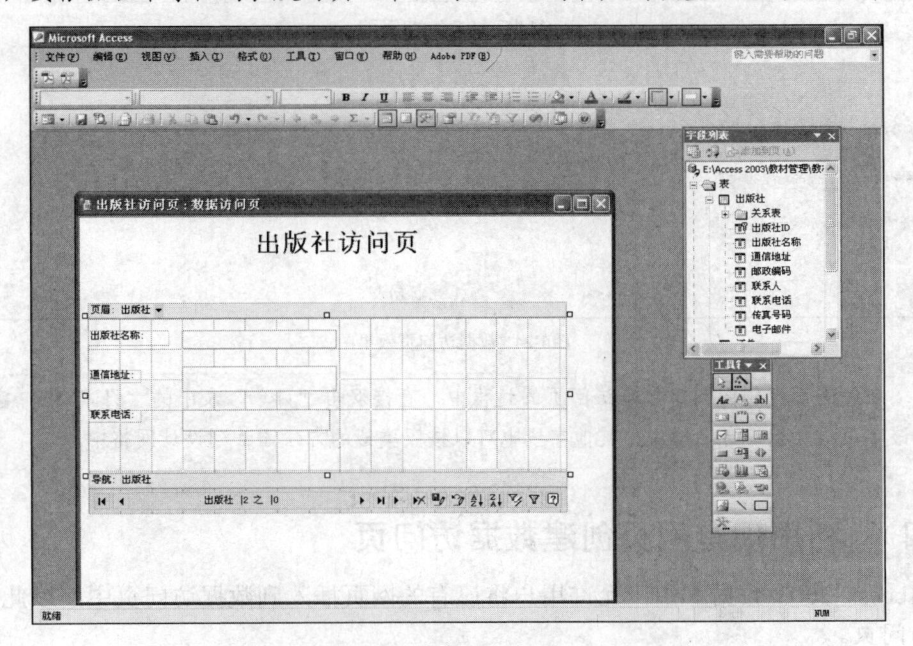

图6-21　布局设计视图

8. 单击 按钮，弹出【另存为数据访问页】对话框。在该对话框的【文件名】组合框中输入“出版社访问页”，如图 6-22 所示。

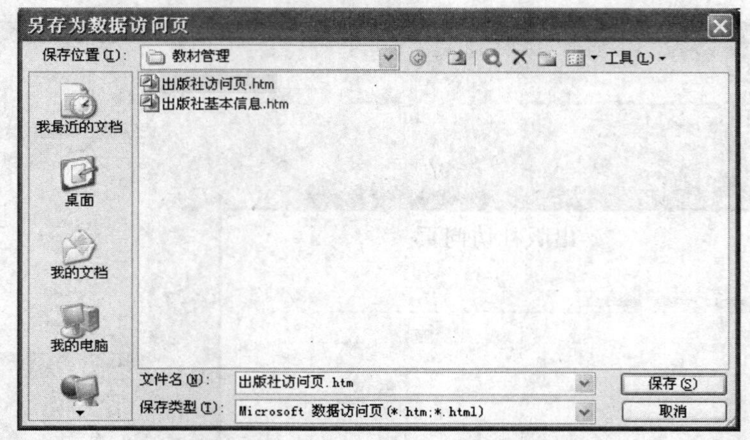

图6-22 【另存为数据访问页】对话框

9. 单击 保存(S) 按钮，弹出如图 6-23 所示的对话框。

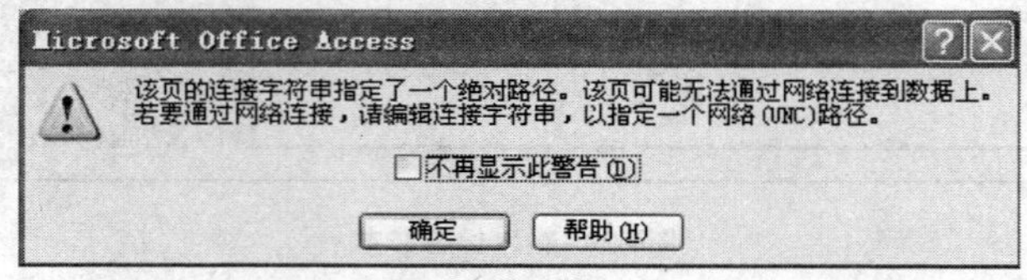

图6-23 警告对话框

10. 单击 确定 按钮，使用“设计视图”创建数据访问页成功，如图 6-24 所示。

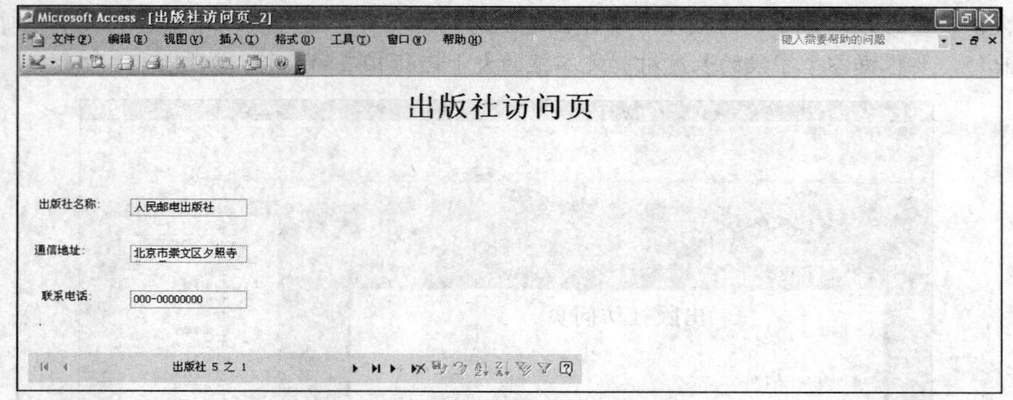

图6-24 数据访问页效果图

在使用设计视图创建数据访问页的过程中，直接双击“订单”表中的“订单 ID”字段即可将该字段添加到设计网格中，其他字段也可以按照类似的方法添加到设计网格中。

（四） 利用现有网页创建数据访问页

在 Access 2003 数据库中，允许用户将已有的网页插入到数据访问页中，以此来创建新的数据访问页。

本节以“教材管理”数据库为例，将原有的“出版社访问页.htm”网页转换为新的数据访问页。

【操作步骤】

1. 启动 Access 2003。
2. 打开“教材管理”数据库。
3. 在“教材管理”数据库窗口中，选择【页】选项为操作对象，再单击 新建(N) 按钮，弹出【新建数据访问页】对话框，如图 6-25 所示。
4. 在【新建数据访问页】对话框中选择【现有的网页】选项，单击 确定 按钮，弹出如图 6-26 所示的【定位网页】对话框。在该对话框中，选择【出版社访问页.htm】选项。

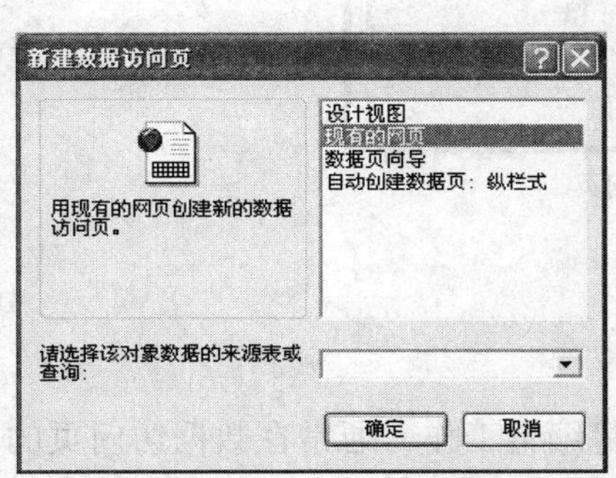

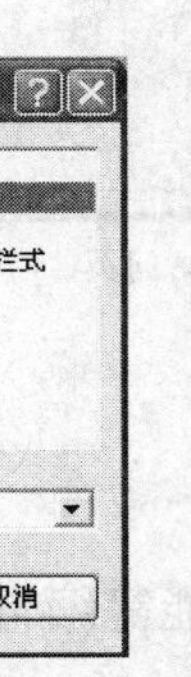

图6-25　【新建数据访问页】对话框

定位网页

查找范围(I)：教材管理

出版社访问页.htm
出版社基本信息.htm

我最近的文档
桌面
我的文档
我的电脑

文件名(N)：
文件类型(T)：网页(*.htm;*.html;*.url)
打开(O)
取消

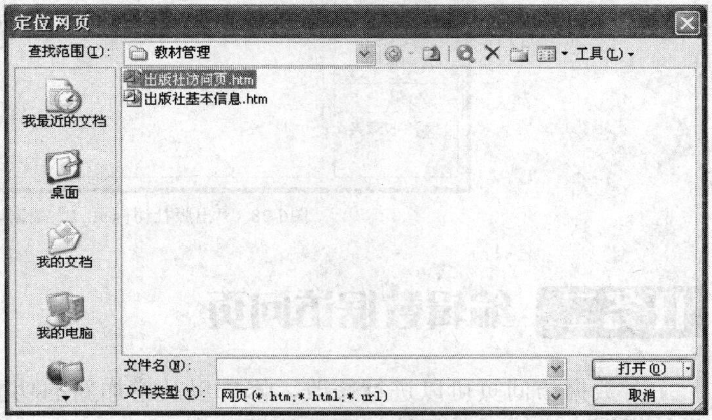

图6-26　【定位网页】对话框

5. 单击 打开(O) 按钮，弹出【出版社访问页_1：数据访问页】窗口，如图 6-27 所示。

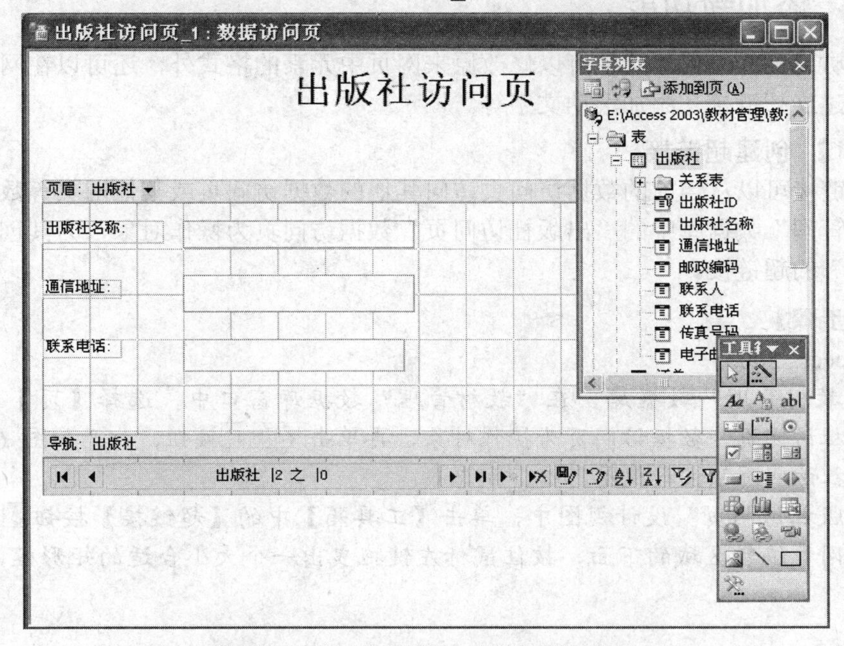

图6-27　【出版社访问页_1：数据访问页】窗口

6. 在如图 6-27 所示的窗口中，可以根据需求对访问页进行修改。修改完毕后，单击按钮将访问页保存，在“教材管理”数据库的【页】对象中会增加一条“出版社访问页_1”数据访问页，如图 6-28 所示，利用现有网页创建数据访问页成功。

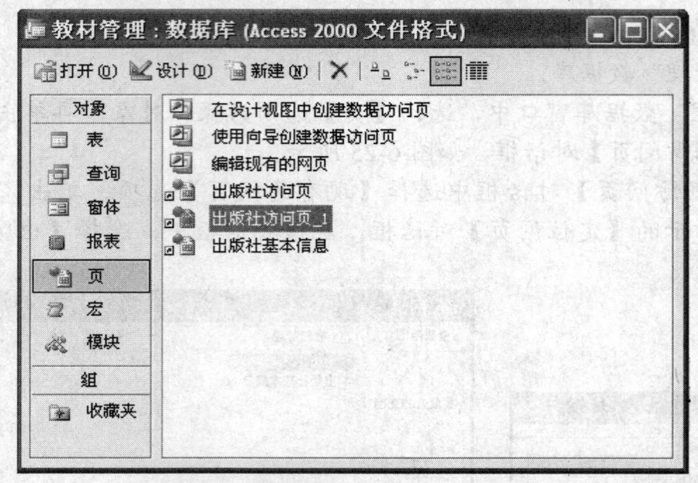

图6-28 “出版社访问页_1”数据访问页

任务二 编辑数据访问页

对数据访问页可以进行修改、修饰以及增加新的功能等编辑工作。通常在数据访问页的设计视图中完成对数据访问页的编辑工作。

（一） 添加新功能

对数据访问页的编辑，除了可以修改原来网页中元素的格式外，还可以在网页中添加许多功能，如建立超链接、添加滚动文字等。

【例6-1】 创建超链接。

通过超链接可以从当前的数据访问页访问其他的数据访问页或其他网页等数据资源。下面以“教材管理”数据库中的“出版社访问页”数据访问页为操作对象，为其创建访问“教材基本信息”的超链接。

【操作步骤】

1. 启动 Access 2003。
2. 打开“教材管理”数据库，在“教材管理”数据库窗口中，选择【页】选项并选择“出版社访问页”数据访问页为操作对象，再单击设计(D)按钮，打开如图 6-29 所示的“出版社访问页”设计视图。
3. 在“出版社访问页”设计视图中，单击【工具箱】中的【超链接】按钮，将鼠标光标移到网页编辑区域的下面，按住鼠标左键拖曳出一个大小合适的矩形框，如图 6-30 所示。

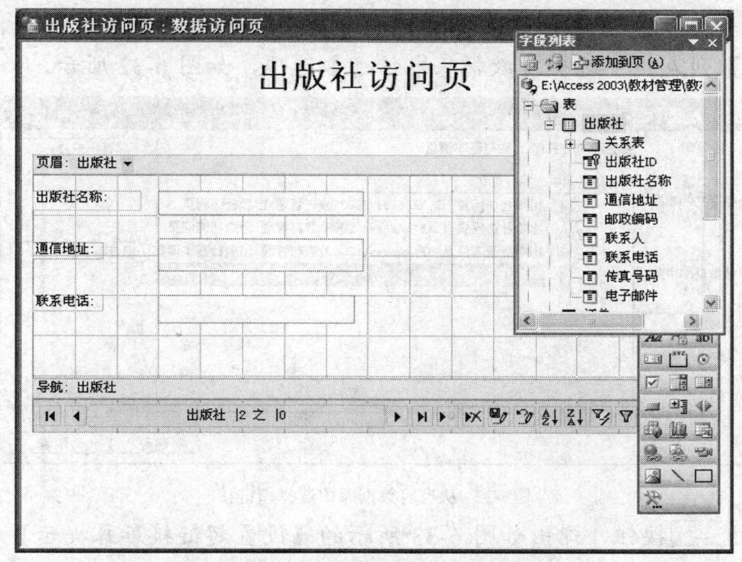

图6-29　“出版社访问页”设计视图

图6-30　添加超链接

4.　矩形框画完之后，松开鼠标左键，弹出【插入超链接】对话框，如图 6-31 所示。

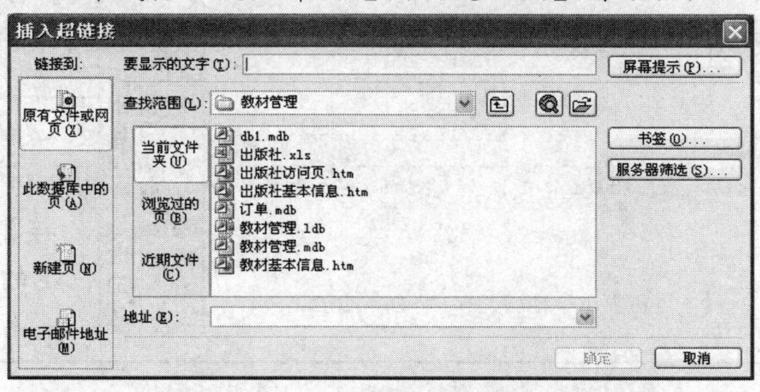

图6-31　【插入超链接】对话框

5. 在【插入超链接】对话框中，选择左侧的【此数据库中的页】选项，在【请在数据库中选择一页】列表框中选择【教材基本信息】选项，如图 6-32 所示。

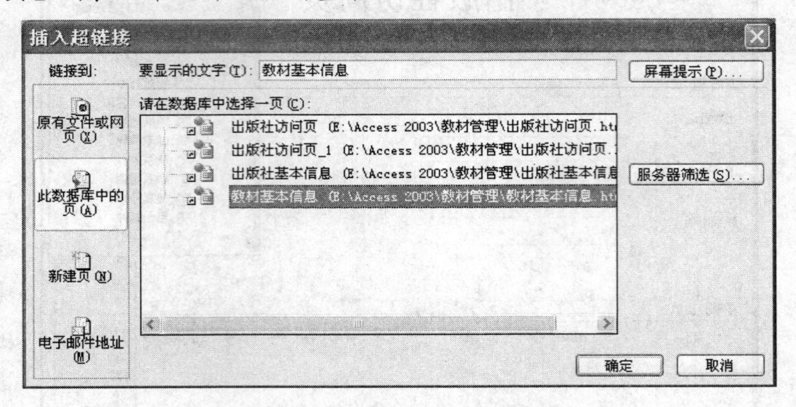

图6-32 从当前数据库中选择超链接

6. 单击[屏幕提示(P)...]按钮，弹出如图 6-33 所示的【设置超链接屏幕提示】对话框。在该对话框的【屏幕提示文字】文本框中输入“链接到教材基本信息数据访问页”。

图6-33 设置超链接屏幕提示

7. 单击[确定]按钮，返回【插入超链接】对话框，单击[确定]按钮，打开如图 6-34 所示的设计视图，在超链接处可以将其命名为“教材基本信息”。

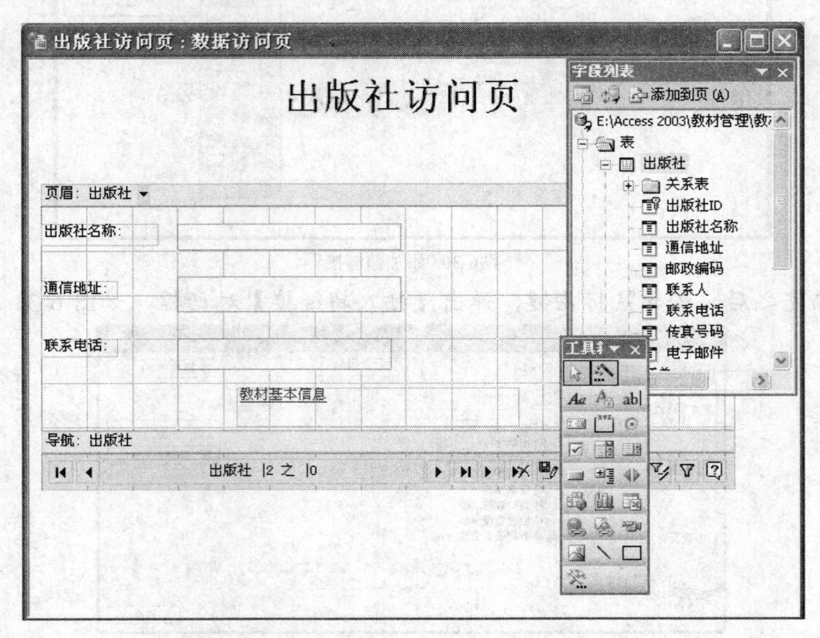

图6-34 命名超链接

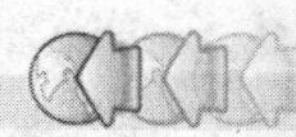

8. 单击按钮，保存“出版社访问页”，超链接创建成功。在“出版社访问页”数据访问页中进行查看，如图 6-35 所示。

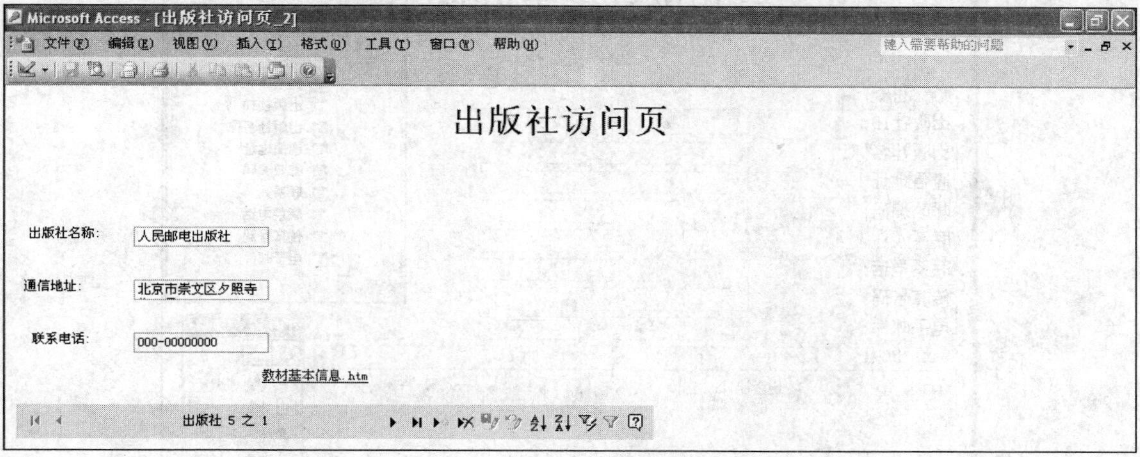

图6-35　超链接创建成功

> **说明**　只有 IE 4.0 及其以上版本才支持“自定义屏幕提示”功能，该功能为可选项，也可以不输入。另外，本数据库中的网页应存放在同一个文件夹中，否则可能会因为找不到网页文件而无法显示。

【知识链接】

从【插入超链接】对话框（见图 6-31）中可以看到，链接的目标有多种，包括原有文件或网页、此数据库中的页、新建页和电子邮件地址。如果选择【原有文件或网页】选项，则有 3 种选择文件或网页的方法，包括从当前文件夹、浏览过的页或近期文件中选择。然后就可以通过设置文档路径查找所需要的页文档，或者直接在【地址】组合框中输入文档的 URL 地址。

如果被插入超链接的数据访问页与插入超链接的数据访问页不在同一个数据库中，应选择【链接到】栏下面的【原有文件或网页】选项，并在路径中给出插入超链接的数据页的绝对路径地址。

【例6-2】　添加滚动文字。

滚动文字是网页中常见的元素，可以使网页更加生动。使用 Access 2003 数据访问页中的工具箱很容易在网页中添加滚动文字。下面以“教材管理”数据库中的“出版社基本信息”数据访问页为例，介绍添加滚动文字的方法。

【操作步骤】

1. 启动 Access 2003。
2. 打开“教材管理”数据库，在“教材管理”数据库窗口中，选择【页】选项并选择“出版社基本信息”数据访问页作为操作对象。
3. 单击设计(D)按钮，打开如图 6-36 所示的“出版社基本信息”设计视图。

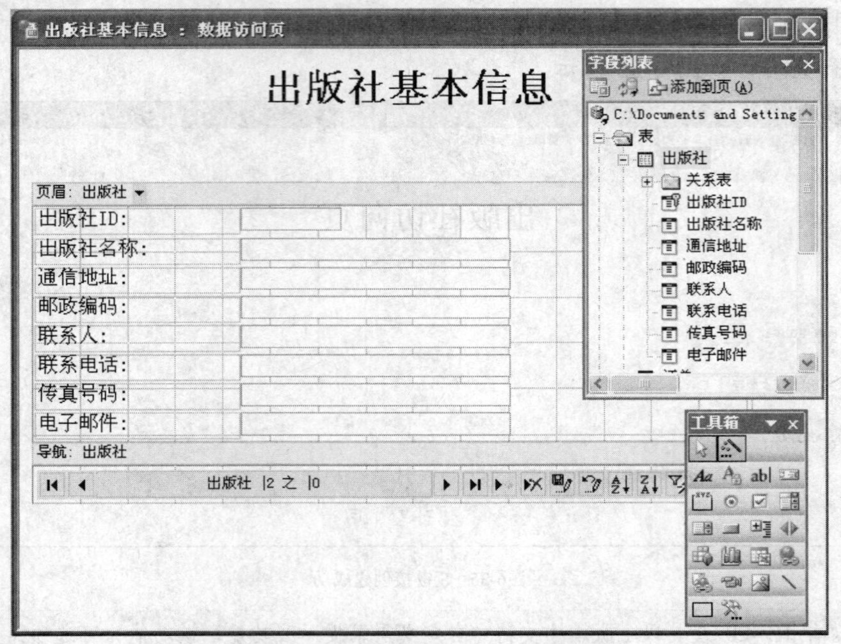

图6-36 “出版社基本信息”设计视图

4. 单击【工具箱】中的【滚动字幕】按钮，再将鼠标光标移到设计视图的适当位置，按住鼠标左键拖曳出用于放置滚动文字的文本框。单击文本框，出现插入点光标，进入文本插入状态，如图 6-37 所示，在该文本框中输入“这里有详细的出版社信息”。

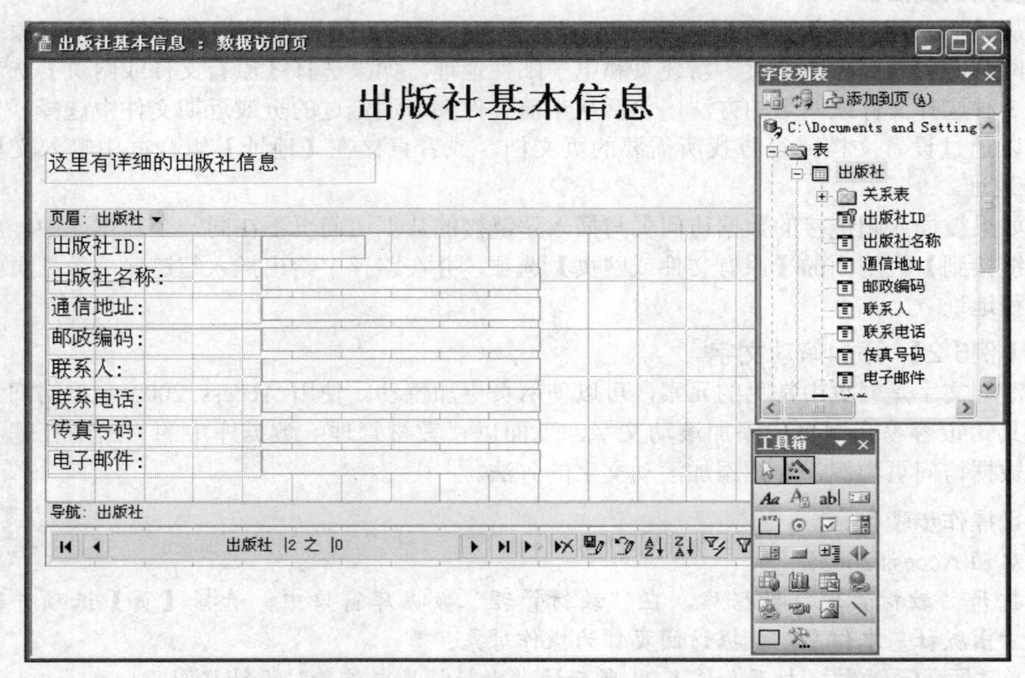

图6-37 “出版社基本信息”滚动文字添加

5. 输入完毕后，可以通过工具栏对输入的文字进行字体、大小和颜色的设置，如图 6-38 所示，本示例设置为【华文彩云】、【24pt】、【加粗】和【红色】效果。

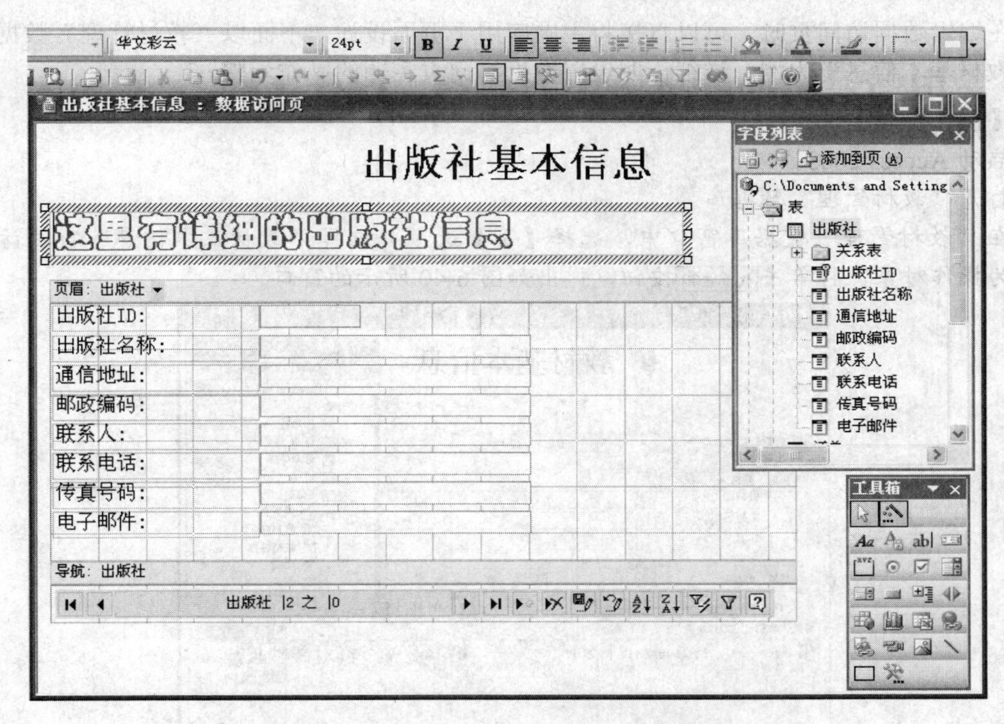

图6-38　“出版社基本信息”滚动文字字体设置

6. 单击按钮，将数据访问页保存。滚动文字效果添加成功，如图 6-39 所示。

出版社
出版社基本信息
这里有详细的出版社信息
出版社ID: 001
出版社名称: 人民邮电出版社
通信地址: 北京市崇文区夕照寺街14号
邮政编码: 100000
联系人: 小A
联系电话: 000-00000000
传真号码: 000-00000000
电子邮件: press@press1.com.cn
出版社 5 之 1

图6-39　“出版社基本信息”滚动文字效果

（二）　设置数据访问页主题

数据访问页的主题是 Access 2003 为用户提供的一组预先设置好格式的网格式模板，是为数据访问页提供字体、横线、项目符号、背景颜色、背景图像以及其他元素的统一设计和颜色方案的集合。

在编辑数据访问页时，可以直接将主题应用于页面设计，下面以“教材管理”数据库中的“教材基本信息”为例，详细说明设置数据访问页主题的操作步骤。

【操作步骤】

1. 启动 Access 2003。
2. 打开“教材管理”数据库。
3. 在“教材管理”数据库窗口中，选择【页】选项并选择“教材基本信息”数据访问页为操作对象，再单击设计(D)按钮，弹出如图 6-40 所示的窗口。

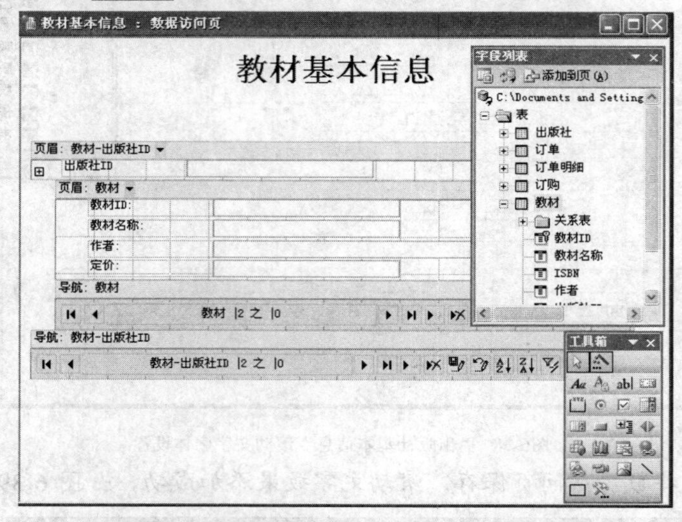

图6-40 教材基本信息窗口

4. 选择菜单栏中的【格式】/【主题】命令，打开如图 6-41 所示的【主题】对话框。

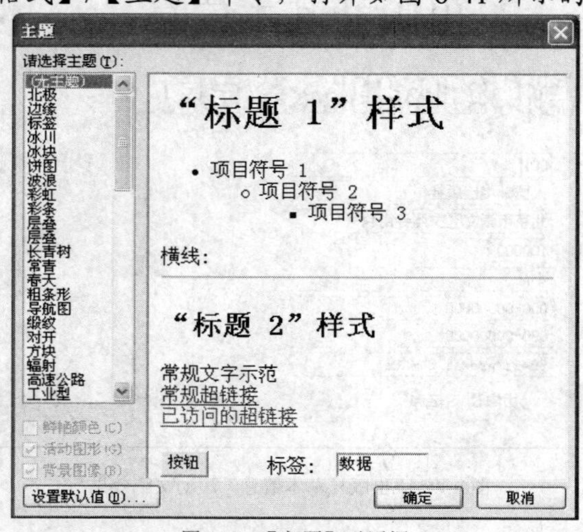

图6-41 【主题】对话框

> **说明**
> 要在 Access 2003 中使用主题功能，必须安装 Office 2003 的主题组件，否则 Access 会提示“无法显示可用主题”。

5. 在【主题】对话框中，选择【冰川】选项，单击确定按钮完成设置，效果如图 6-42 所示。

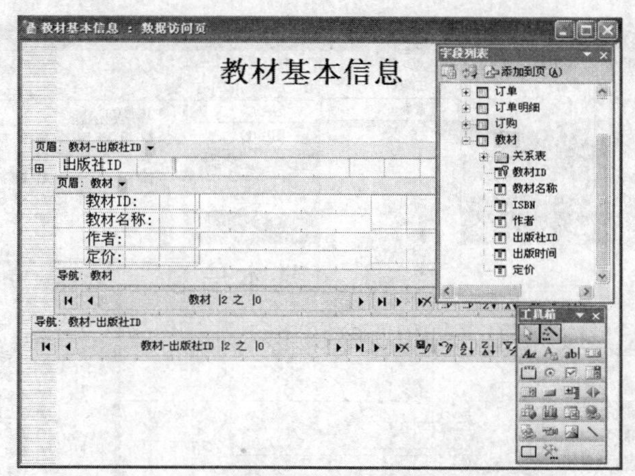

图6-42　主题设置成功

在选择所需要的主题时，可以根据需要对该列表框下方的复选框进行勾选或取消勾选。所选主题的效果可以在右侧窗格中进行浏览。

（三）　设置数据访问页的背景

在 Access 2003 中，为用户提供了设置数据访问页背景的功能。利用这一功能，用户可以在数据访问页中设置自定义的背景颜色和背景图片，从而使数据访问页更加美观。下面以“教材管理”数据库中的“出版社基本信息”为例，详细说明设置数据访问页背景颜色和背景图片的操作步骤。

【操作步骤】

1. 启动 Access 2003。
2. 打开“教材管理”数据库。
3. 在“教材管理”数据库窗口中，选择【页】选项并选择“出版社基本信息”数据访问页为操作对象，再单击 设计(D) 按钮，弹出如图 6-43 所示的窗口。

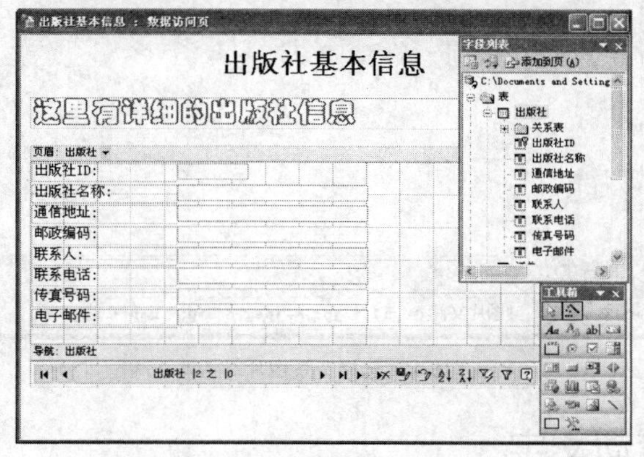

图6-43　出版社基本信息窗口

4. 选择菜单栏中的【格式】/【背景】/【颜色】命令，打开如图 6-44 所示的颜色列表，在该列表中选择所需要的颜色即可。

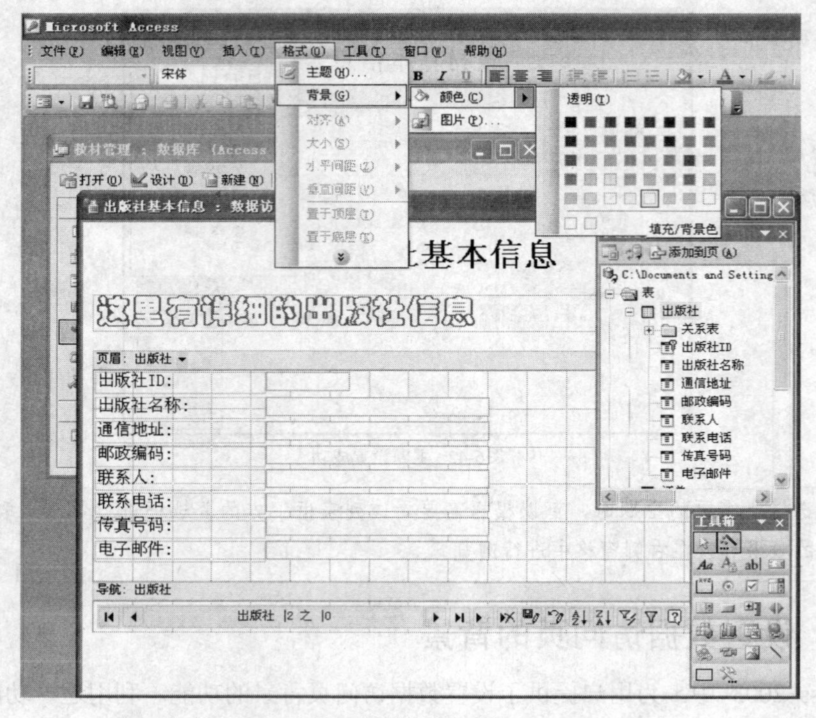

图6-44 背景颜色选择

5. 选择菜单栏中的【格式】/【背景】/【图片】命令，弹出如图 6-45 所示的【插入图片】对话框。在该对话框中，选择图片后单击 插入(I) 按钮即可。

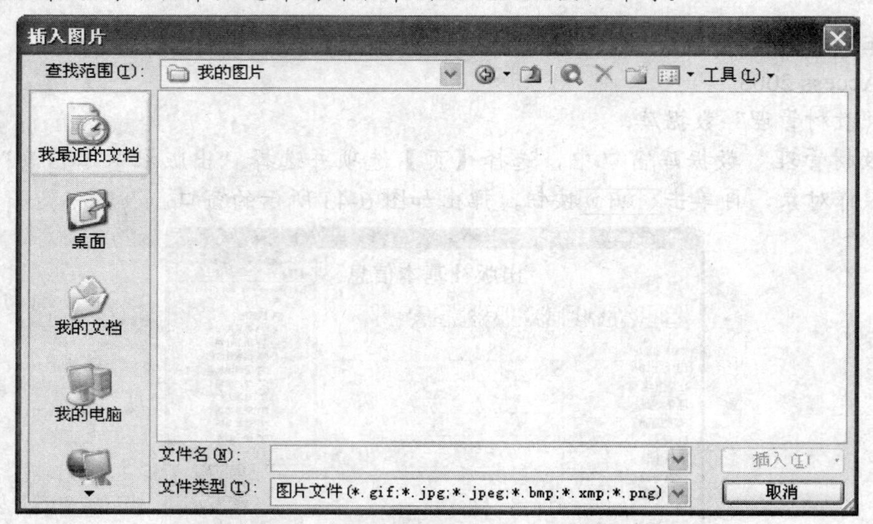

图6-45 选择背景图片对话框

（四） 设置滚动文字

前面已经介绍了如何添加滚动文字，下面在前面例子的基础上继续对滚动文字属性的设置进行讲解。

【操作步骤】

1. 启动 Access 2003。
2. 打开“教材管理”数据库，在“教材管理”数据库窗口中，选择【页】选项并选择“出版社基本信息”数据访问页为操作对象，再单击设计(D)按钮，打开“出版社基本信息”设计视图（见图 6-36）。
3. 在滚动文字文本框区域中双击鼠标，弹出如图 6-46 所示的滚动文字属性对话框。在该对话框中，可以设置滚动文字的属性，也可以设置文本的内容。这些属性包括文本框的背景颜色、文字颜色、文字大小和滚动方式等。

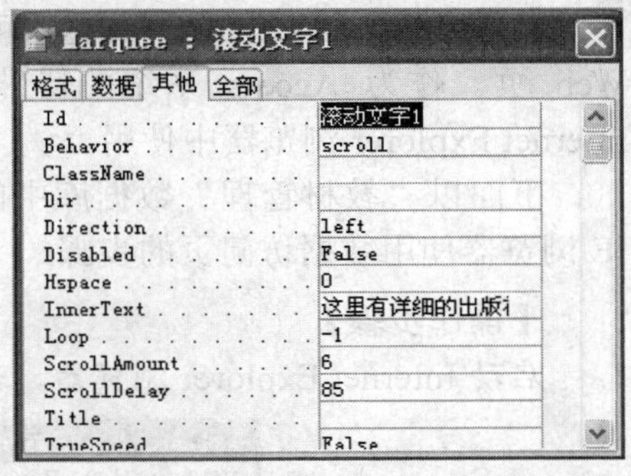

图6-46　“出版社基本信息”滚动文字属性设置

【知识链接】

在【Behavior】选项中有 3 个不同的属性值，分别对应不同的滚动功能（见表 6-1）。

表 6-1　　Behavior 属性值及功能

属性值	功能
Scroll	在控件中连续滚动
Slide	从文字的开始处滑动到控件的另一边，然后保持在屏幕上
Alternate	从文字的开始处到控件的另一边来回滑动，并且总是保持在屏幕上

（五）　数据访问页的修改

数据访问页的修改主要是指在原来的网页中增加或删除控件、修改控件的位置及大小、修改显示内容等。

(1)　增加或删除控件。增加控件与使用设计视图创建数据访问页时向设计视图上添加控件相同，有多种实现的方法。例如可以用鼠标直接从数据源的字段列表中将字段拖曳到设计视图中，也可以通过工具箱添加控件，然后与数据表或查询链接。

删除某个控件，只要先选择该控件，再按键盘上的【Delete】键即可。

(2)　修改控件。控件的修改主要是对控件内容以及控件位置的修改。控件内容的修改是针对标题内容少、位置没有居中不美观等问题。可以在打开数据访问页的设计视图后，对标题标签内容等进行修改。修改控件的位置需要先将鼠标光标放在要移动的控件上，当鼠标光标变为张开的手形时，按住鼠标左键拖曳将控件移到合适的位置即可。

任务三　使用数据访问页

数据访问页创建成功后，可以利用 Internet Explorer 浏览器使用它，也可以直接在 Access 系统中使用它。

（一） 利用 IE 浏览器使用数据访问页

利用 Internet Explorer 浏览器可以打开 Internet 上的 Web 页，也可以打开本地机上的 Web 页。作为 Access 系统的特殊数据库对象——数据访问页（Web 页），同样可以在 Internet Explorer 浏览器中使用。

下面以“教材管理”数据库中的“出版社基本信息”数据访问页为例，详细介绍利用 IE 浏览器使用数据访问页的步骤。

【操作步骤】

1. 启动 Internet Explorer 浏览器，如图 6-47 所示。

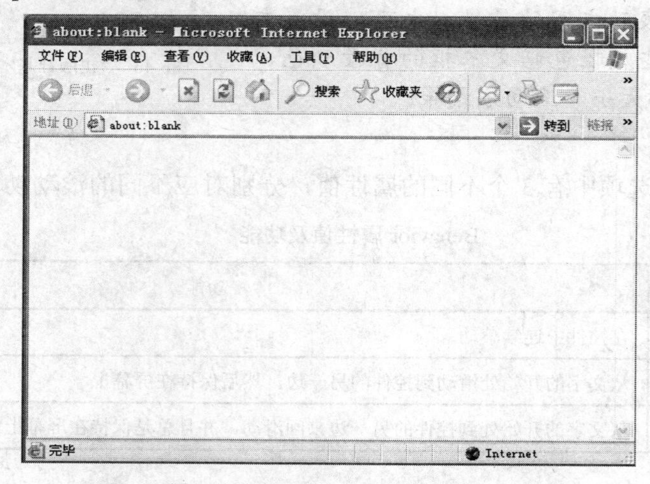

图6-47 Internet Explorer 浏览器窗口

2. 在 IE 窗口中，选择菜单栏中的【文件】/【打开】命令，打开【打开】对话框，如图 6-48 所示。
3. 在【打开】对话框中，单击浏览(R)...按钮，弹出如图 6-49 所示的对话框。

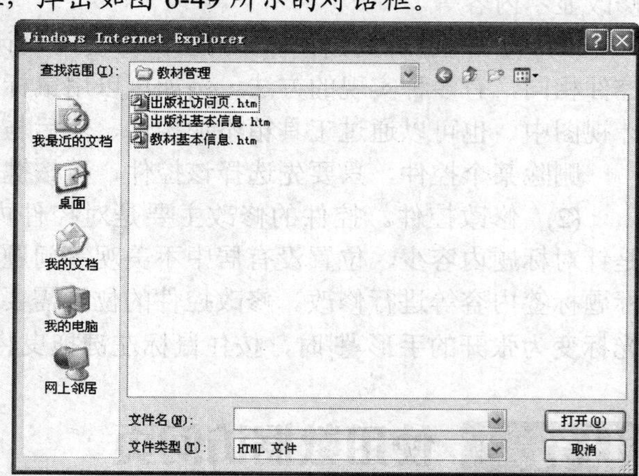

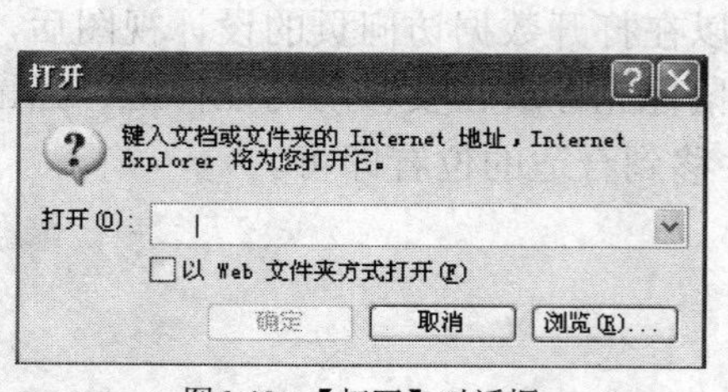

图6-48 【打开】对话框

图6-49 选择数据访问页对话框

4. 在该对话框中，选择【出版社基本信息】选项，然后单击打开(O)按钮，即完成利用 Internet Explorer 浏览器使用数据访问页的操作，效果如图 6-50 所示。

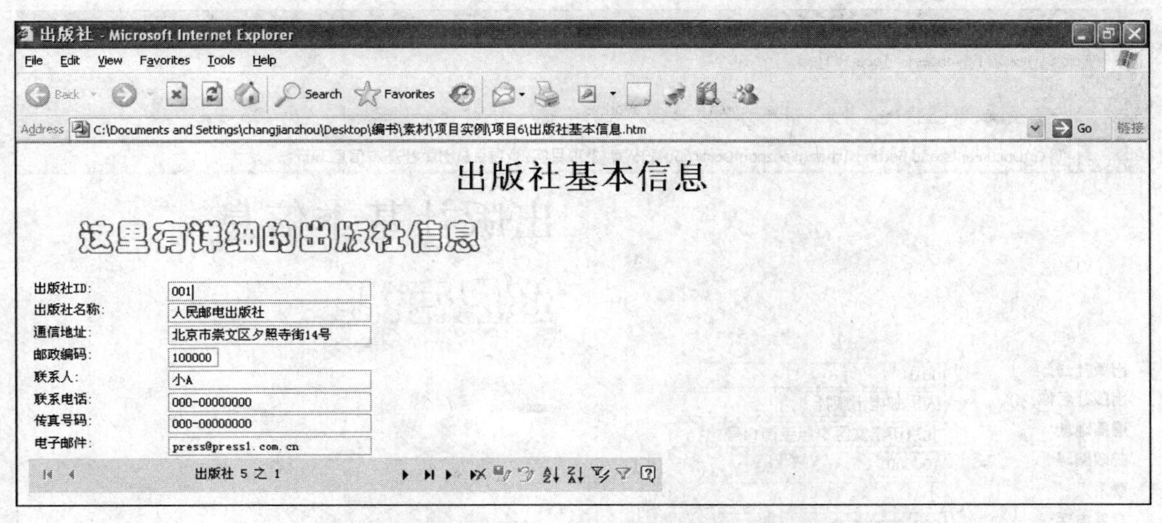

图6-50　利用 Internet Explorer 打开数据访问页的效果图

说明：在用 Internet Explorer 显示时，如果弹出限制此文件的提示，则在警告上面单击鼠标右键，从打开的快捷菜单中选择【允许阻止的内容】命令即可。

（二）　利用 Access 使用数据访问页

在 Access 系统中，同样可以使用数据访问页，其机制可以说是窗体对象在 Internet 上的延伸。数据访问页的设计方法与窗体的设计方法很相似，数据访问页的浏览、发布信息数据的方法与在窗体上浏览、发布信息的方法也很相似。因此 Access 也可以作为一种特殊的格式窗体在本地机上使用。

下面以“教材管理”数据库中的“出版社基本信息”数据访问页为例，详细介绍利用 Access 使用数据访问页的步骤。

【操作步骤】

1. 打开数据访问页所在的文件夹，如图 4-51 所示。

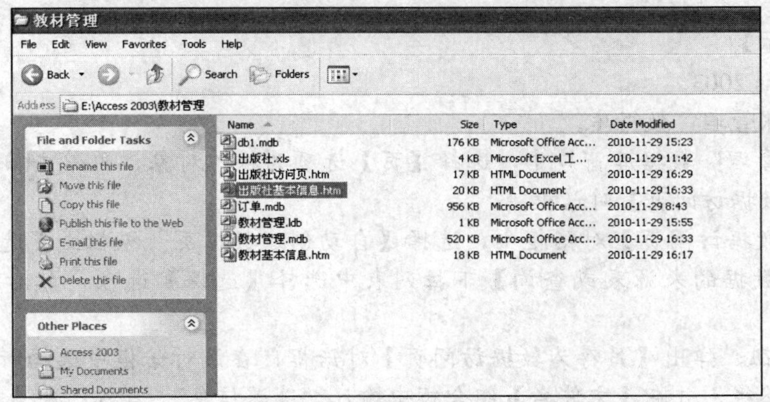

图6-51　数据访问页所在文件夹

2. 双击要打开的数据访问页，进入浏览器（通常为 Internet Explorer）窗口，如图 6-52 所示。

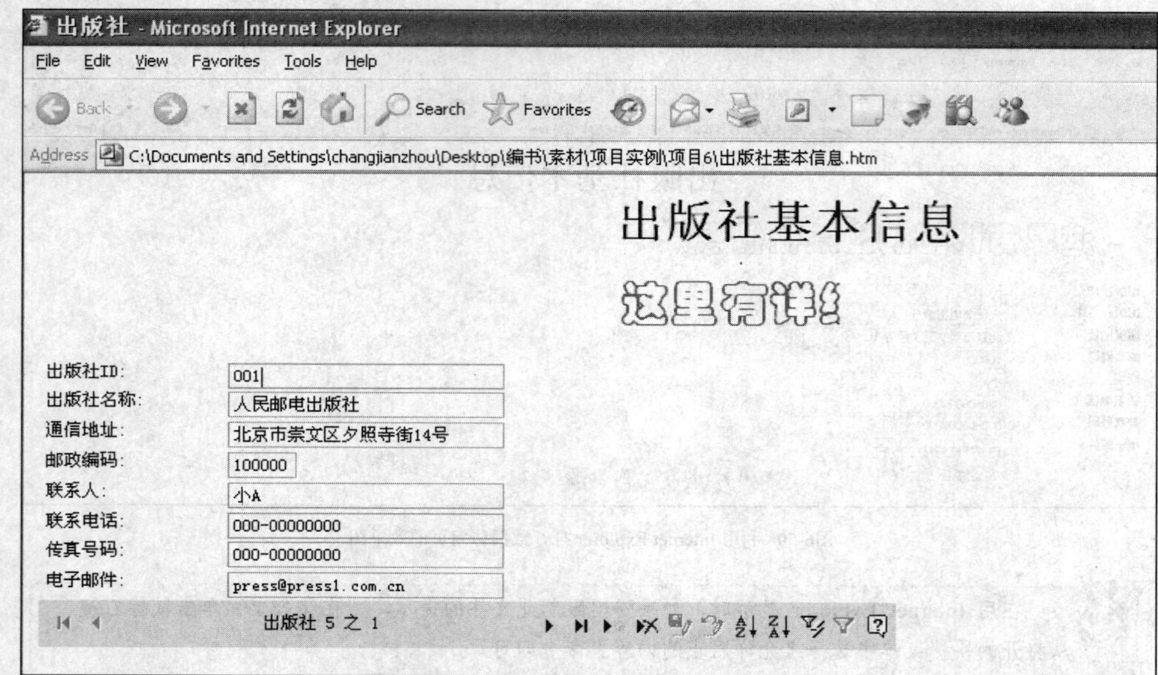

图6-52 利用 Access 打开“出版社基本信息”数据访问页

此处需要把 Internet Explorer 设置为默认浏览器，具体设置方法不属于本书的讲解范围。若没有把 Internet Explorer 设置为默认浏览器，则会使用操作系统的默认浏览器打开相应的访问页。

实训一 自动创建“选课信息”数据访问页

【实训要求】

在“选课管理”数据库中，使用“自动创建数据访问页”创建“选课信息”表的数据访问页。

【步骤提示】

1. 启动 Access 2003。
2. 打开“选课管理”数据库。
3. 在“选课管理”数据库窗口中，选择【页】选项为操作对象，再单击新建(N)按钮，弹出【新建数据访问页】对话框。
4. 在【新建数据访问页】对话框中，选择【自动创建数据页：纵栏式】选项，在【请选择该对象数据的来源表或查询】下拉列表中选择【选课】选项，然后单击确定按钮。
5. 单击按钮，弹出【另存为数据访问页】对话框，在该对话框中选择新建的数据访问页的存放路径，并在【文件名】组合框中输入“选课信息”。单击保存(S)按钮，“选课信息”数据访问页创建成功。

实训二　使用数据页向导创建“课程基本信息”数据访问页

【实训要求】

在“选课管理”数据库中，使用“数据页向导”创建“课程”表的数据访问页。

【步骤提示】

1. 启动 Access 2003。
2. 打开“选课管理”数据库。
3. 在“选课管理”数据库窗口中，选择【页】选项为操作对象，再单击 新建(N) 按钮，弹出【新建数据访问页】对话框。
4. 在【新建数据访问页】对话框中，选择【数据页向导】选项，在【请选择该对象数据的来源表或查询】下拉列表中选择【课程】选项，然后单击 确定 按钮。
5. 在【表/查询】下拉列表中选择【表：课程】选项，在【可用字段】列表框中选择“课程 ID”、“课程名称”、“课程性质”、“学时”、“学分”和“开课学期”6 个字段分别加入到【选定字段】列表框中。
6. 单击 下一步(N) > 按钮，弹出【数据页向导】对话框，使用“课程性质”字段作为分组依据，选择“课程性质”字段，然后单击 > 按钮。
7. 单击 下一步(N) > 按钮，打开下一个对话框，此处在第一个下拉列表中选择【课程 ID】选项。
8. 单击 下一步(N) > 按钮，打开下一个对话框，在【请为数据页指定标题】文本框中输入“课程基本信息”，选中【打开数据页】单选按钮，单击 完成(F) 按钮。
9. 单击 按钮，弹出【另存为数据访问页】对话框，在【文件名】文本框中输入“课程基本信息”。单击 保存(S) 按钮，使用向导创建数据访问页成功，效果如图 6-53 所示。

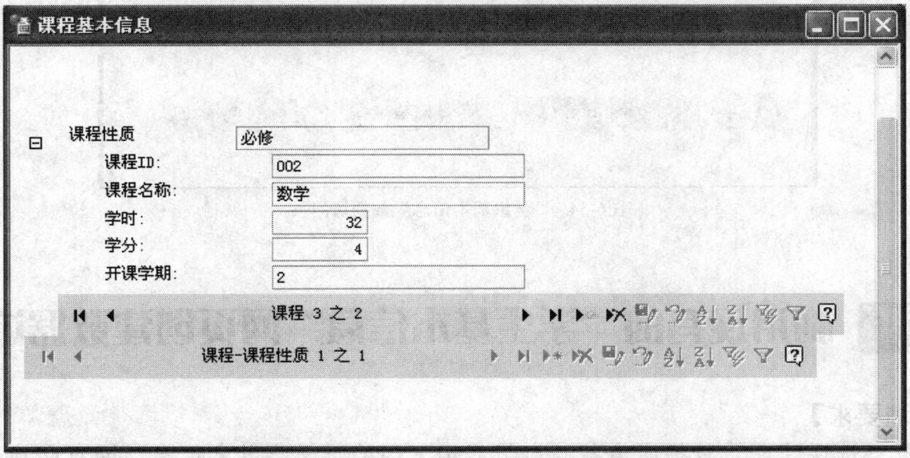

图6-53　“课程基本信息”数据访问页

实训三 在设计视图中创建“学生基本信息”数据访问页

【实训要求】

在“选课管理”数据库中，使用设计视图创建“学生基本信息”数据访问页。

【步骤提示】

1. 启动 Access 2003。
2. 打开“选课管理”数据库。
3. 在“选课管理”数据库窗口中，选择【页】选项为操作对象，再单击 新建(N) 按钮，弹出【新建数据访问页】对话框。
4. 在【新建数据访问页】对话框中，选择【设计视图】选项，在【请选择该对象数据的来源表或查询】下拉列表中选择【学生】选项，然后单击 确定 按钮，弹出警告对话框。
5. 单击 确定 按钮，进入数据访问页的设计视图。在【单击此处并键入标题文字】位置单击鼠标左键，并为数据访问页输入标题文本。在此输入“学生基本信息”。
6. 从【字段列表】窗格中选中数据访问页所需要的字段，并按住鼠标左键，将字段拖曳到页面上。这里添加“学号”、“姓名”、“入学年份”和“专业”字段。
7. 单击 按钮，弹出【另存为数据访问页】对话框，将【文件名】设置为“学生基本信息”。单击 保存(S) 按钮，弹出警告对话框，单击 确定 按钮，使用“设计视图”创建数据访问页成功，效果如图 6-54 所示。

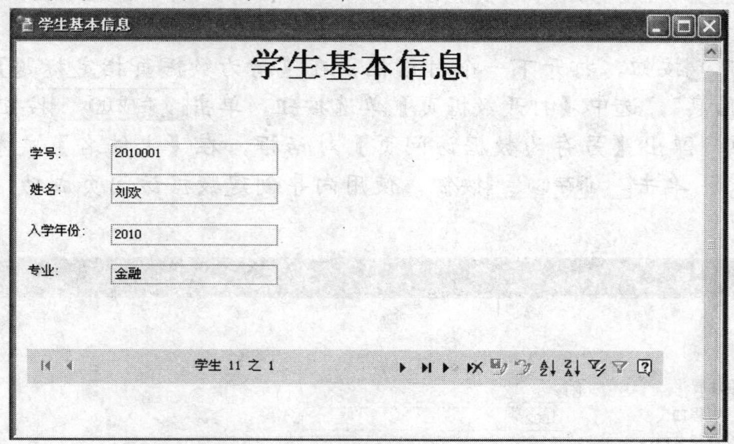

图6-54 “学生基本信息”数据访问页

实训四 利用现有的“学生基本信息”网页创建数据访问页

【实训要求】

以“选课管理”数据库为基础，将实训三中的“学生基本信息”网页转换为新的数据访问页。

【步骤提示】

1. 启动 Access 2003。
2. 打开“选课管理”数据库。
3. 在“选课管理”数据库窗口中，选择【页】选项为操作对象，再单击新建(N)按钮，弹出【新建数据访问页】对话框。
4. 单击确定按钮，在弹出的对话框中选择【学生基本信息】选项。
5. 单击打开(O)按钮，弹出【学生基本信息_1：数据访问页】窗口。
6. 单击保存按钮，将数据访问页保存，在“选课管理”数据库的【页】对象中会增加一条“学生基本信息_1”数据访问页，利用现有网页创建数据访问页成功，效果如图 6-55 所示。

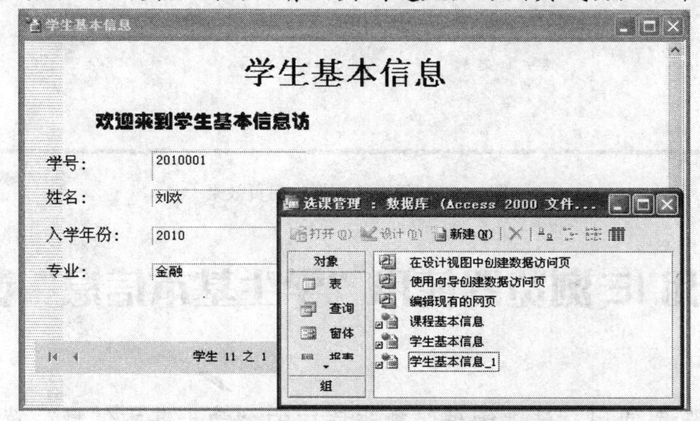

图6-55　“学生基本信息_1”数据访问页

实训五　对“学生基本信息”数据访问页进行编辑

【实训要求】

以“选课管理”数据库中的“学生基本信息”数据访问页为基础，对该页进行编辑，添加滑动文字和主题，具体内容根据个人喜好设定，并无严格要求。

【步骤提示】

1. 启动 Access 2003。
2. 打开“选课管理”数据库，在“选课管理”数据库窗口中，选择【页】选项并选择“学生基本信息”数据访问页为操作对象，再单击设计(D)按钮，打开【学生基本信息】的设计视图。
3. 单击【工具箱】中的滚动文字按钮，将鼠标光标移到设计视图的适当位置，按住鼠标左键拖曳滚动文字的文本框。单击文本框，进入文本插入状态，在文本框中输入“欢迎来到学生基本信息访问页”。
4. 通过【工具箱】中的工具按钮对滚动文字进行字体、大小和颜色的设置，设置为【华文琥珀】、【14pt】和【蓝色】效果。
5. 单击保存按钮，将数据访问页保存。滚动文字效果添加成功。
6. 选择菜单栏中的【格式】/【主题】命令，打开【主题】对话框。
7. 选择【冰川】选项，单击确定按钮完成设置，效果如图 6-56 所示。

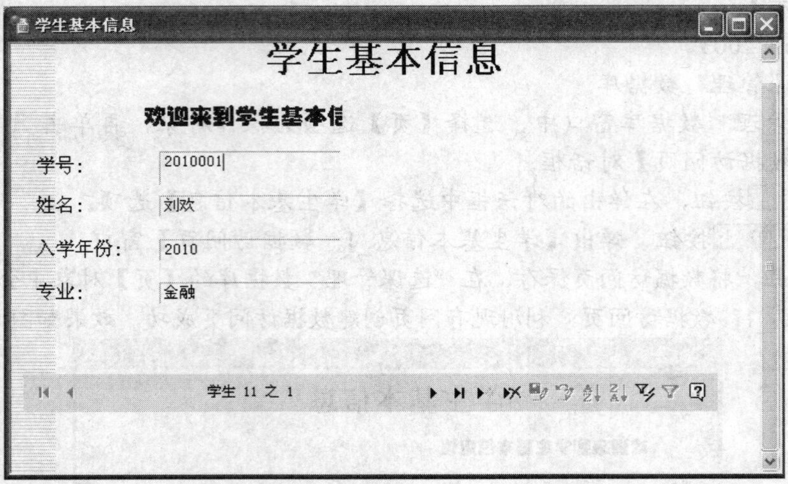

学生基本信息

学生基本信息

欢迎来到学生基本信

学号: 2010001

姓名: 刘欢

入学年份: 2010

专业: 金融

学生 11 之 1

图6-56 编辑后的数据访问页效果

实训六 利用 IE 浏览器使用“学生基本信息”数据访问页

【实训要求】

利用 IE 浏览器使用“选课管理”数据库中的“学生基本信息”数据访问页。

【步骤提示】

1. 启动 Internet Explorer 浏览器。
2. 选择菜单栏中的【文件】/【打开】命令，打开【打开】对话框。
3. 在【打开】对话框中，单击 浏览(B)... 按钮，弹出选择数据访问页对话框（见图 6-49）。
4. 在选择数据访问页对话框中，选择【学生基本信息】选项，单击 打开(O) 按钮，即完成利用 Internet Explorer 浏览器使用数据访问页的操作，效果如图 6-57 所示。

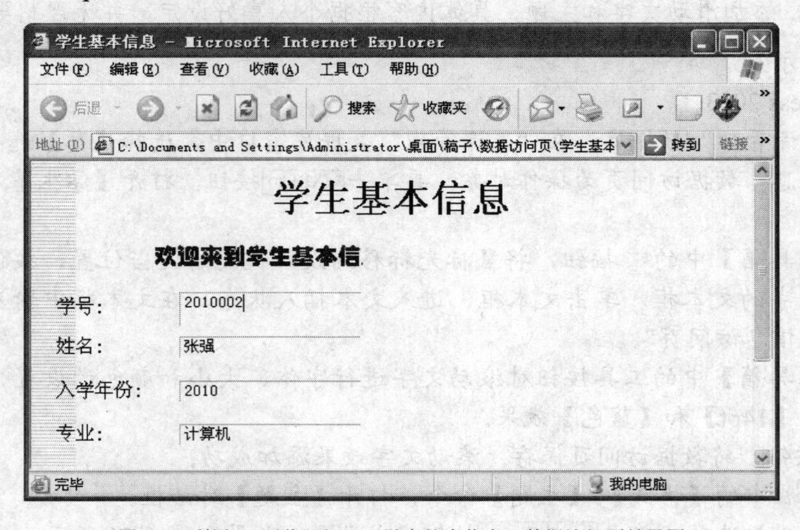

图6-57 利用 IE 浏览器打开“学生基本信息”数据访问页效果图

实训七　利用 Access 使用“课程基本信息”数据访问页

【实训要求】

利用 Access 使用“选课管理”数据库中的“课程基本信息”数据访问页。

【步骤提示】

1. 打开数据访问页所在的文件夹。
2. 双击“课程基本信息”数据访问页，进入 Internet Explorer 窗口即可打开该数据访问页（若 Internet Explorer 不是默认浏览器，需将其设置为默认浏览器）。

项目拓展　“网上书店”数据库中数据访问页的创建与使用

【实训要求】

- 在“网上书店”数据库中，分别使用数据访问页向导和设计视图创建出版社与图书的数据访问页。
- 编辑图书数据访问页使其具有一个链接到出版社数据访问页的超链接以及滚动文字。
- 利用 Access 打开图书数据访问页。

【步骤提示】

1. 使用数据访问页向导创建“出版社”数据访问页。
2. 使用设计视图创建“图书”数据访问页。
3. 在图书数据访问页中创建一个超链接。
4. 将超链接的地址指向出版社数据访问页。
5. 在图书数据访问页中创建滚动文字。
6. 在数据访问页文件夹中打开图书数据访问页。

思考与练习

一、简答题

1. 简述数据访问页与窗体的不同之处。
2. 数据访问页分为哪几种类别？
3. 数据访问页有哪几种视图方式？
4. 数据访问页特有的控件有哪些？主要功能分别是什么？
5. 如何在 Internet 中访问创建的数据访问页？
6. 如何设置数据访问页的页面属性？
7. 利用 Internet Explorer 浏览器和 Access 2003 打开数据访问页的不同之处是什么？

二、操作题

1. 在“员工工资管理”数据库中使用数据访问页向导创建“员工”数据访问页。
2. 在“员工工资管理”数据库中使用设计视图创建“工资”数据访问页。
3. 在“员工工资管理”数据库中编辑“员工”数据访问页的主题（主题自定）。
4. 在“员工工资管理”数据库中编辑“工资”数据访问页的背景颜色。
5. 在“员工工资管理”数据库中利用 Internet Explorer 浏览器打开“工资”数据访问页。
6. 在“员工工资管理”数据库中利用 Access 打开“员工”数据访问页。

项目七

宏的创建与使用

宏是 Access 2003 中的一种特殊的对象，是操作的组合。应用宏可以将数据库中的表、查询、窗体、报表和页等基本对象有机地结合起来，用一个命令完成多个操作，这样可以最大限度地减少那些经常重复的操作过程，给数据库管理人员带来了极大的便利，多个宏的操作还可以用宏组来实现。

本项目将以“教材管理”数据库为例，详细讲解宏与宏组的创建与使用方法。图 7-1 所示为利用“宏设计视图”创建的宏的效果图，图 7-2 所示为在窗体中创建的宏的效果图，图 7-3 所示为创建的宏组的示例。

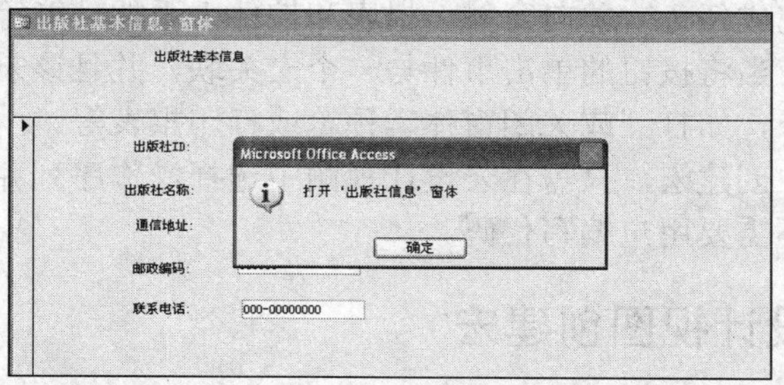

图7-1 利用“宏设计视图”创建宏的效果

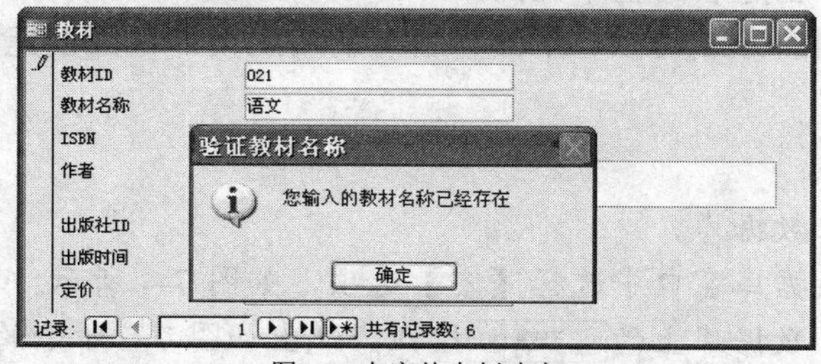

图7-2 在窗体中创建宏

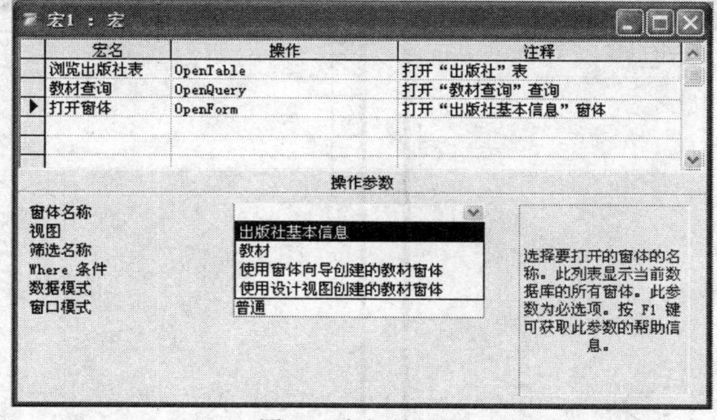

图7-3 宏组效果图

学习目标

掌握用“宏设计视图”创建宏的方法。
掌握在窗体中创建宏的方法。
熟悉建立宏和对象的链接方法。
掌握建立宏组的方法。
掌握直接运行宏或宏组的方法。
掌握触发事件运行宏的方法。
掌握运行宏组中的宏的方法。

任务一 创建宏

宏是一种工具，是一个或多个操作的集合，其中的每个操作都能够自动地实现特定的功能。可以用宏来自动完成任务，并向窗体、报表和控件中添加功能等。例如，如果向窗体中添加一个命令按钮，应当将按钮的单击事件与一个宏关联，并且该宏应当包含该按钮每次被单击时所要执行的命令，如打开或关闭窗体、预览或打印报表等。

在 Access 2003 中创建宏，只需在宏设计视图中选择操作序列并设定相关参数，还可以设定宏名和条件，并不需要用户编写代码。

（一） 用宏设计视图创建宏

宏设计视图是用户创建宏的基本界面，打开宏设计视图的方法与打开 Access 2003 数据库中其他对象设计视图的方法类似，下面详细讲解用宏设计视图创建宏的方法。

【操作步骤】

1. 启动 Access 2003。
2. 打开“教材管理”数据库。
3. 在“教材管理”数据库窗口中选择【宏】选项，如图 7-4 所示。
4. 单击“教材管理”数据库上的 新建(N) 按钮，弹出如图 7-5 所示的“宏”设计视图。

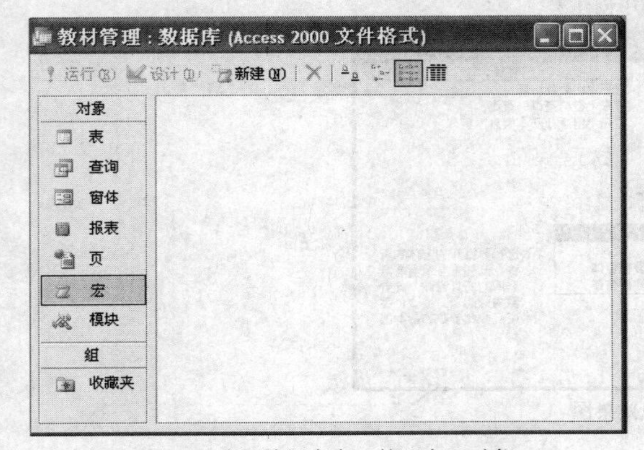

图7-4 选择数据库窗口的“宏”对象

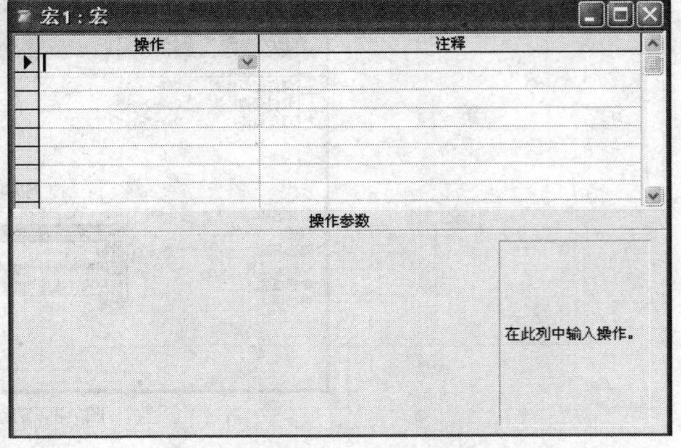

图7-5 “宏”设计视图

5. 在“宏”设计视图中，单击【操作】列下的第 1 行单元格，这时会自动打开操作功能下拉列表，从中选择【OpenForm】选项（该操作的功能是打开窗体），这是该宏的第 1 个操作，然后在其右侧的单元格中输入备注信息，说明该宏的功能，以便日后维护，如图 7-6 所示。
6. 这时，“宏”设计视图的操作参数区显示打开窗体操作有关的操作参数列表，如图 7-7 所示。

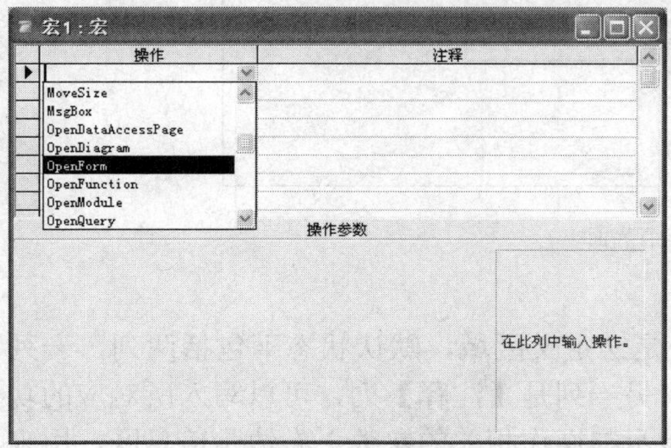

图7-6　由操作列表选择操作

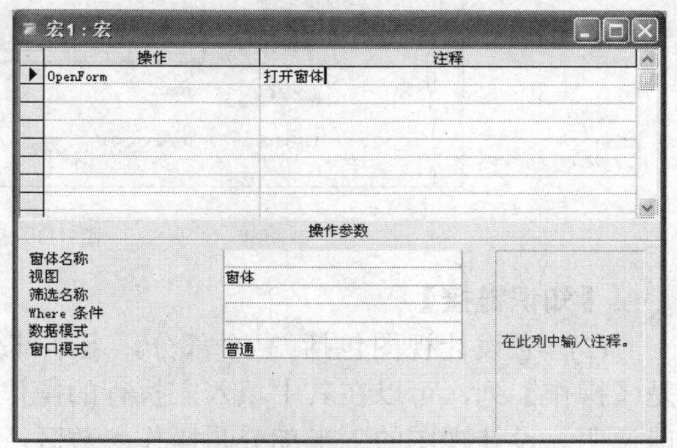

图7-7　显示操作参数列表

7. 单击【窗体名称】文本框会显示一个按钮。单击按钮，从打开的下拉列表中选择【出版社基本信息】窗体（见项目四中的图 4-40），如图 7-8 所示。
8. 单击【操作】列的第 2 行单元格，从打开的操作功能下拉列表中选择【MsgBox】选项（该操作的功能是弹出消息对话框），然后在其右侧的单元格中输入相应的备注信息。在【消息】文本框中输入“打开‘出版社信息’窗体”，在【类型】下拉列表中选择【信息】选项，如图 7-9 所示。

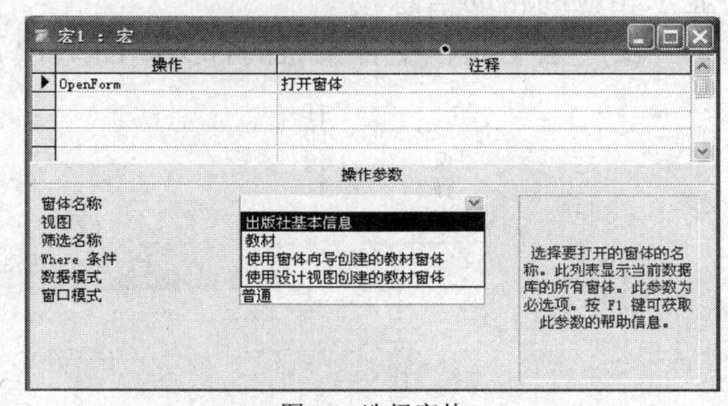

图7-8　选择窗体

9. 单击 Access 工具栏上的按钮，弹出如图 7-10 所示的【另存为】对话框，在【宏名称】文本框中输入“出版社窗体消息宏”。

图7-9　消息对话框

图7-10　输入宏名称

10. 单击 确定 按钮，保存所创建的宏。至此，宏创建完毕。

11. 单击工具栏上的![]按钮运行宏，运行界面如图 7-11 所示。

图7-11 宏运行界面

【知识链接】

(1) 宏设计视图包括 3 个部分，上半部分是宏定义区域，默认状态下包括两列，一列是【操作】列，可以在其中填入宏执行的操作。另一列是【注释】列，可以写入所对应的功能说明。设计视图的下半部分是操作参数区，显示与操作相关的参数；右边是信息区，用来显示相应的帮助信息。

(2) 宏工具栏中各按钮的含义如图 7-12 所示。

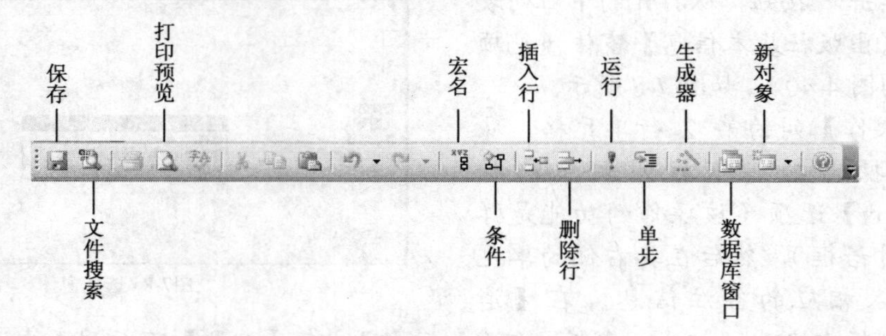

图7-12 宏工具栏中各按钮的含义

（二） 在窗体中创建宏

使用设计视图创建宏可以很好地实现用户的需求。但是在实际应用中，宏与窗体和报表等是紧密联系的，例如单击窗体中的某一个按钮或对窗体中的某个控件进行操作时，就会自动执行预先定义的宏和宏组，所以在窗体中创建宏是一种更为实用的方法。

下面以“教材管理”数据库为例，在“教材”窗体中创建一个宏。其功能是，当在“教材”窗体中输入相同的教材名称时，就会弹出消息提示。

【操作步骤】

1. 启动 Access 2003。
2. 打开“教材管理”数据库，在【对象】栏中选择【窗体】选项。
3. 选择“教材”窗体，单击![设计(D)]按钮，打开“教材”窗体的设计视图，如图 7-13 所示。
4. 在【教材名称】文本框中单击鼠标右键，从弹出的快捷菜单中选择【属性】命令，打

开【文本框：教材名称】对话框，单击【事件】选项卡，如图 7-14 所示。在【事件】选项卡中，左侧列出了所有可能响应的事件，在右边的文本框中可以填写或选择需要做出响应的宏名。

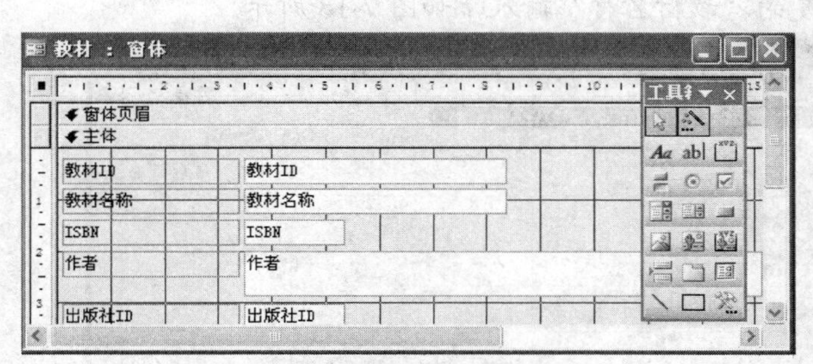

图7-13　“教材”窗体的设计视图

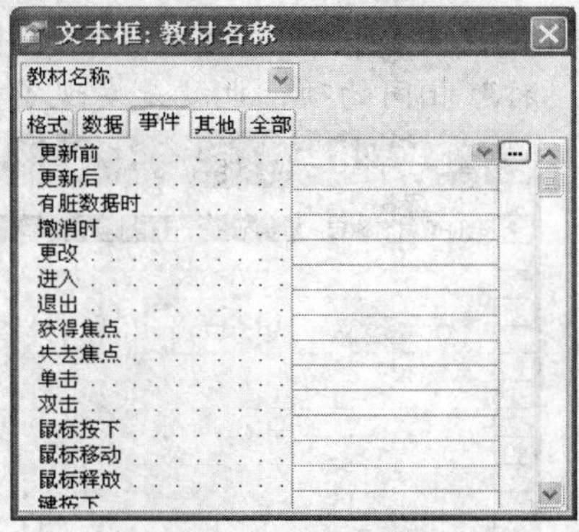

图7-14　【事件】选项卡

5. 把鼠标光标定位在【更新前】文本框中，该文本框右侧会显示…按钮，单击…按钮会弹出如图 7-15 所示的【选择生成器】对话框。
6. 在【选择生成器】对话框中，选择【宏生成器】选项，单击确定按钮，弹出【另存为】对话框，在【宏名称】文本框中输入“验证教材名称宏”，如图 7-16 所示，然后单击确定按钮。

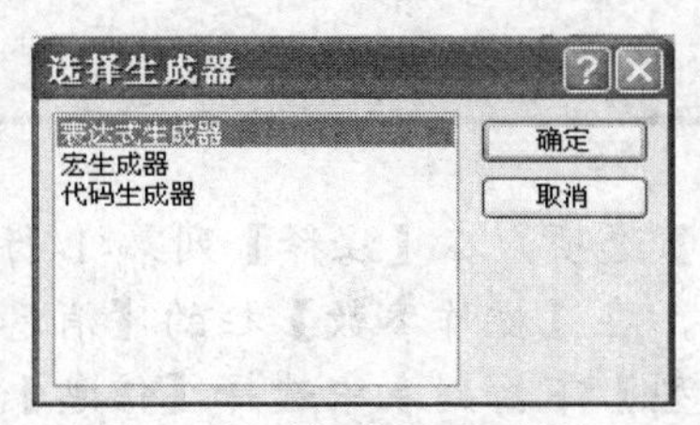

图7-15　【选择生成器】对话框

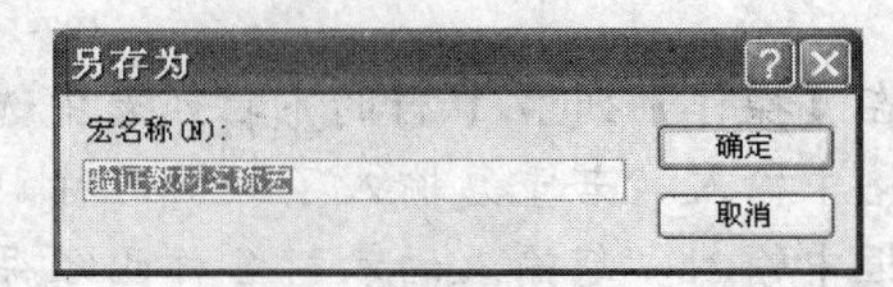

图7-16　【另存为】对话框

7. 单击 Access 工具栏中的【宏名】按钮和【条件】按钮，在宏设计视图中添加【宏名】和【条件】列，如图 7-17 所示。

图7-17　添加【宏名】和【条件】按钮的宏设计视图

下面设计宏的第 1 个操作，即搜索客户窗体中所有教材的名称。

8. 在【宏名】文本框中输入宏名称“验证教材名称宏”。在【条件】文本框中输入“DLookUp("[教材名称]","[教材]","[教材名称]=Form.[教材名称]") Is Not Null”，其含义是搜索数据库“教材”窗体中所有的“教材名称”项，发现了与刚输入的“教材名称”相同的项，也就是发现了重复的“教材名称”输入，如图 7-18 所示。

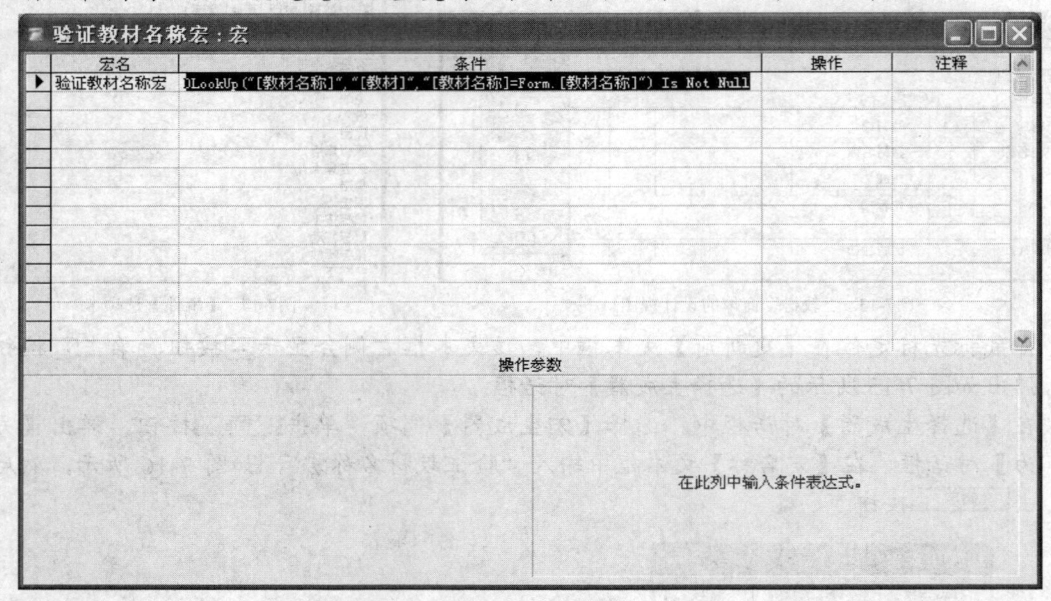

图7-18 输入宏名和条件

9. 在【操作】列第 1 行的下拉列表中选择【MsgBox】选项，在【注释】列第 1 行的单元格中输入“若重复输入了教材名称，弹出消息框”，在【操作参数】栏的【消息】文本框中输入“您输入的教材名称已经存在”，在【类型】下拉列表中选择【信息】选项，在【标题】文本框中输入“验证教材名称”，如图 7-19 所示。

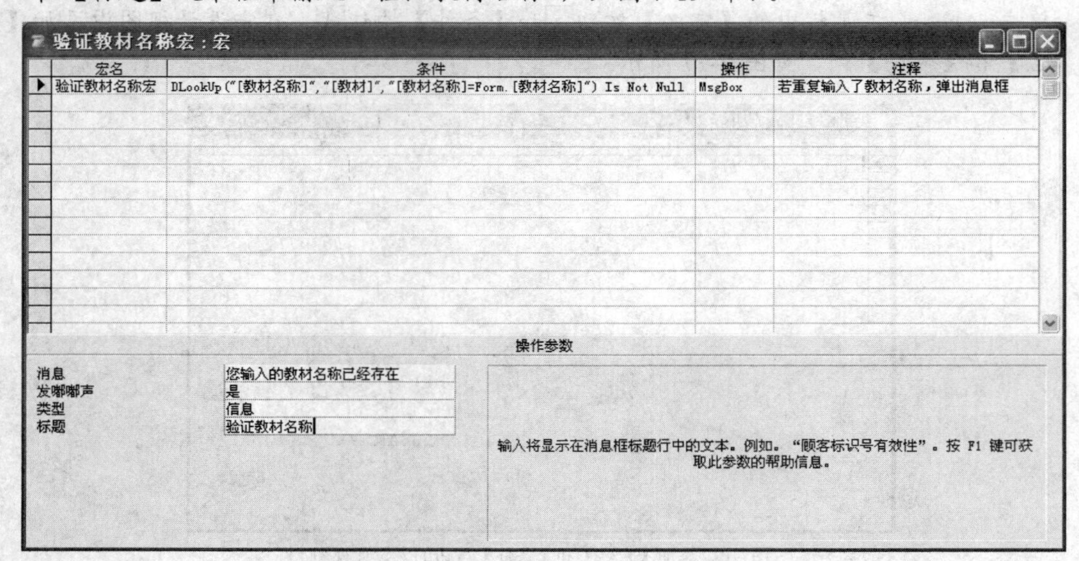

图7-19 设计宏消息提示

设计宏的下一个操作。

10. 在【操作】列第 2 行的下拉列表中选择【CancelEvent】选项，表示取消宏操作，返回窗体状态重新输入，在【注释】列第 2 行的单元格中输入“返回到‘教材名称’控件”，如图 7-20 所示。

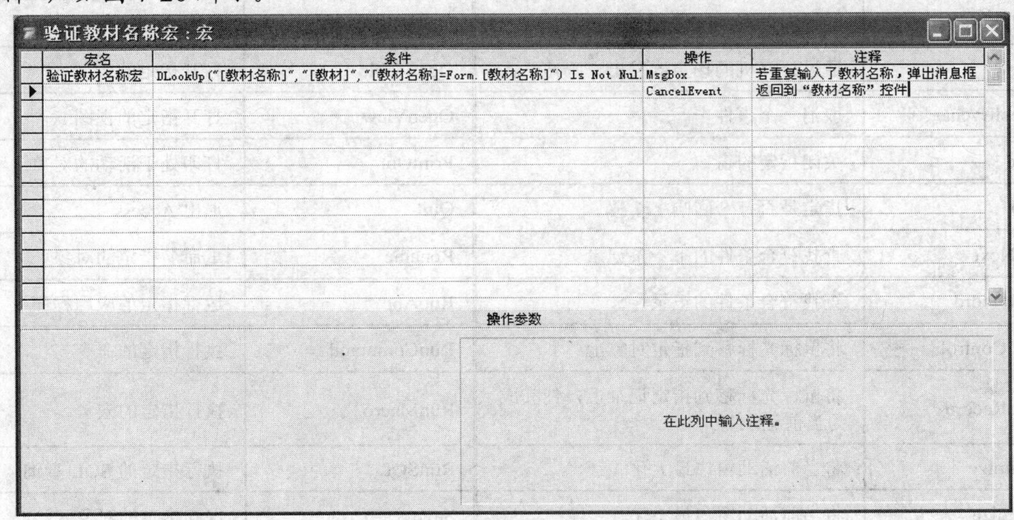

图7-20　设置 CancelEvent 操作

11. 单击保存按钮，宏操作设计完成。已知“教材”窗体的“教材名称”中有名为“语文”的一条记录，若再添加一条名为“语文”的记录，该宏就会弹出提示对话框，如图 7-21 所示。

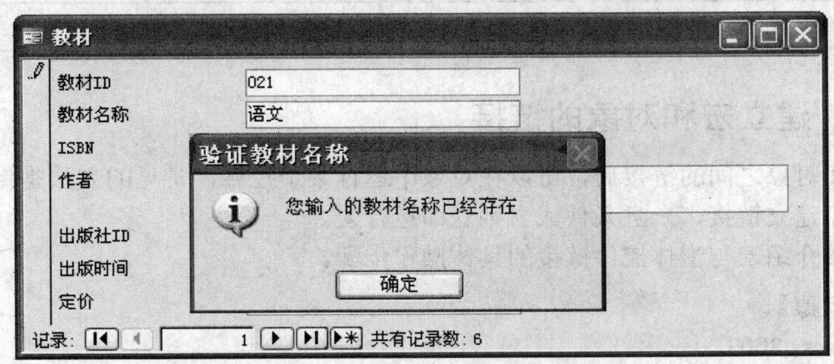

图7-21　宏运行效果

【知识链接】

条件中用到了宏命令函数 DLookUp，该函数的格式如下。

```
DLookUp(expr, domain, [criteria])
```

其中

- expr 为此表达式要返回的值。
- domain 为字符串表达式，用于表示组成域的记录集。
- criteria 为可选字符串的表达式，用于限制对其执行 DlookUp 函数的数据范围。

Access 2003 中提供了许多宏操作，表 7-1 列出了常用的宏操作及其功能。

表 7-1　　常用的宏操作及其功能

宏操作	功能	宏操作	功能
AddMenu	创建窗体或报表的自定义菜单	OpenQuery	打开指定的查询
ApplyFilter	筛选表、窗体或报表中的记录	OpenReport	打开指定的报表
Beep	通过计算机的扬声器发出蜂鸣声	OpenTable	打开指定的表
CancelEvent	取消一个事件	OpenView	打开指定的视图
Close	关闭指定的窗口	PrintOut	打印处于活动的对象
Echo	指定是否打开回响	Quit	退出 Access
FindNext	查找符合条件的下一条记录	Rename	重命名指定的对象
FindRecord	查找符合条件的记录	RunApp	运行指定的应用程序
GoToControl	将鼠标光标移到指定对象上	RunCommand	执行指定的命令
GoToRecord	将鼠标光标移到指定记录上，使其成为当前记录	RunMacro	执行指定的宏
Maximize	将当前活动窗口最大化	RunSQL	执行指定的 SQL 查询
Minimize	将当前活动窗口最小化	Save	保存指定的对象
MoveSize	调整当前窗口的位置和大小	StopAllMacros	停止所有的宏
MsgBox	显示警告或提示信息	StopMacro	停止当前的宏
OpenForm	打开指定的窗体		

（三） 建立宏和对象的链接

建立宏和对象之间的链接后，可以在对象中运行某个控件，常见的方法是将所创建的宏和具体的对象建立链接，一旦条件成立则立即运行宏。

下面简要介绍宏与窗体控件链接的具体操作步骤。

【操作步骤】

1. 启动 Access 2003。
2. 打开“教材管理”数据库，在【对象】栏中选择【宏】选项。
3. 单击新建按钮，打开“宏”设计视图。
4. 在宏工具栏中，分别单击按钮和按钮，在“宏”设计视图中添加【宏名】和【条件】列。
5. 打开“教材”窗体，在【教材名称】文本框中单击鼠标右键，从弹出的快捷菜单中选择【属性】命令，弹出【文本框：教材名称】对话框。在该对话框的【事件】选项卡中单击【更新前】文本框，如图 7-22 所示。
6. 在打开的下拉列表中选择刚刚创建的宏并保存，即可完成宏和窗体对象的链接。

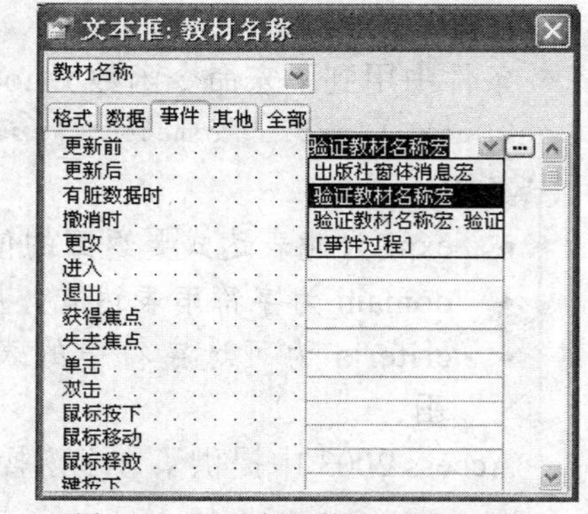

图7-22 【文本框：教材名称】对话框

（四）　建立宏组

将数据库中某一个对象的宏或者几个对象要连续操作的宏放在一起，可以组成一个宏组，这样更便于管理。

建立宏组与建立宏的方法相同，只是在“宏”设计视图中分别用不同的宏名建立多个宏，保存时用一个宏组名保存。宏组中的某一个宏以“宏组名.宏名”的格式调用。可以将一个窗体或一个报表的控件所使用的宏设计为一个宏组，以窗体或报表的名称作为宏组名称。

例如，在“教材管理”数据库中创建一个宏组，该宏组由“浏览出版社表”、“教材查询”和“打开窗体”3 个宏组成，“浏览出版社表”宏的功能是打开“出版社”表，“教材查询”宏的功能是打开“教材查询”查询，“打开窗体”宏的功能是打开“出版社基本信息”窗体。下面介绍详细的操作步骤。

【操作步骤】

1. 启动 Access 2003。
2. 打开“教材管理”数据库，在【对象】栏中选择【宏】选项。
3. 单击 新建(N) 按钮，打开“宏”设计视图。
4. 单击 Access 工具栏中的 按钮，在“宏”设计视图中添加【宏名】列，如图 7-23 所示。
5. 在“宏”设计视图中，在【宏名】列的第 1 行单元格中输入“浏览出版社表”，按照创建单个宏的步骤，在【操作】列的第 1 行的下拉列表中选择【OpenTable】选项，在相应的【注释】列的第 1 行单元格中输入“打开‘出版社’表”，在【操作参数】栏的【表名称】下拉列表中选择【出版社】选项，如图 7-24 所示。

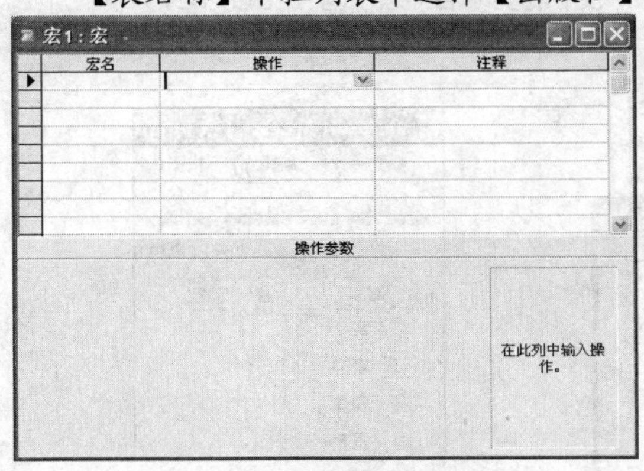

图7-23　添加【宏名】列

图7-24　添加“出版社”宏

6. 用同样的方法，在【宏名】列的第 2 行单元格中输入“教材查询”，在【操作】列的第 2 行下拉列表中选择【OpenQuery】选项，在相应的【注释】列的第 2 行单元格中输入“打开‘教材查询’查询”，在【操作参数】栏的【查询名称】下拉列表中选择【教材查询】选项，如图 7-25 所示。

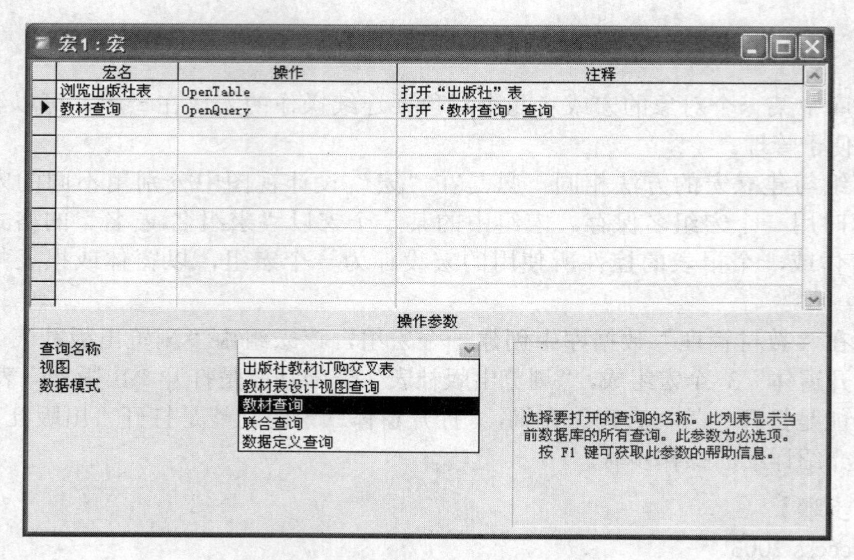

图7-25 添加“教材查询”宏

7. 在【宏名】列的第 3 行单元格中输入“打开窗体”，在【操作】列的第 3 行下拉列表中选择【OpenForm】选项，在相应的【注释】列的第 3 行单元格中输入“打开‘出版社基本信息’窗体”，在【操作参数】栏的【窗体名称】下拉列表中选择【出版社基本信息】选项，如图 7-26 所示。
8. 单击按钮，弹出【另存为】对话框（见图 7-16）。在该对话框中的【宏名称】文本框中输入宏组的名称“宏组”，单击 确定 按钮，完成宏组的创建工作。

说明：保存宏组时，指定的名称是整个宏组的名称，该名称显示在导航窗格（见图 7-27）中。所保存的宏组包含几个宏，每个宏有一个宏名。

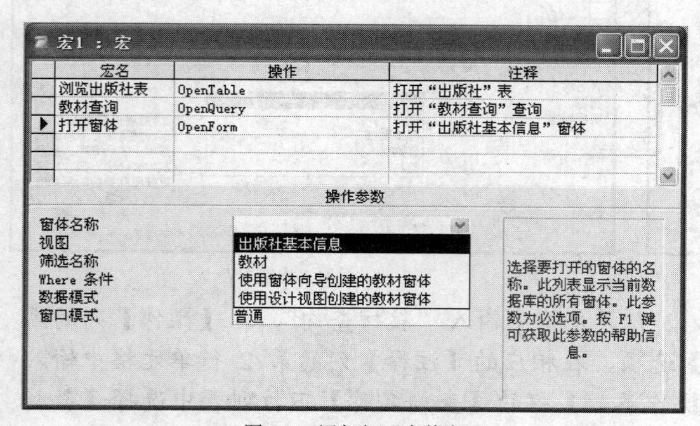

图7-26 添加打开窗体宏

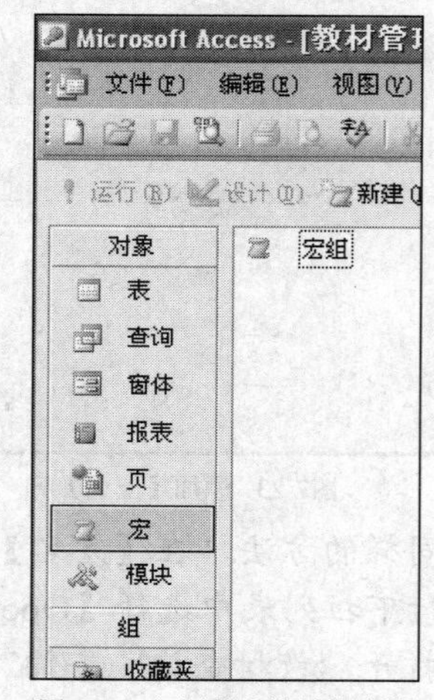

图7-27 宏组所在的导航窗格

运行该宏组的效果如图 7-28 所示。

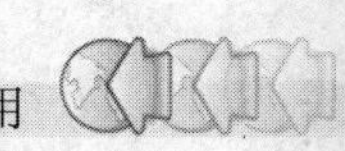

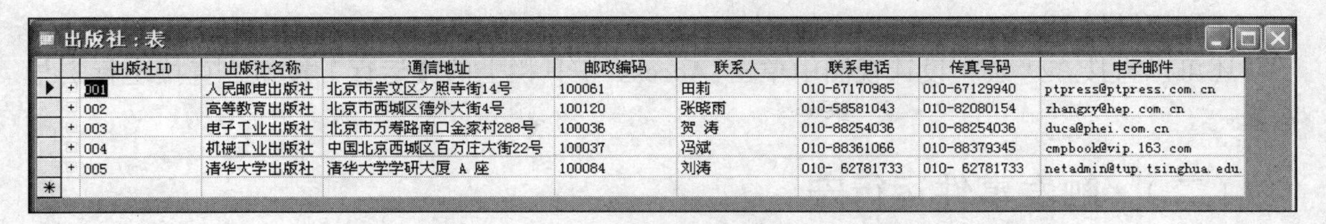

出版社：表

出版社ID	出版社名称	通信地址	邮政编码	联系人	联系电话	传真号码	电子邮件
001	人民邮电出版社	北京市崇文区夕照寺街14号	100061	田莉	010-67170985	010-67129940	ptpress@ptpress.com.cn
002	高等教育出版社	北京市西城区德外大街4号	100120	张晓雨	010-58581043	010-82080154	zhangxy@hep.com.cn
003	电子工业出版社	北京市万寿路南口金家村288号	100036	贺 涛	010-88254036	010-88254036	duca@phei.com.cn
004	机械工业出版社	中国北京西城区百万庄大街22号	100037	冯斌	010-88361066	010-88379345	cmpbook@vip.163.com
005	清华大学出版社	清华大学学研大厦 A 座	100084	刘涛	010- 62781733	010- 62781733	netadmin@tup.tsinghua.edu.

图7-28　运行宏组

任务二　使用宏与宏组

宏创建完成后，无论其中包含多少操作，运行起来都非常简单。运行宏的方法有很多，一是直接运行宏；二是为响应窗体、报表或控件中的事件运行宏，即触发事件运行宏或宏组；三是在一个宏中调用另一个宏。

（一）　直接运行宏或宏组

直接运行宏或宏组是最简便的方法，下面介绍具体的操作步骤。

【操作步骤】

1. 启动 Access 2003。
2. 打开“教材管理”数据库。在“教材管理”数据库窗口中选择【宏】选项，在右侧的列表框中选择【出版社窗体消息】选项，单击设计(D)按钮，打开“宏”设计视图。
3. 选择菜单栏中的【运行】/【运行】命令，即可以运行宏，运行效果如图 7-29 所示。

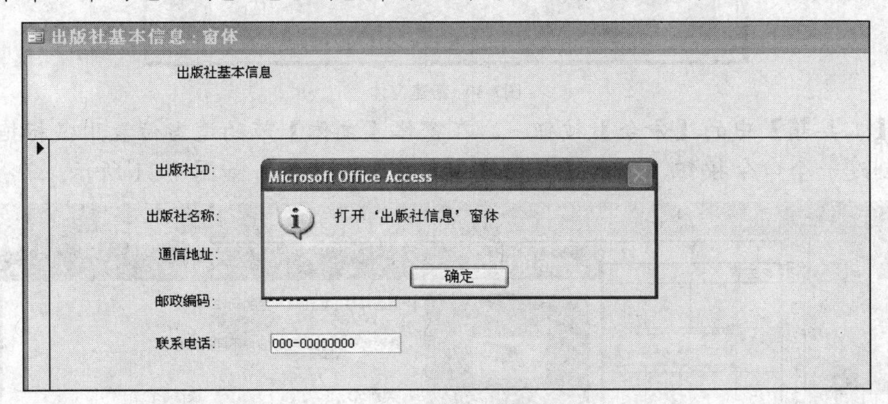

图7-29　运行出版社窗体消息宏

4. 单击确定按钮，返回“教材管理”数据库窗口。在“教材管理”数据库窗口中选择【宏】选项，在右侧的列表框中选择【宏组】选项，单击设计(D)按钮，打开“宏”设计视图。
5. 在“宏组：宏”设计视图中，选择菜单栏中的【运行】/【运行】命令运行宏组，运行效果如图 7-28 所示。

说明：如果直接运行宏组，则宏组中仅第一个宏被运行。因此在运行宏组中的宏时，必须指明宏组名和所要执行的宏的名称，格式为宏组名.宏名。

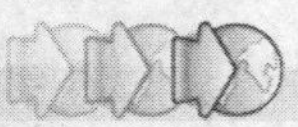

【知识链接】

还可以直接在"宏"设计视图中单击 Access 工具栏上的【运行】按钮直接运行宏与宏组。

（二） 触发事件运行宏

在 Access 2003 中，经常使用的运行宏的方法是将宏赋予某一窗体或报表控件的事件属性值，通过触发事件运行宏或宏组。下面简要介绍运用触发器运行宏与宏组的操作方法。

【操作步骤】

1. 启动 Access 2003。
2. 打开"教材管理"数据库。
3. 在"教材管理"数据库窗口中，选择【窗体】选项，单击 新建(N) 按钮，打开【新建窗体】对话框。
4. 在【新建窗体】对话框中，选择【设计视图】选项，单击 确定 按钮，打开【窗体 1: 窗体】窗口，如图 7-30 所示。

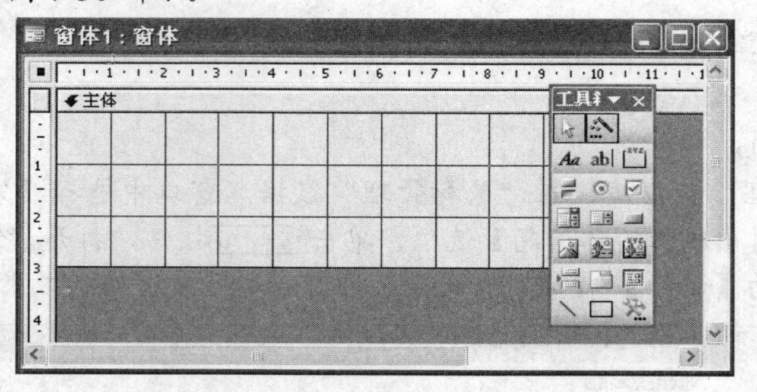

图7-30　新建窗体

5. 单击【工具箱】中的【命令】按钮，在窗体【主体】节的适当位置用鼠标拖出一个矩形，创建一个命令按钮，弹出【命令按钮向导】对话框，如图 7-31 所示。

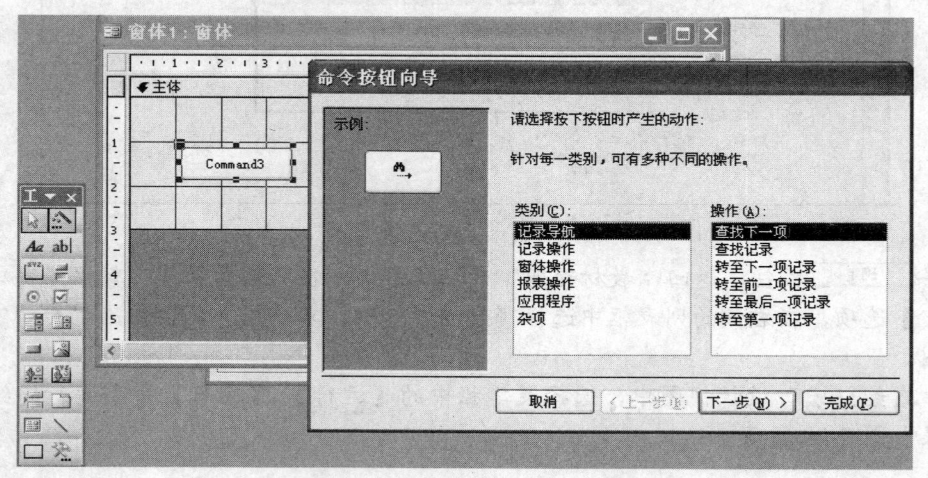

图7-31　【命令按钮向导】对话框

6. 单击 取消 按钮，关闭【命令按钮向导】对话框。

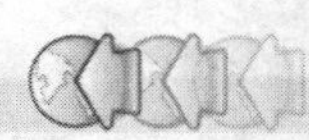

7. 在新添加的命令按钮上单击鼠标右键，在弹出的快捷菜单中选择【属性】命令，打开命令按钮属性对话框，单击【格式】选项卡，在【标题】文本框中输入“打开‘出版社’表”，如图 7-32 所示。
8. 打开【事件】选项卡，单击【单击】组合框，显示…按钮，单击…按钮，弹出【选择生成器】对话框。在该对话框中，选择【宏生成器】选项，如图 7-33 所示。

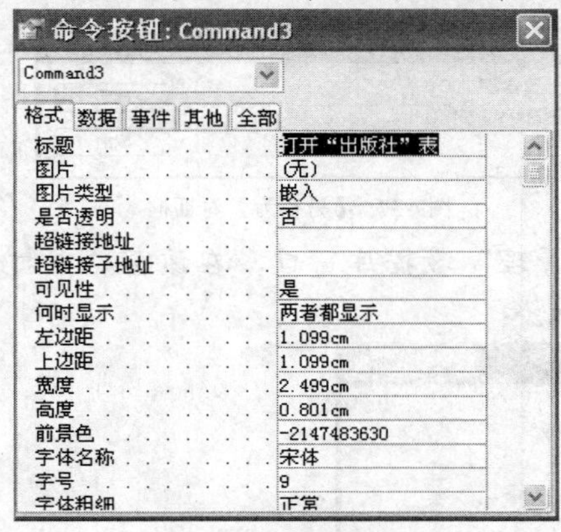

图7-32　设置标题

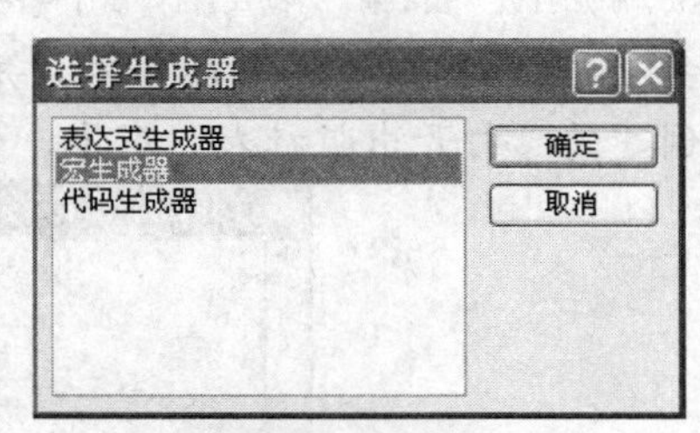

图7-33　选择生成器

9. 单击 确定 按钮，系统自动打开“宏”设计视图，并弹出【另存为】对话框。在该对话框的【宏名称】文本框中输入“打开‘出版社’表”，如图 7-34 所示。

图7-34　【另存为】对话框

10. 单击 确定 按钮，打开“宏”设计视图。在“宏”设计视图中，在【操作】列第 1 行的下拉列表中选择【OpenTable】选项，在相应的【注释】列第 1 行的单元格中输入“打开‘出版社’表”，在【操作参数】栏的【表名称】下拉列表中选择【出版社】选项，如图 7-35 所示。

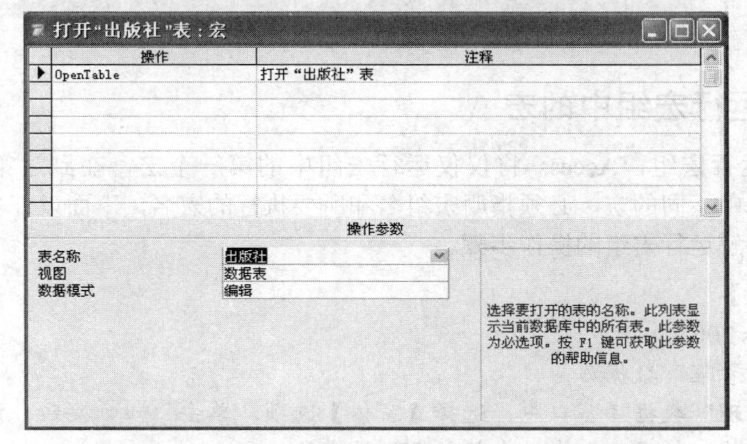

图7-35　“宏”设计视图

11. 单击工具栏中的按钮，然后单击按钮关闭设计视图。单击命令按钮属性对话框右上角的按钮，关闭属性对话框，返回窗体设计视图，如图 7-36 所示。
12. 单击按钮，弹出【另存为】对话框，在该对话框的【窗体名称】文本框中输入“打开出版社表”，如图 7-37 所示。

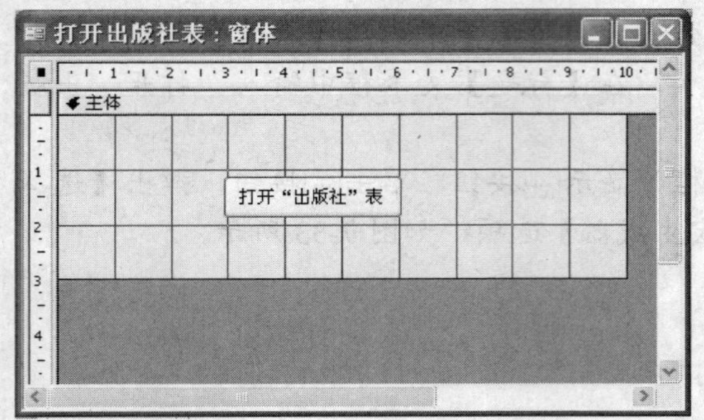

图7-36 添加打开“出版社”表后的窗体设计视图

图7-37 【另存为】对话框

13. 单击 确定 按钮即可保存窗体，并返回“教材管理”数据库窗口，在该窗口中打开刚刚创建的“打开出版社表”窗体，如图 7-38 所示。

图7-38 “打开出版社表”窗体

14. 单击窗体中的【打开“出版社”表】按钮，就可以作为宏触发器打开“出版社”表，如图 7-39 所示。

出版社：表

出版社ID	出版社名称	通信地址	邮政编码	联系人	联系电话	传真号码	电子邮件
001	人民邮电出版社	北京市崇文区夕	100000	小A	000-00000000	000-00000000	press@press1.com.cn
002	高等教育出版社	北京市西城区德	100000	小B	000-00000000	000-00000000	press@press2.com.cn
003	电子工业出版社	北京市万寿路南	100000	小C	000-00000000	000-00000000	press@press3.com.cn
004	机械工业出版社	中国北京西城区	100000	小D	000-00000000	000-00000000	press@press4.com.cn
005	清华大学出版社	清华大学学研大	100000	小E	000-00000000	000-00000000	press@press5.com.cn

图7-39 利用宏触发器打开“出版社”表

（三） 运行宏组中的宏

如果直接运行宏组，Access 将仅仅运行宏组中的第一个宏，在到达第二个宏名时停止。要运行宏组中不同的宏，必须指明宏组名和所要执行的宏名，下面以任务一中建立的宏组为例，详细讲解运行宏组的操作步骤。

【操作步骤】

1. 启动 Access 2003。
2. 打开“教材管理”数据库。
3. 在“教材管理”数据库窗口中，选择【窗体】选项，单击 新建(N) 按钮，按照前面的方法设计一个名为“打开宏组中的出版社表”的窗体。
4. 单击【工具箱】中的 按钮，在窗体【主体】节拖动鼠标创建一个命令按钮，释放鼠标左键后弹出【命令按钮向导】的第 1 个对话框，如图 7-40 所示。
5. 在【类别】列表框中选择【杂项】选项，在【操作】列表框中选择【运行宏】选项，单击 下一步(N) > 按钮，打开【命令按钮向导】的第 2 个对话框，如图 7-41 所示。

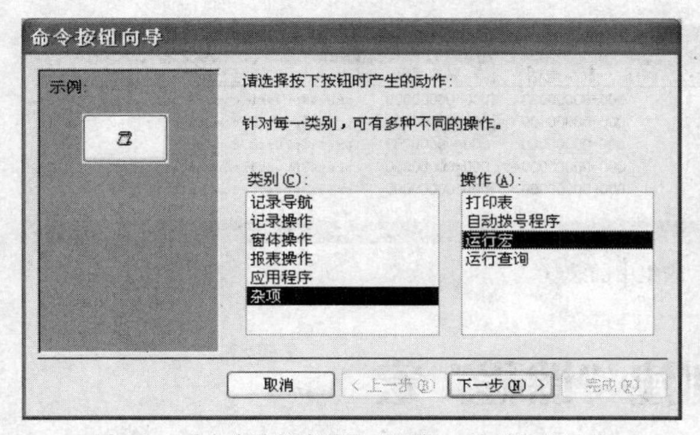

图7-40　【命令按钮向导】对话框—选择按钮动作

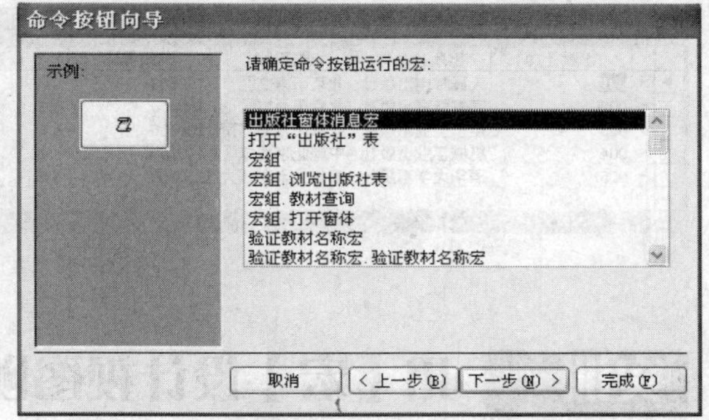

图7-41　【命令按钮向导】对话框—确定命令按钮运行的宏

6. 在【请确定命令按钮运行的宏】列表框中选择【宏组.浏览出版社表】选项，单击下一步(N) >按钮，打开【命令按钮向导】的第3个对话框，如图7-42所示。
7. 在该对话框中，选中【文本】单选按钮，在文本框中输入"打开宏组中的出版社表"，单击下一步(N) >按钮，打开【命令按钮向导】的第4个对话框，如图7-43所示。

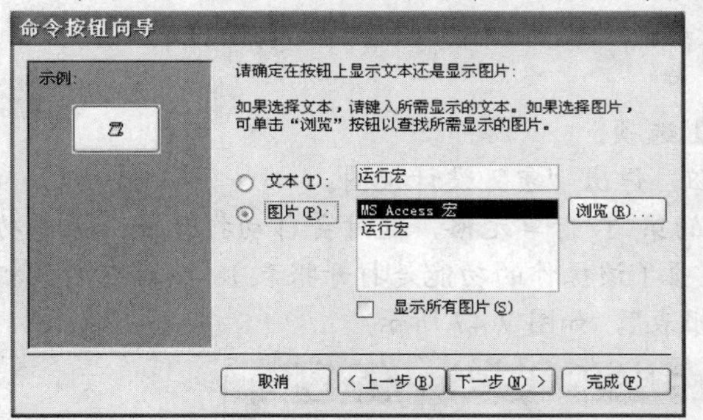

图7-42　【命令按钮向导】对话框—选择按钮上显示的文本或图片

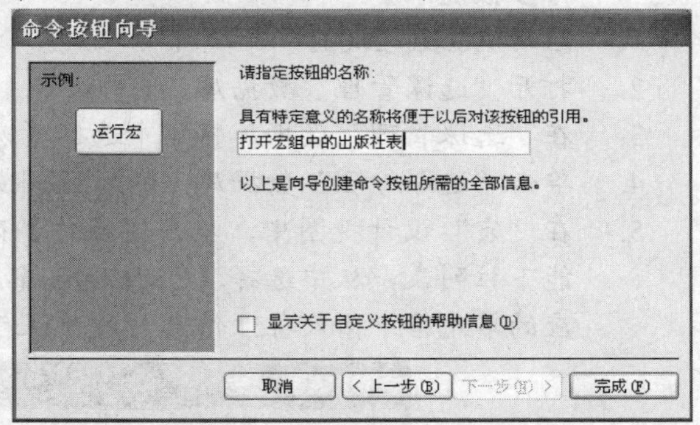

图7-43　【命令按钮向导】对话框—指定按钮名称

8. 在【请指定按钮的名称】文本框中输入"打开宏组中的出版社表"，单击完成(F)按钮，创建完成。

说明：请注意，第（7）步中输入的"打开宏组中的出版社表"会显示在设计好的按钮上，而第（8）中输入的文字是给按钮指定一个名称，以便以后引用该按钮，二者可以相同，也可以不同。

9. 单击Access工具栏中的按钮，弹出【另存为】对话框，如图7-44所示。在【窗体名称】文本框中输入"打开宏组中的出版社表"。
10. 单击确定按钮，返回"教材管理"数据库，运行"打开宏组中的出版社表"窗体，如图7-45所示。

图7-44　【另存为】对话框

图7-45　运行窗体

11. 单击【打开宏组中的出版社表】按钮，就会运行"宏组"中的"浏览出版社表"宏，运行结果如图7-46所示。

出版社：表

出版社ID	出版社名称	通信地址	邮政编码	联系人	联系电话	传真号码	电子邮件
001	人民邮电出版社	北京市崇文区夕	100000	小A	000-00000000	000-00000000	press@press1.com.cn
002	高等教育出版社	北京市西城区德	100000	小B	000-00000000	000-00000000	press@press2.com.cn
003	电子工业出版社	北京市万寿路南	100000	小C	000-00000000	000-00000000	press@press3.com.cn
004	机械工业出版社	中国北京西城区	100000	小D	000-00000000	000-00000000	press@press4.com.cn
005	清华大学出版社	清华大学学研大	100000	小E	000-00000000	000-00000000	press@press5.com.cn

图7-46　运行宏组中的宏

实训一　用【宏】设计视图创建“课程”宏

【实训要求】

在“选课管理”数据库中建立“浏览‘课程’表”宏，这里采用的“课程”表为项目六中所创建的“课程”表。

【步骤提示】

1. 启动 Access 2003。
2. 打开“选课管理”数据库。
3. 在“选课管理”数据库窗口中选择【宏】选项。
4. 单击“选课管理”数据库上的 新建(N) 按钮，弹出“宏”设计视图。
5. 在“宏”设计视图中，单击【操作】列的第 1 行单元格，这时会自动打开一个操作功能下拉列表，从中选择【OpenTable】选项（该操作的功能是打开报表），然后在右侧相应的单元格中输入备注信息“打开课程报表”，如图 7-47 所示。

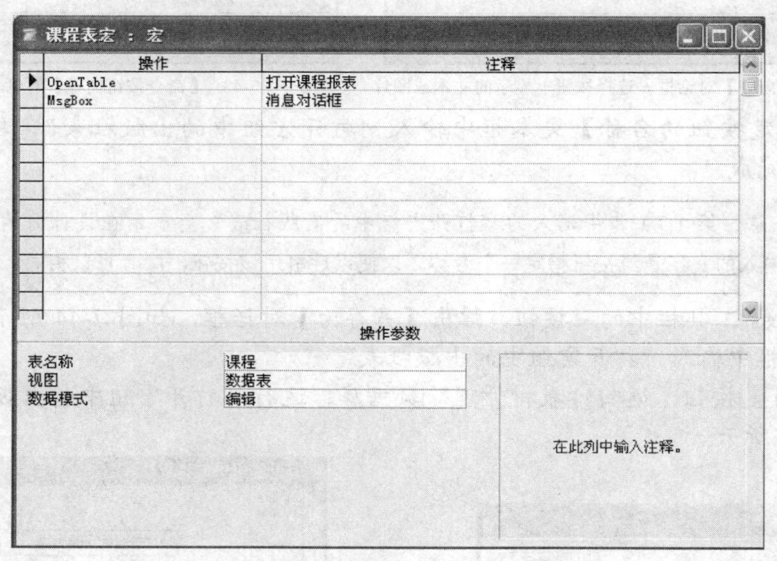

图7-47　“课程”表宏

6. 单击【表名称】文本框会显示一个 按钮，单击 按钮，从打开的下拉列表中选择【课程】选项。
7. 在【操作】列的第 2 行下拉列表中选择【MsgBox】选项，然后在相应的【注释】列的第 2 行单元格中输入相应的备注信息，在【消息】组合框中输入“消息对话框”。

8. 单击 Access 工具栏上的按钮，弹出【另存为】对话框，在【宏名称】文本框中输入“课程表宏”。
9. 单击确定按钮保存所创建的宏，宏创建完毕。
10. 单击工具栏中的按钮运行宏，运行界面如图 7-48 所示。

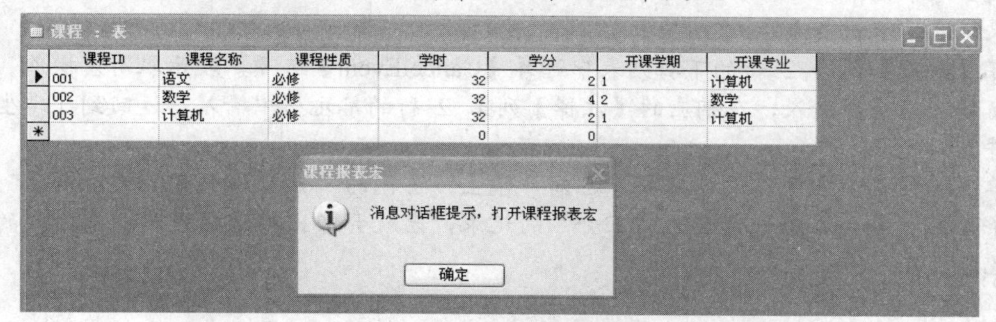

图7-48 “课程”表宏效果图

实训二 在“学生”窗体中创建“姓名验证”宏

【实训要求】

在“选课管理”数据库的“学生”窗体中创建一个宏，该宏的功能是，当在学生窗体中输入相同的学生名称时，就会弹出消息提示。

【步骤提示】

1. 启动 Access 2003。
2. 打开“选课管理”数据库。
3. 在“选课管理”数据库窗口中，选择【窗体】选项，然后在右侧的列表框中选择【学生】选项，单击设计(D)按钮，打开“学生”窗体的设计视图。
4. 用鼠标右键单击【姓名】文本框，从弹出的快捷菜单中选择【属性】选项，打开【文本框：姓名】对话框。
5. 在【文本框：姓名】对话框中，打开【事件】选项卡。
6. 把鼠标光标定位在【更新前】组合框中，显示按钮，单击按钮，弹出【选择生成器】对话框。
7. 在【选择生成器】对话框中，选择【宏生成器】选项，单击确定按钮，弹出【另存为】对话框。在该对话框的【宏名称】文本框中输入“学生姓名宏”，然后单击确定按钮。
8. 在 Access 工具栏中，分别单击按钮和按钮，在“宏”设计视图中添加【宏名】和【条件】两列。
9. 下面设计宏的第 1 个操作，即搜索“学生”窗体中所有学生的姓名。

(1) 在【宏名】组合框中输入宏名称“学生姓名宏”，在【条件】文本框中输入“DLookUp("[姓名]","[学号]","[姓名]=Form.[姓名]") Is Not Null”，其含义是搜索数据库“学生”窗体中所有的“姓名”项，发现了与刚输入的“姓名”相同的项，也就是发现了重复的“姓名”输入。

(2) 在【操作】列第 1 行的下拉列表中选择【MsgBox】选项，在【注释】列的第 1 行单元格中输入“若重复输入了姓名，弹出消息框”，在【操作参数】栏的【消息】文本框中输入“您输入的姓名已经存在”，在【类型】下拉列表中选择【信息】选项，在【标题】文本框中输入“学生姓名宏”。

10. 设计宏的下一个操作。

(1) 在【操作】列第 2 行的下拉列表中选择【CancelEvent】选项，表示取消宏操作，返回窗体状态重新输入，在相应的【注释】列第 2 行的单元格中输入“返回到‘学生’控件”。

(2) 单击按钮，宏操作设计完成。已知“学生”窗体的“姓名”中有名为“王会”的一条记录，若再添加一条名为“王会”的记录，宏就会弹出对话框提示“您输入的姓名已经存在”。

实训三 建立宏和对象的链接

【实训要求】

建立“学生”窗体中“姓名”与“学生姓名宏”的链接关系。

【步骤提示】

1. 启动 Access 2003。
2. 打开“选课管理”数据库。
3. 在“选课管理”数据库窗口中，选择【宏】选项，单击新建(N)按钮，打开“宏”设计视图。
4. 在 Access 工具栏中，分别单击按钮和按钮，在“宏”设计视图中添加【宏名】和【条件】列。
5. 打开“学生”窗体，在【姓名】文本框中单击鼠标右键，在弹出的快捷菜单中选择【属性】命令，弹出【文本框：姓名】对话框，在该对话框的【事件】选项卡中单击【更新前】组合框。
6. 在【更新前】下拉列表中选择刚刚创建的宏并保存，即可完成宏和窗体对象的链接。

实训四 建立“选课”宏组

【实训要求】

在“选课管理”数据库中建立名为“选课”的宏组，该宏组中包含 3 个宏。

【步骤提示】

1. 启动 Access 2003。
2. 打开“选课管理”数据库。
3. 在“选课管理”数据库窗口中，选择【宏】选项，单击新建(N)按钮，打开“宏”设计视图。
4. 单击 Access 工具栏中的按钮，在“宏”设计视图中添加【宏名】列。

5. 在“宏”设计视图中，在【宏名】列第 1 行的单元格中输入“浏览选课”，按照创建单个宏的步骤，在【操作】列第 1 行的下拉列表中选择【OpenTable】选项，在相应的【注释】列第 1 行的单元格中输入“打开‘选课表’报表”，在【操作参数】栏的【表名称】下拉列表中选择【选课】选项。
6. 用同样的方法，在【宏名】列第 2 行的单元格中输入“课程查询”，在【操作】列第 2 行的下拉列表中选择【OpenQuery】选项，在相应的【注释】列第 2 行的单元格中输入“打开‘课程查询’查询”，在【操作参数】栏中【查询名称】下拉列表中选择【课程查询】选项。
7. 在【宏名】列第 3 行的单元格中输入“打开窗体”，在【操作】列第 3 行的下拉列表中选择【OpenForm】选项，在相应的【注释】列第 3 行的单元格中输入“打开‘课程信息’窗体”，在【操作参数】栏的【窗体名称】下拉列表中选择【课程信息窗体】选项。
8. 单击按钮，弹出【另存为】对话框。在该对话框中输入所创建宏组的名称“选课宏组”，单击确定按钮，完成宏组的创建工作，效果图如图 7-49 所示。

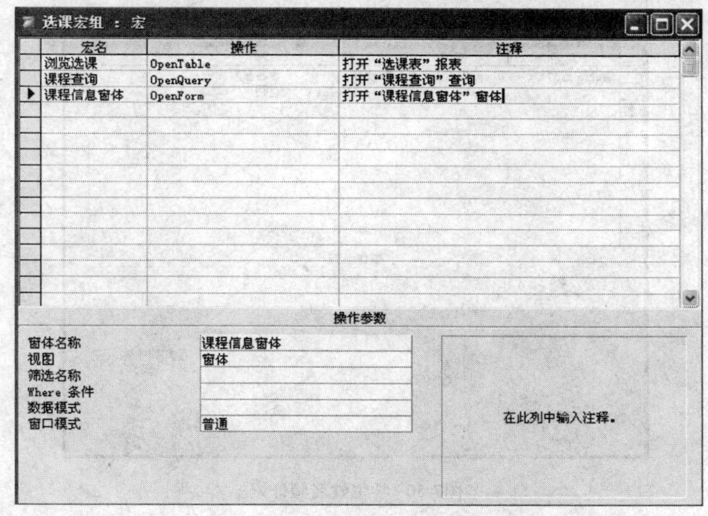

图7-49　“选课”宏组图

实训五　使用“学生”窗体宏

【实训要求】

在“学生”窗体中创建一个宏，若有重名的学生，则显示提示信息。

【步骤提示】

1. 启动 Access 2003。
2. 打开“选课管理”数据库。
3. 在“选课管理”数据库窗口中，选择【窗体】选项，然后在右侧的列表框中选择【学生】选项，单击设计(D)按钮，打开“学生”窗体的设计视图。
4. 用鼠标右键单击【姓名】文本框，从弹出的快捷菜单中选择【属性】命令，打开【文本框：姓名】对话框。

5. 在【文本框：姓名】对话框中，打开【事件】选项卡，把鼠标光标定位在【更新前】组合框中，显示…按钮，单击…按钮，弹出【选择生成器】对话框。
6. 在【选择生成器】对话框中，选择【宏生成器】选项并单击确定按钮，弹出【另存为】对话框，在【宏名称】文本框中输入“学生姓名验证宏”，单击确定按钮。
7. 在 Access 工具栏中，分别单击按钮和按钮，在“宏”设计视图中添加【宏名】和【条件】列。在【宏名】文本框中输入宏名称“学生姓名验证宏”，在【条件】文本框中输入“DLookUp("[学号]","[入学年份]","[姓名]=Form.[姓名]") Is Not Null”。
8. 在【操作】列第 1 行的下拉列表中选择【MsgBox】选项，在【注释】列第 1 行单元格中输入“姓名重复”，在【操作参数】栏的【消息】文本框中输入“姓名重复”，在【类型】下拉列表中选择【信息】选项，在【标题】文本框中输入“学生姓名验证”。
9. 在【操作】列第 2 行的下拉列表中选择【CancelEvent】选项，在【注释】列第 2 行的单元格中输入“返回”。
10. 单击按钮，宏操作设计完成，如图 7-50 所示。

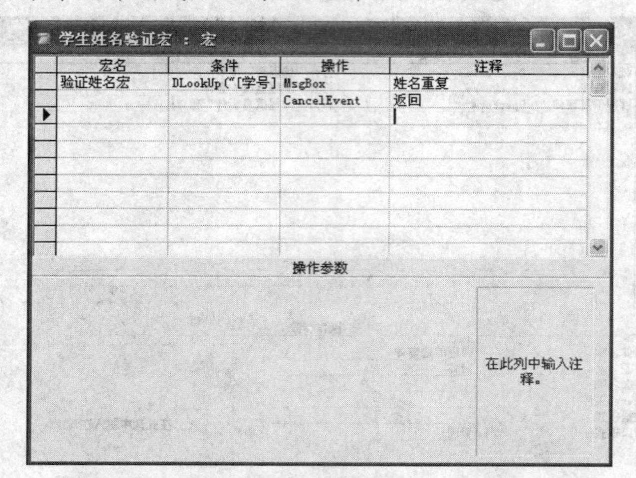

图7-50 学生姓名验证宏

实训六 运行“选课”宏

【实训要求】

在空白窗体中创建一个触发器按钮，单击该按钮则打开“选课”表。

【步骤提示】

1. 启动 Access 2003。
2. 打开“选课管理”数据库。
3. 在“选课管理”数据库窗口中，选择【窗体】选项，单击新建(N)按钮，打开【新建窗体】对话框。
4. 在【新建窗体】对话框中，选择【设计视图】选项，单击确定按钮，打开窗体窗口。
5. 单击窗体工具栏中的按钮，在窗体【主体】节拖动鼠标创建一个命令按钮，释放鼠标左键后弹出【命令按钮向导】对话框，单击取消按钮，关闭【命令按钮向导】对话框。

6. 在新添加的命令按钮上单击鼠标右键，在弹出的快捷菜单中选择【属性】命令，在弹出的对话框中打开【格式】选项卡，在【标题】文本框中输入“打开‘选课’表”。
7. 打开【事件】选项卡，单击【单击】组合框，出现⋯按钮，单击⋯按钮，弹出【选择生成器】对话框，选择【宏生成器】选项。
8. 单击确定按钮，系统自动打开“宏”设计视图，并弹出【另存为】对话框，在【另存为】对话框中输入“打开‘选课’表”，然后单击确定按钮。
9. 在打开的“宏”设计视图中，在【操作】列第 1 行的下拉列表中选择【OpenTable】选项，在【注释】列第 1 行的单元格中输入“打开‘选课’表”，在【操作参数】栏中的【表名称】下拉列表中选择【选课】选项。
10. 单击工具栏中的按钮，关闭“宏”设计视图，单击命令按钮属性对话框右上角的按钮，关闭属性对话框。
11. 单击按钮，弹出【另存为】对话框，在对话框中输入“选课表触发器”。
12. 单击确定按钮，返回“选课管理”数据库窗口，打开刚刚创建的“选课表触发器”窗体，单击窗体中的【打开“选课”表】按钮，即可作为宏触发器打开“选课”表，效果如图 7-51 所示。

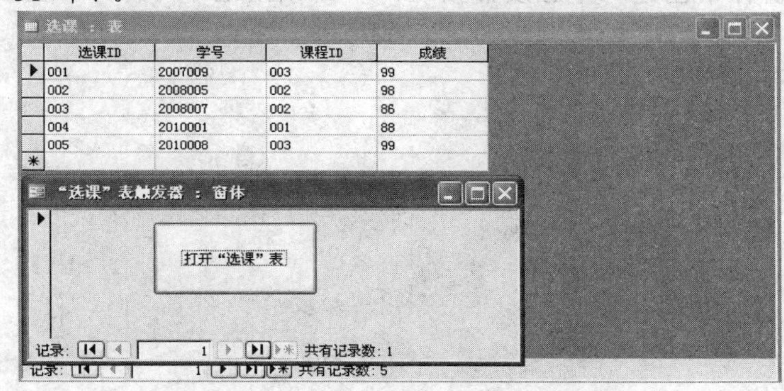

图7-51　利用宏触发器打开“选课”表

项目拓展　“网上书店”数据库中宏的创建与使用

【实训要求】

- 以“网上书店”数据库中的表为数据源，以项目六以及项目五中的窗体和报表为基础，对“网上书店”进行宏的创建和使用。
- 建立浏览“订单”的宏，在“出版社”窗体中建立一个触发器，使得单击后能够浏览“图书”表。

【步骤提示】

1. 在宏的设计视图中创建宏，用来打开“订单”表。
2. 在宏的设计视图中创建宏，用来打开“图书”表。
3. 打开“出版社”窗体的设计视图。
4. 在窗体的设计视图中，添加命令按钮控件。
5. 设置命令按钮的单击事件，与打开“图书”表的宏相关联。

思考与练习

一、简答题

1. 什么是宏？宏有什么作用？
2. 宏和宏组的区别是什么？
3. 有几种运行宏的方法？
4. 直接运行宏组有何不妥？

二、操作题

1. 在“员工工资管理”数据库中建立“浏览‘员工’表”宏。
2. 在“员工工资管理”数据库中建立名为“员工工资”的宏组，包含 3 个宏。
3. 在“员工”窗体中创建一个宏，若有重名的员工，则显示提示信息。
4. 在空白窗体中创建一个触发器按钮，单击该按钮即可打开“部门”表。
5. 在空白窗体中创建一个触发器按钮，单击该按钮即可打开“员工工资”宏组中的宏。

项目八 数据库管理

数据库建立以后，还要经常对其进行管理，包括数据的维护、备份和安全管理等。本项目将以“教材管理”数据库为例，详细讲解 Access 2003 提供的管理数据库的方法，其中包括数据库的导出与导入、设置与撤销数据库密码、创建工作组与设置用户权限以及数据库的压缩、修复和备份。

图 8-1 所示是将数据库文件导出到 Excel 表中的效果图，图 8-2 所示是对数据库的用户与组的权限进行设置的图示。

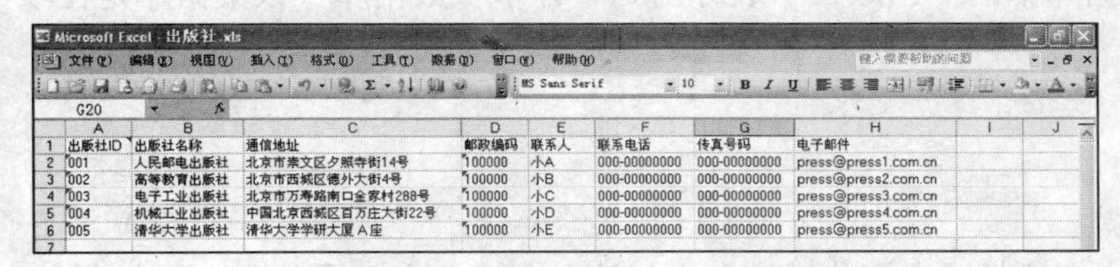

图8-1 数据文件导出为 Excel 表格

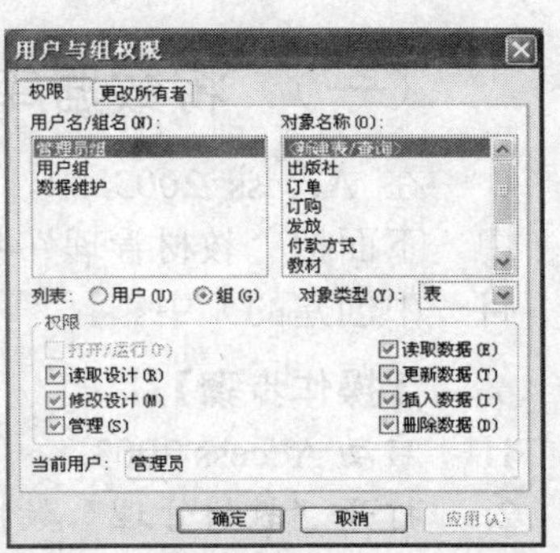

图8-2 设置数据库用户与组的权限

学习目标

- 掌握将数据库对象导出到其他数据库中的方法。
- 掌握将数据库对象导出到 Excel 中的方法。
- 掌握将数据库对象导出到 Word 中的方法。
- 掌握将数据库对象导出到数据文件中的方法。
- 掌握导入 Access 数据库对象的方法。
- 掌握导入 Excel 数据的方法。
- 掌握设置与撤销用户密码的方法。
- 熟悉设置用户与组的权限的方法。
- 了解压缩和修复数据库的方法。
- 了解备份数据库的方法。

任务一 数据的导出

为了更好地利用计算机中的信息资源，Access 数据库管理系统为用户提供了不同系统程序之间的数据传递功能。通过数据的导入、导出实现不同系统程序之间的数据资源共享，从而实现数据库中数据的有效利用。

数据的导出是将 Access 中的数据库对象导出到另一数据库或导出到 Microsoft Excel、Microsoft Word 中的操作。数据的导出使得 Access 中的数据可以传递到其他系统软件环境中，从而达到数据交流的目的。

将数据库对象导出到另一个数据库中，其功能与“复制”和“粘贴”相同；将数据库对象导出到 Microsoft Excel 中，就是将数据库对象转换成 Microsoft Excel 数据格式，使 Access 中的信息在 Microsoft Excel 中能够使用；将数据库对象导出到 Microsoft Word 中，就是将数据库对象转换成 Microsoft Word 文本格式。

（一） 将数据库对象导出到其他数据库中

在 Access 2003 中，可以将数据库中的任何一种对象导出到当前数据库或其他数据库中，下面把“教材管理”数据库中的“出版社”表导出到“订单”数据库（该数据库是在项目一中创建的）中。

【操作步骤】

1. 启动 Access 2003。
2. 打开“教材管理”数据库。
3. 在“教材管理”数据库中，选择【表】选项，在右侧的列表框中选择【出版社】选项。
4. 选择菜单栏中的【文件】/【导出】命令，弹出如图 8-3 所示的【将表“出版社”导出为】对话框。

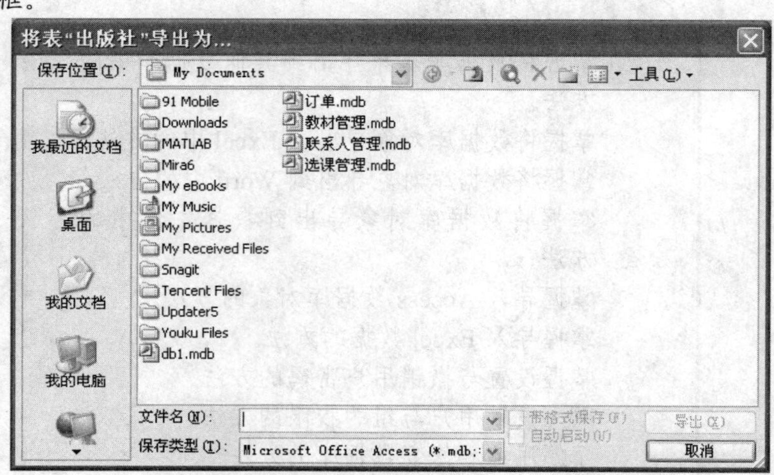

图8-3 导出数据对话框

5. 在该对话框中，在【文件名】组合框中输入“订单.mdb”，其含义就是将数据库表导出到“订单”数据库中。

6. 单击 导出(X) 按钮，弹出【导出】对话框，如图 8-4 所示。

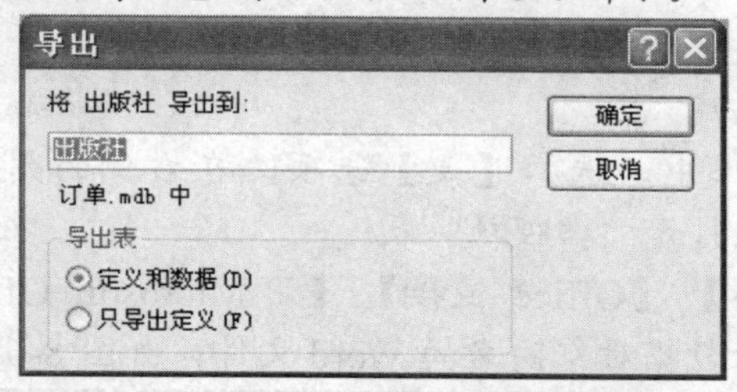

图8-4 【导出】对话框

7. 在【导出】对话框中，在【将 出版社 导出到】文本框中输入在新数据库中表的名称，在【导出表】栏中选择导出方式，最后单击 确定 按钮，数据库导出成功。

【知识链接】

在【导出】对话框中，【导出表】栏中有两个单选按钮，下面简要介绍其含义。

- 【定义和数据】单选按钮：将表的所有信息，包括定义结构和数据全部导出。
- 【只导出定义】单选按钮：只导出表的定义和结构信息，不导出数据。

（二） 将数据库对象导出到 Excel 表格中

Excel 具有非常强大的数据计算、分析及图表处理功能，如果将 Access 中的数据对象导出到 Microsoft Excel 中，将会大大提高 Access 中数据库对象的性能。下面以“教材管理”数据库为例，详细讲解把 Access 中的数据对象导出到 Excel 表格中的操作方法。

【操作步骤】

1. 启动 Access 2003。
2. 打开“教材管理”数据库。
3. 在“教材管理”数据库中，选择【表】选项，在右侧的列表框中选择【出版社】选项，单击 打开(O) 按钮，打开“出版社”表。
4. 在数据库窗口中，选择菜单栏中的【工具】/【Office 链接】/【用 Microsoft Office Excel 分析】命令，系统将自动产生一个与源数据对象同名的 Excel 文件，如图 8-5 所示。

Microsoft Excel - 出版社.xls

	A	B	C	D	E	F	G	H
1	出版社ID	出版社名称	通信地址	邮政编码	联系人	联系电话	传真号码	电子邮件
2	001	人民邮电出版社	北京市崇文区夕照寺街14号	100000	小A	000-00000000	000-00000000	press@press1.com.cn
3	002	高等教育出版社	北京市西城区德外大街4号	100000	小B	000-00000000	000-00000000	press@press2.com.cn
4	003	电子工业出版社	北京市万寿路南口金家村288号	100000	小C	000-00000000	000-00000000	press@press3.com.cn
5	004	机械工业出版社	中国北京西城区百万庄大街22号	100000	小D	000-00000000	000-00000000	press@press4.com.cn
6	005	清华大学出版社	清华大学学研大厦A座	100000	小E	000-00000000	000-00000000	press@press5.com.cn

图8-5 导出到 Excel 表格

（三） 将数据库对象导出到 Word 文件中

Microsoft Office Word 具有强大的文字处理与排版功能，常常需要把一些数据嵌入到 Word 里，Access 2003 提供了将数据库对象导出到 Word 文件中的方法。

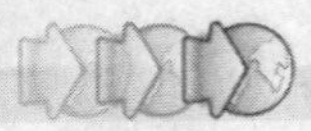

【操作步骤】

1. 启动 Access 2003。
2. 打开“教材管理”数据库。
3. 在“教材管理”数据库中，选择【表】选项，在右侧的列表框中选择【出版社】选项，单击打开(O)按钮，打开“出版社”表。
4. 选择菜单栏中的【工具】/【Office 链接】/【用 Microsoft Office Word 发布】命令，系统将自动产生一个与源数据对象同名的 Word 文件，如图 8-6 所示。

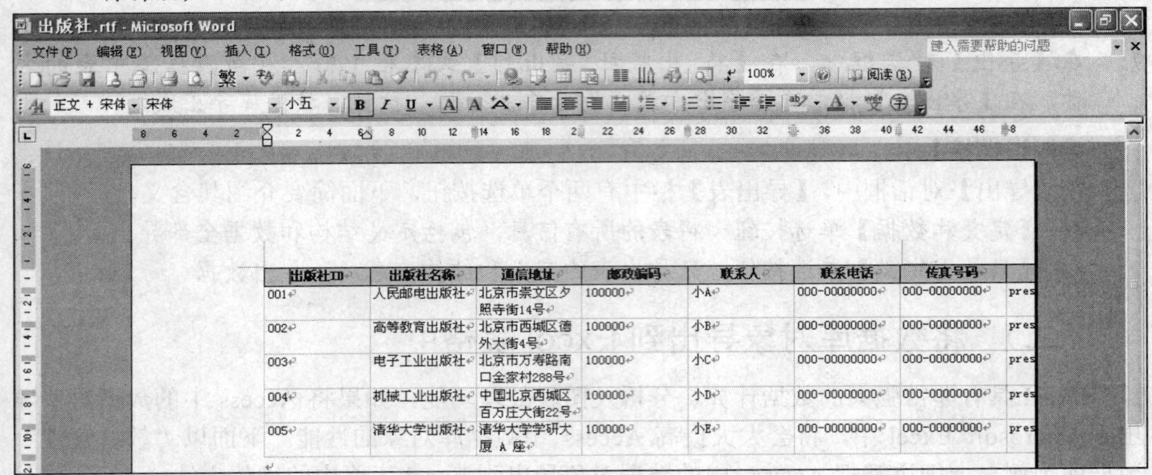

出版社ID	出版社名称	通信地址	邮政编码	联系人	联系电话	传真号码	
001	人民邮电出版社	北京市崇文区夕照寺街14号	100000	小A	000-00000000	000-00000000	pres
002	高等教育出版社	北京市西城区德外大街4号	100000	小B	000-00000000	000-00000000	pres
003	电子工业出版社	北京市万寿路南口金家村288号	100000	小C	000-00000000	000-00000000	pres
004	机械工业出版社	中国北京西城区百万庄大街22号	100000	小D	000-00000000	000-00000000	pres
005	清华大学出版社	清华大学学研大厦 A 座	100000	小E	000-00000000	000-00000000	pres

图8-6 导出为 Word 文件

（四） 将数据库对象导出到数据文件中

数据文件是许多高级语言数据存放的特有格式，如果将 Access 的数据表、查询中的数据导出到数据文件中，就可以实现 Access 中的数据与其他高级程序语言共享，从而提高工作效率。下面以“教材管理”数据库为例，详细讲解将数据库对象导出到数据文件中的操作方法。

【操作步骤】

1. 启动 Access 2003。打开“教材管理”数据库。
2. 在数据库窗口中，选择要导出的数据库对象并将其打开。例如，选择【查询】选项，打开“教材查询”对象，如图 8-7 所示。

教材查询：选择查询

教材ID	教材名称	作者	出版时间	定价
001	语文	张伟	2005-5-6	￥10.00
002	数学	李四	2008-9-1	￥55.00
003	英语	刘七	2009-1-1	￥32.00
004	政治	赵六	2000-5-6	￥21.00
005	历史	姚九	2009-6-1	￥18.00
006	化学	董五	2010-1-1	￥22.00
*				￥0.00

图8-7 打开“教材查询”对象

3. 选择菜单栏中的【文件】/【导出】命令，打开【将查询“教材查询”导出为】对话框，如图 8-8 所示。

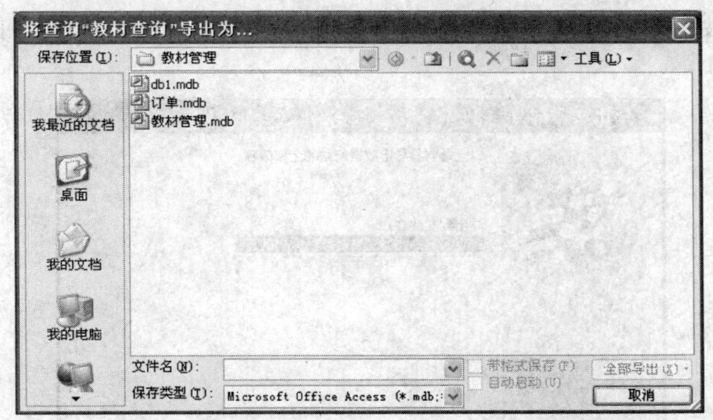

图8-8　导出文件对话框

4. 在【将查询“教材查询”导出为】对话框中，在【保存位置】下拉列表中设置保存位置，在【文件名】组合框中输入“教材信息”，将【保存类型】设置为文本文件(.txt)，如图8-9所示。

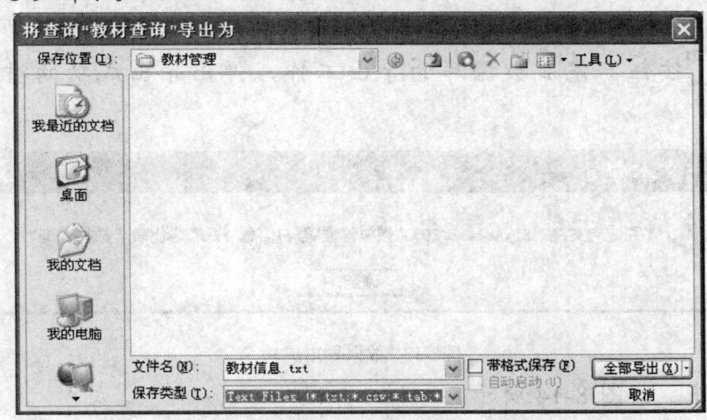

图8-9　导出设置

5. 单击【全部导出(X)】按钮，打开【导出文本向导】对话框，如图8-10所示。
6. 单击【下一步(N) >】按钮，打开【导出文本向导】第2个对话框，如图8-11所示。

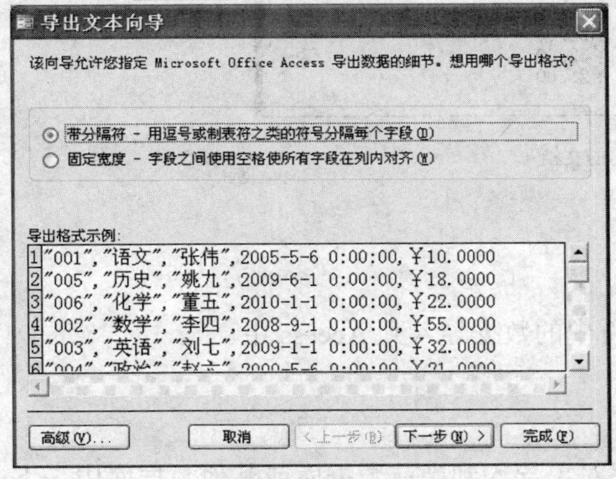

图8-10　导出文本向导

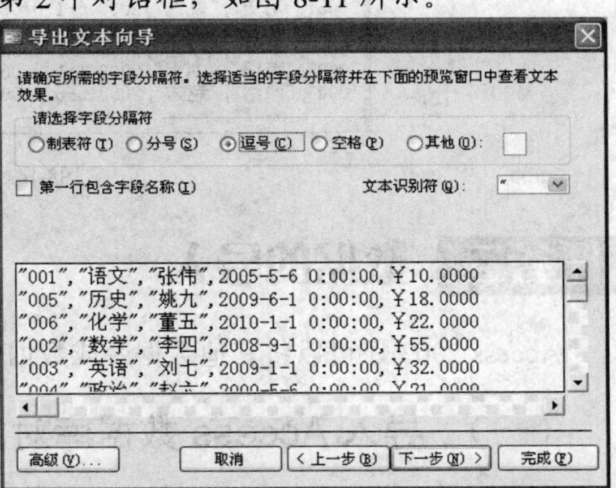

图8-11　选择字段分隔符

7. 单击下一步(N) >按钮，打开【导出文本向导】最后一个对话框，选择导出文件的位置，如图 8-12 所示。

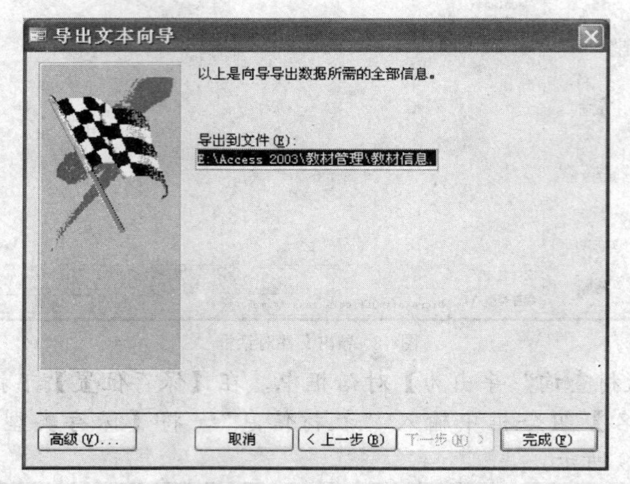

图8-12 选择导出位置

8. 单击 完成(F) 按钮，完成数据库的导出工作，弹出导出成功的对话框，如图 8-13 所示。

图8-13 数据导出成功

9. 打开导出的文件，如图 8-14 所示。

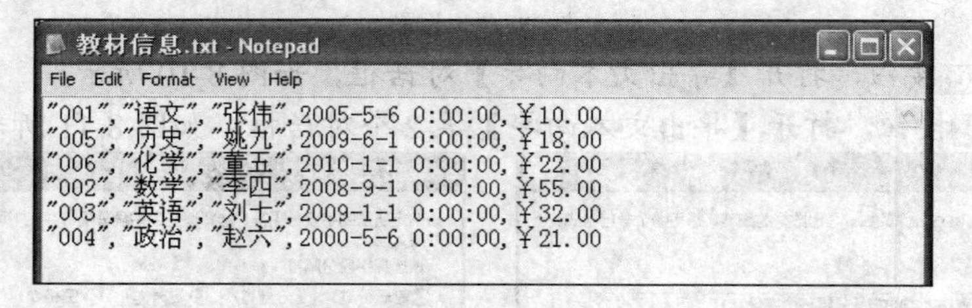

图8-14 导出的文档

任务二 数据的导入

Access 2003 还可以将其他数据库或数据文件中的数据导入到 Access 中。

（一） 导入 Access 数据库对象

在 Access 2003 中，可以将任何一种数据库对象导入到当前数据库或其他数据库中，下面把“订单”数据库中的“付款方式”表导入到“教材管理”数据库中。

【操作步骤】

1. 启动 Access 2003。
2. 打开“教材管理”数据库。
3. 选择菜单栏中的【文件】/【获取外部数据】/【导入】命令，弹出【导入】对话框，如图 8-15 所示。

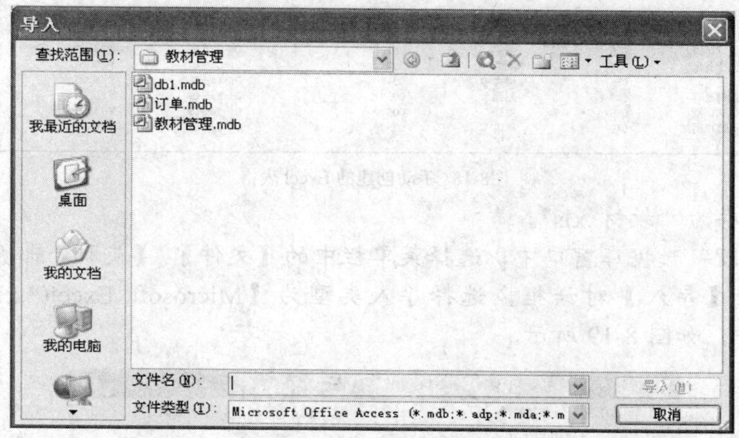

图8-15　【导入】对话框

4. 在【导入】对话框中，选择要导入的数据库（本示例选择“订单”数据库），单击 导入(M) 按钮，打开【导入对象】对话框，如图 8-16 所示。
5. 在【导入对象】对话框中有许多选项卡，可以从中选择要导入的数据源。打开【表】选项卡，选择【付款方式】选项，单击 确定 按钮，导入成功。
6. 图 8-17 所示是“教材管理”数据库“表”对象窗口，其中增加了“付款方式”表，说明导入成功。

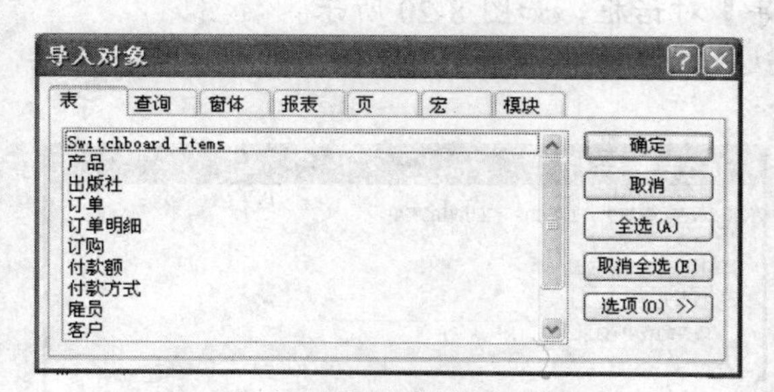

图8-16　【导入对象】对话框

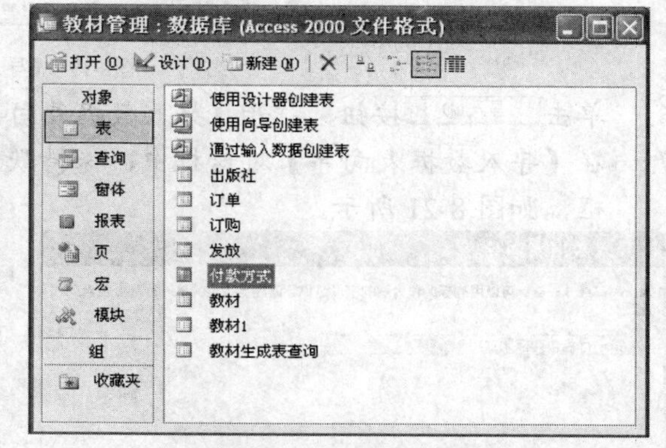

图8-17　“教材管理”数据库

（二）　导入 Excel 数据

Access 2003 可以从 Excel 中导入数据，下面详细讲解具体的操作步骤。

【操作步骤】

1. 启动 Access 2003。

2. 打开“教材管理”数据库。
3. 手动创建一个 Excel 表格，按照表格格式任意输入几组数据，如图 8-18 所示。

	A	B	C	D	E	F	G
1	教材ID	教材名称	ISBN	作者	出版社ID	出版时间	定价
2	015	大学英语	030	张倩	001	06-Oct-01	¥15.00
3	018	法律基础	053	刘荣	002	01-Oct-07	¥25.00
4	022	人工智能	055	何大坤	004	01-Aug-05	¥18.00
5	019	图像处理	088	赵四	003	06-Nov-09	¥20.00
6	025	模式识别	065	罗青	005	01-Jun-09	¥17.00
7	026	计算机网络	070	林琳	006	01-Jan-08	¥19.00

图8-18 手动创建的 Excel 表格

4. 将该表格保存为“教材.xls”。
5. 在“教材管理”数据库窗口中，选择菜单栏中的【文件】/【获取外部数据】/【导入】命令，打开【导入】对话框，选择导入类型为【Microsoft Excel(*.xls)】，选择【教材.xls】文件，如图 8-19 所示。

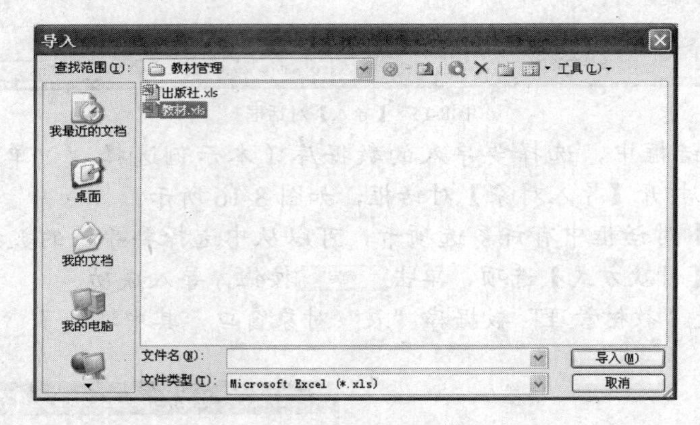

图8-19 【导入】对话框

6. 单击 导入(M) 按钮，打开【导入数据表向导】对话框，如图 8-20 所示。
7. 在【导入数据表向导】对话框中，保持默认选项，单击 下一步(N) > 按钮，打开下一个对话框，如图 8-21 所示。

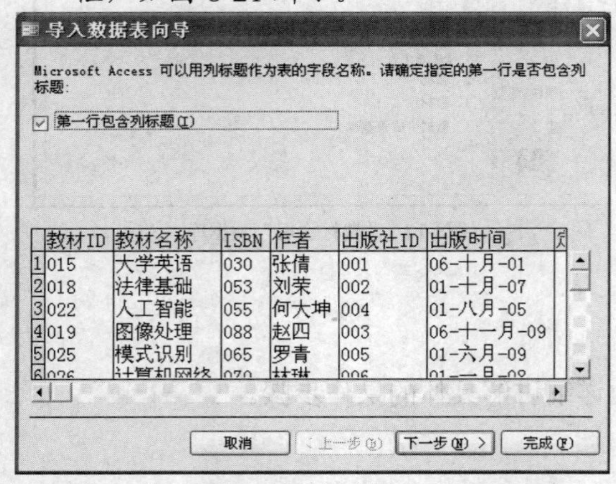

图8-20 导入数据表对话框

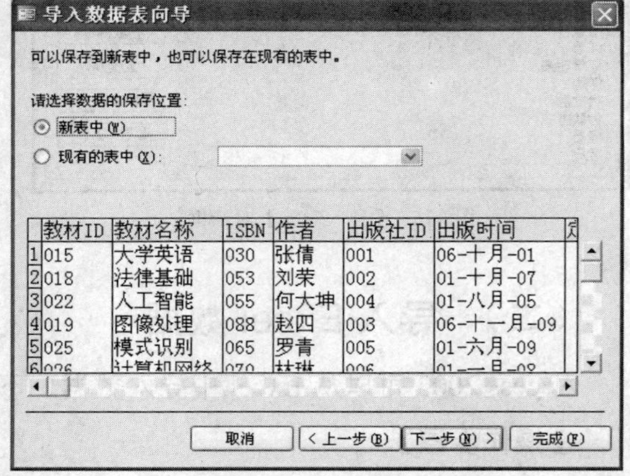

图8-21 选择保存位置

8. 在【请选择数据的保存位置】栏中，选中【现有的表中】单选按钮，在其右边的下拉列表中选择【教材】选项，如图 8-22 所示。
9. 单击 下一步(N) > 按钮，显示【导入数据表向导】最后一个对话框，如图 8-23 所示。

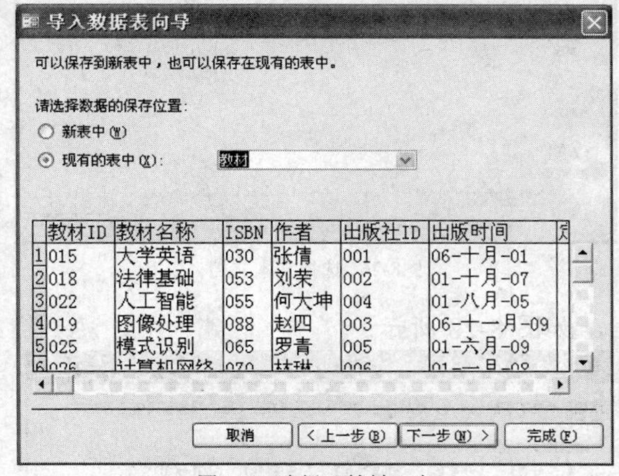

图8-22　选择“教材”表

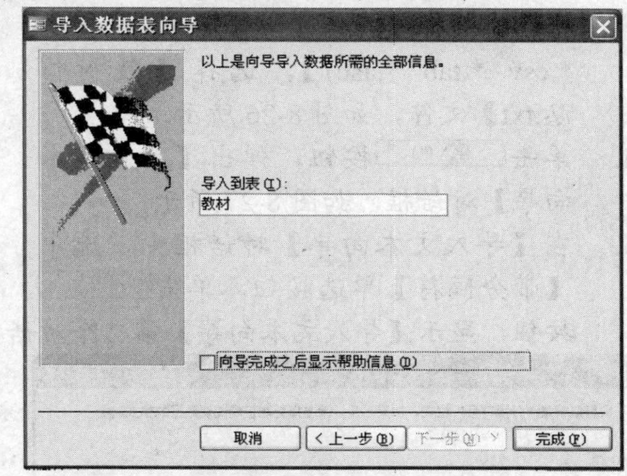

图8-23　导入表向导最后一个对话框

10. 单击 完成(F) 按钮，数据表导入完成。显示如图 8-24 所示的导入成功对话框。

图8-24　成功导入对话框

11. 打开“教材”表，选中的部分是刚刚导入的数据，如图 8-25 所示。

教材：表

教材ID	教材名称	ISBN	作者	出版社ID	出版时间	定价
001	语文	001	张伟	001	2005-5-6	¥10.00
002	数学	002	李四	002	2008-9-1	¥55.00
003	英语	003	刘七	004	2009-1-1	¥32.00
004	政治	004	赵六	003	2000-5-6	¥21.00
005	历史	005	姚九	005	2009-6-1	¥18.00
006	化学	006	董五	006	2010-1-1	¥22.00
015	大学英语	030	张倩	001	2001-10-6	¥15.00
018	法律基础	053	刘荣	002	2007-10-1	¥25.00
019	图像处理	088	赵四	003	2009-11-6	¥20.00
022	人工智能	055	何大坤	004	2005-8-1	¥18.00
025	模式识别	065	罗青	005	2009-6-1	¥17.00
026	计算机网络	070	林琳	006	2008-1-1	¥19.00
						¥0.00

图8-25　刚刚导入的数据

（三）　导入数据文件

Access 2003 还可以从文本文件中导入数据，但从文本文件中导入数据前，必须确保文本文件中的每一个字段（列）中都具有相同的数据类型，且每一行中也都有相同的字段，文本文件需要带分隔符或具有固定的宽度。下面把任务一中导出的文本文件（见图 8-14）导入到“教材管理”数据库中。

【操作步骤】

1. 启动 Access 2003。
2. 打开“教材管理”数据库。

3. 在“教材管理”数据库窗口中，选择菜单栏中的【文件】/【获取外部数据】/【导入】命令，打开【导入】对话框，选择导入类型为【Text files(*.txt *.csv *.tab *.asc)】，选择【教材信息.txt】文件，如图 8-26 所示。
4. 单击 导入(M) 按钮，弹出【导入文本向导】对话框，如图 8-27 所示
5. 在【导入文本向导】对话框中，选中【带分隔符】单选按钮，单击 下一步(N) > 按钮，显示【导入文本向导】第 2 个对话框，如图 8-28 所示。

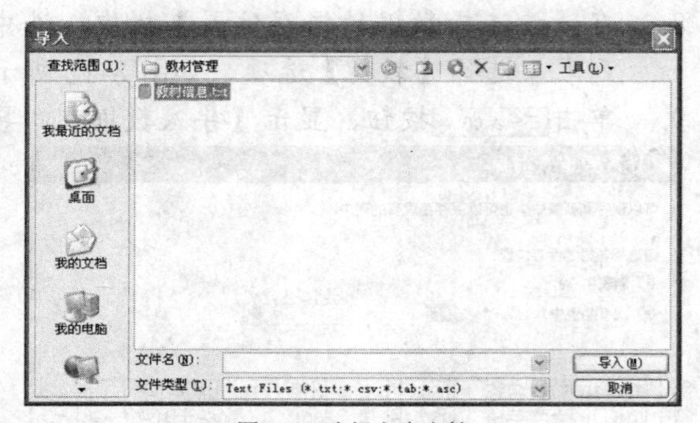

图8-26 选择文本文档

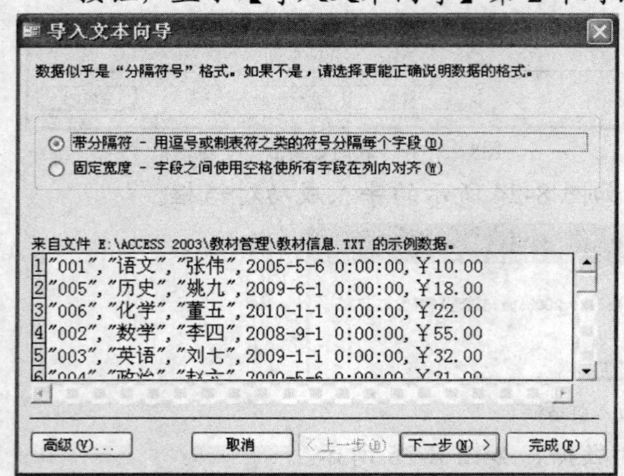

图8-27 导入文本对话框

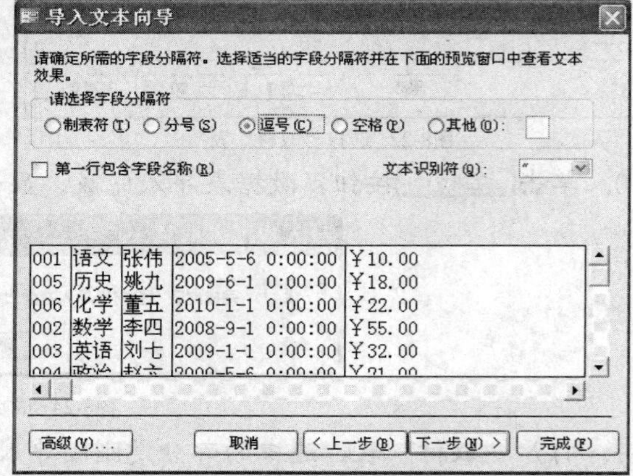

图8-28 导入文本向导

6. 在【导入文本向导】对话框中，在【请选择字段分隔符】栏中选中【逗号】单选按钮，单击 下一步(N) > 按钮，显示【导入文本向导】下一个对话框，如图 8-29 所示。
7. 在【请选择数据的保存位置】栏中选中【新表】单选按钮，单击 下一步(N) > 按钮，打开如图 8-30 所示的对话框。

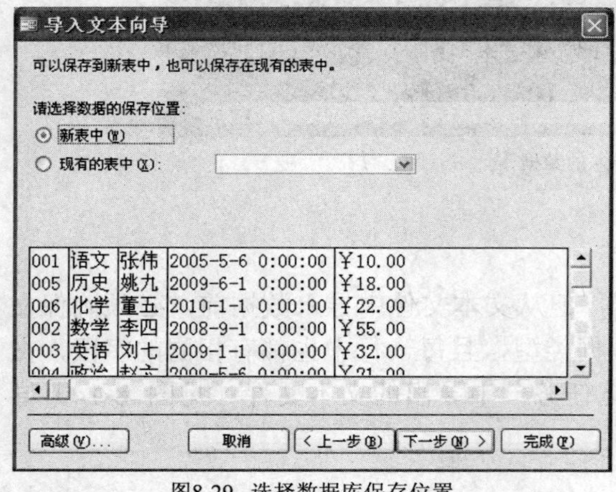

图8-29 选择数据库保存位置

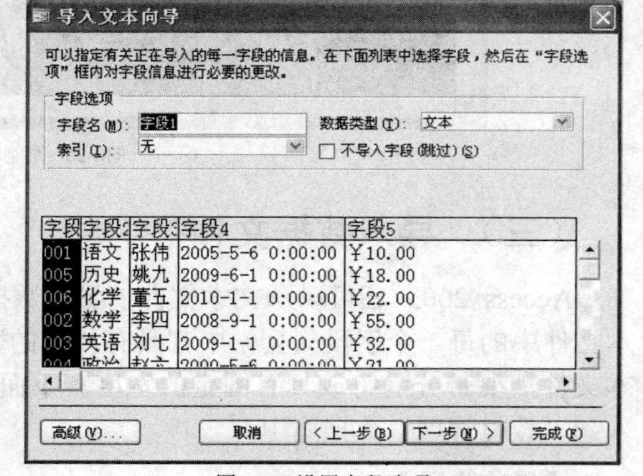

图8-30 设置字段选项

8. 设置好字段选项后，单击 下一步(N) > 按钮，打开下一个对话框，如图 8-31 所示。

9. 在该对话框中，选中【我自己选择主键】单选按钮，在其右边的下拉列表中选择【字段 1】选项，单击 下一步(N) > 按钮，打开下一个对话框，如图 8-32 所示。

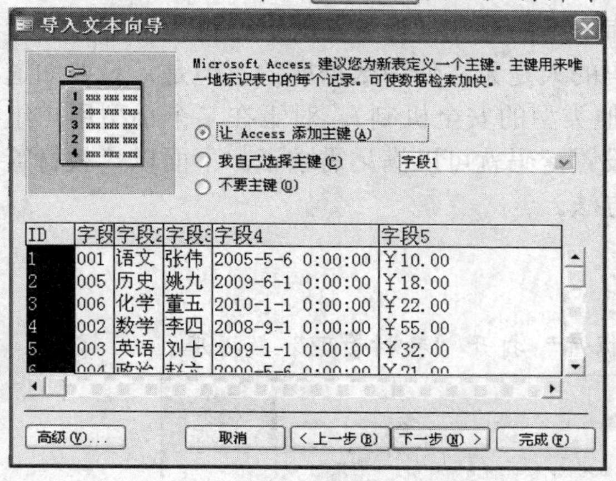

图8-31 定义主键

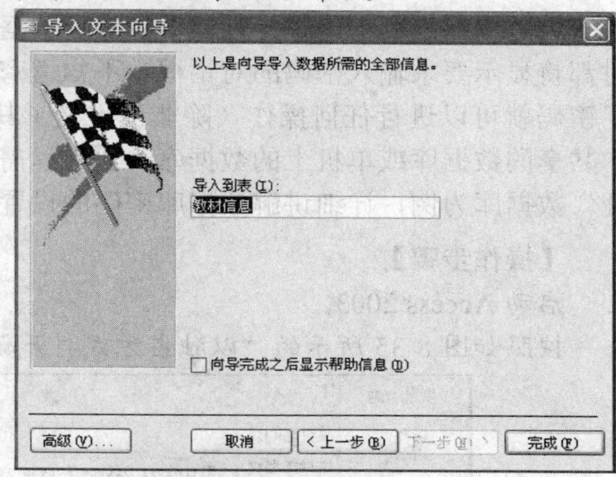

图8-32 定义表的名称

10. 在【导入到表】文本框中输入表的名称，单击 完成(F) 按钮，数据导入成功，显示如图 8-33 所示的提示信息。

图8-33 导入成功

11. 打开刚刚导入数据的“教材信息”表，如图 8-34 所示。

教材信息：表

字段1	字段2	字段3	字段4	字段5
001	语文	张伟	2005-5-6	￥10.00
002	数学	李四	2008-9-1	￥55.00
003	英语	刘七	2009-1-1	￥32.00
004	政治	赵六	2000-5-6	￥21.00
005	历史	姚九	2009-6-1	￥18.00
006	化学	董五	2010-1-1	￥22.00

图8-34 导入的教材信息表

任务三 数据库安全机制

一个 Access 2003 数据库建立起来以后，在默认状态下是对所有用户开放的，任何人都拥有数据库的所有操作权限（如数据库的查询、修改和删除等），这样很容易由于不合理、不合法的使用和操作造成数据泄露、更改或破坏，所以采取一些措施来保护数据库的安全是非常必要的。

Access 2003 提供了多种措施来保护数据库的安全，按照从高到低的安全级划分，可分为编码/解码、在数据库窗口中显示或隐藏对象、使用启动选项、使用密码、使用用户级安全机制等。本任务只介绍关于密码设置以及用户和组的安全权限管理的方法。

（一） 设置用户密码

为数据库设置密码是一种简单的保护数据库安全的办法。设置密码后，每次打开数据库时都将显示要求输入密码的对话框。不知道密码的人是无法使用数据库的。但是，只要知道了密码就可以进行任何操作（除非已定义了其他类型的安全机制）。对于在某个小型用户组中共享的数据库或单机上的数据库，通常只需设置密码就可以满足需求了。下面以“教材管理”数据库为例，详细讲解数据库密码的设置方法。

【操作步骤】

1. 启动 Access 2003。
2. 按照如图 8-35 所示的“以独占方式打开数据库”打开“教材管理”数据库。

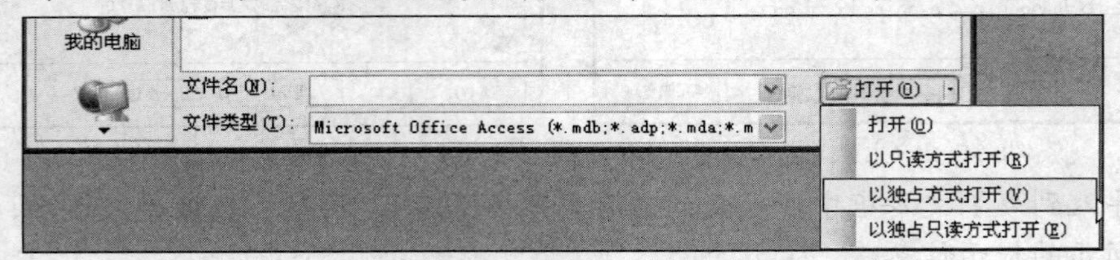

图8-35 以独占方式打开数据库

3. 选择菜单栏中的【工具】/【安全】/【设置数据库密码】命令，打开【设置数据库密码】对话框，如图 8-36 所示。
4. 在【设置数据库密码】对话框中，在【密码】和【验证】文本框中输入相同的密码，单击 确定 按钮，密码设置完成。
5. 重新打开“教材管理”数据库时，出现【要求输入密码】对话框，如图 8-37 所示。

图8-36 【设置数据库密码】对话框

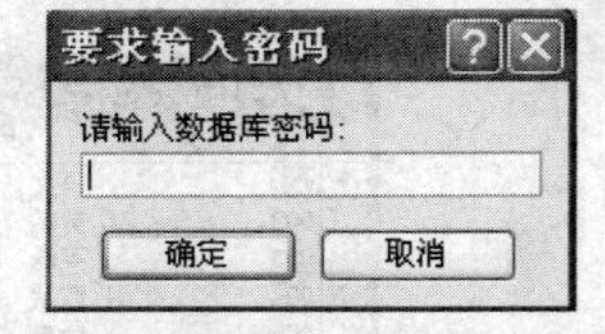

图8-37 【要求输入密码】对话框

6. 此时，只有在该对话框中输入正确的密码以后才能使用该数据库。

要点提示 一定要牢记为数据库设置的密码，否则就再也无法打开该数据库了。

（二） 撤销用户密码

在 Access 2003 中，既可以设置密码，又可以撤销密码。下面以撤销为“教材管理”数据库设置的密码为例进行讲解。

【操作步骤】

1. 启动 Access 2003。
2. 打开“教材管理”数据库时，出现如图 8-37 所示的对话框，要求输入密码才能打开数据库，正确输入密码后才能进入“教材管理”数据库。

3. 选择菜单栏中的【工具】/【安全】/【撤销数据库密码】命令，弹出【撤销数据库密码】对话框，如图8-38所示。
4. 在【撤销数据库密码】对话框的【密码】文本框中输入数据库的密码，单击 确定 按钮，密码撤销成功。

图8-38 撤销数据库密码

（三） 用户级安全机制

在 Access 2003 中，一旦知道了用户为一个数据库设置的密码，在没有其他安全设置的情况下，就可以拥有该数据库操作的所有权限，因此有必要进一步加强用户安全机制的设置，最灵活、最广泛的方法是用户级安全机制。该机制建立对数据库敏感数据和对象的不同访问级别，每个用户的访问级别必须有唯一的身份标识。

用户要使用以用户级安全机制保护的数据库，必须在启动 Access 2003 时先输入密码，然后，Access 2003 会根据该用户的权限对其进一步操作进行限制。下面以“教材管理”数据库为例，详细讲解用户级安全机制的设置方法。

【操作步骤】

1. 启动 Access 2003。
2. 打开“教材管理”数据库。
3. 选择菜单栏中的【工具】/【安全】/【用户与组账户】命令，弹出如图 8-39 所示的【用户与组账户】对话框。
4. 单击【组】选项卡，此时从【名称】下拉列表中可以看到两个默认的组，如图 8-40 所示。

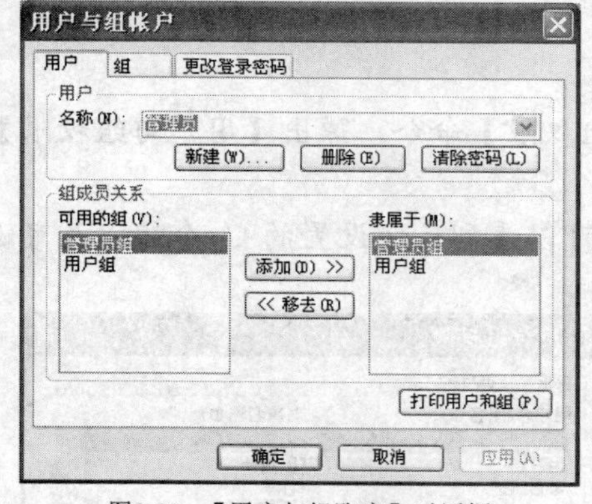

图8-39 【用户与组账户】对话框

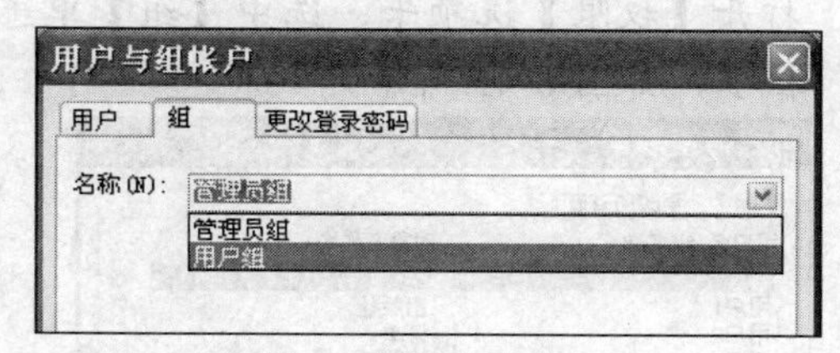

图8-40 【组】选项卡

5. 单击 新建(W)... 按钮，弹出【新建用户/组】对话框，如图 8-41 所示。
6. 在【名称】文本框中输入“数据维护”，在【个人 ID】文本框中输入“sjwh”，如图 8-42 所示，单击 确定 按钮，用户组创建完成。

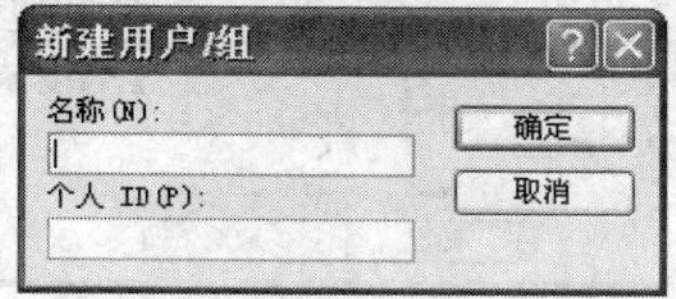

图8-41 【新建用户/组】对话框

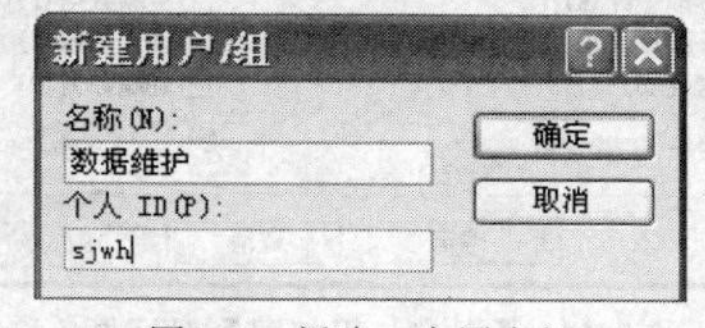

图8-42 新建一个用户组

下面再添加 3 个用户。

7. 打开【用户与组账户】对话框中的【用户】选项卡，如图 8-43 所示。

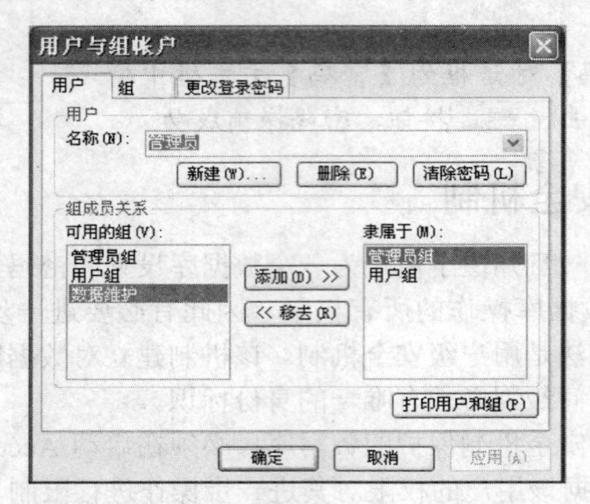

图8-43 【用户】选项卡

8. 单击 新建(W)... 按钮，弹出【新建用户/组】对话框，创建 3 个用户，名称分别为用户 1、用户 2、用户 3，个人 ID 分别为 user1、user2、user3。
9. 单击 确定 按钮，用户创建完成。

（四） 设置用户与组的权限

在 Access 2003 的数据库中，可以对不同的用户与组赋予不同的权限，操作步骤如下。

【操作步骤】

1. 启动 Access 2003。
2. 打开“教材管理”数据库。
3. 选择菜单栏中的【工具】/【安全】/【用户与组权限】命令，弹出【用户与组权限】对话框，如图 8-44 所示。
4. 打开【权限】选项卡，选中【组】单选按钮，可以看到已经设置的 3 个组以及可选的权限，如图 8-45 所示。

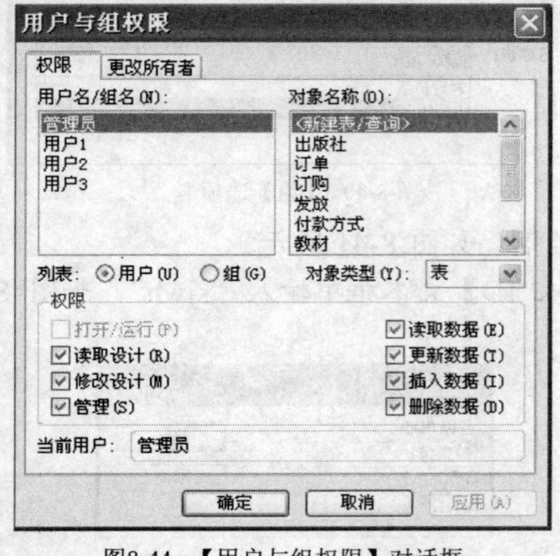

图8-44 【用户与组权限】对话框

图8-45 【权限】选项卡

5. 在【权限】选项卡中，可以根据不同的需求选择相应的权限。同理，选中【用户】单选按钮（见图 8-44），可以根据不同的需求对不同的用户赋予相应的权限。

任务四　数据库的压缩、修复和备份

在使用数据库的过程中，需要不断地对数据库的各种对象进行添加、删除和修改操作。如果不加以整理，会导致数据库占用的磁盘空间支离破碎，难以维护。为此需要定期对数据库进行压缩、修复和备份操作。Access 2003 提供了强大的数据库压缩、修复和备份功能。

压缩数据库实际上是复制该文件，并重新组织在磁盘上的存储方式，经过压缩后的数据库，其性能可以得到很大程度的提高，从而优化了数据库的性能。

（一）　数据库的压缩和修复

【操作步骤】

1. 启动 Access 2003。
2. 打开“教材管理”数据库。
3. 在“教材管理”数据库窗口中，选择菜单栏中的【工具】/【选项】命令，弹出【选项】对话框，在该对话框中选择【常规】选项卡，勾选【关闭时压缩】复选框，如图 8-46 所示，然后单击 确定 按钮，数据库压缩设置完成。

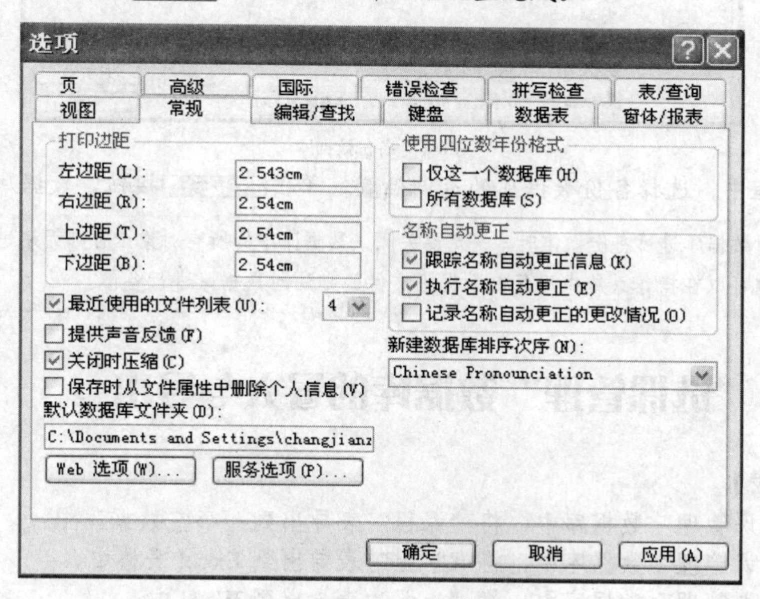

图8-46　【选项】对话框

4. 在多数情况下，在试图打开 Access 2003 数据库文件时，Access 2003 会自动检测该文件是否损坏。如检测到损坏，就会提供数据库修复选项。

说明

选择菜单栏中的【工具】/【数据库使用工具】/【压缩和修复数据库】命令，也可以对数据库进行压缩和修复。

（二） 数据库的备份

定期对数据库进行备份是一个好的习惯，以便当数据库损坏时可以用备份数据库进行修复。数据库的备份指的是将整个数据库的所有对象及数据进行备份。下面以“教材管理”数据库为例，详细讲解数据库备份的操作步骤。

【操作步骤】

1. 启动 Access 2003。
2. 打开“教材管理”数据库。
3. 选择菜单栏中的【文件】/【数据库备份】命令，弹出如图 8-47 所示的【备份数据库另存为】对话框。

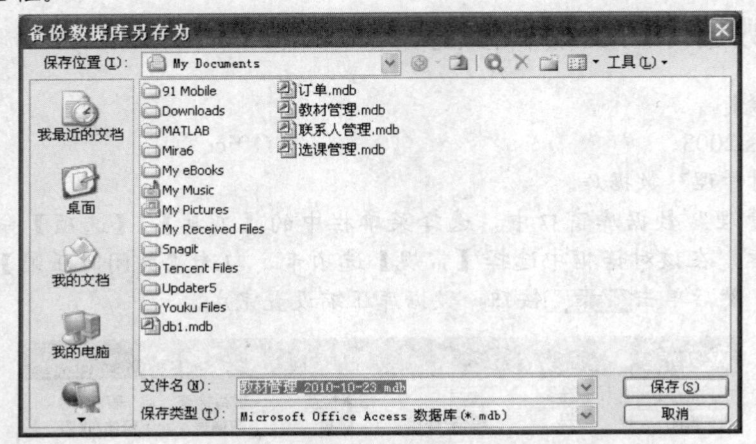

图8-47 备份数据库

4. 在该对话框中，选择备份数据库的存储位置，单击 保存(S) 按钮，数据库备份成功。

① 对数据库进行备份操作时，一定要关闭该数据库中的所有对象，否则无法进行备份操作。

② 也可以在操作系统中用复制数据库文件的方法对数据库进行备份。

实训一 “选课管理”数据库的导入与导出

【实训要求】

- 在“选课管理”数据库中，将“课程”表导出到一个空数据库中。
- 在“选课管理”数据库中，将“学生”表导出到 Excel 表格中。
- 在“选课管理”数据库中，将“选课”表导出到 Word 中。
- 从外部数据库向“选课管理”数据库导入一个“课程”表。
- 新建一个与“学生”表字段相同的 Excel 表格，任意添加几组数据，将该 Excel 表格中的数据导入到在“选课管理”数据库的“学生”表中。

【步骤提示】

1. 启动 Access 2003。

2. 新建一个名为“新选课管理”的空数据库。
3. 打开“选课管理”数据库。
4. 在“选课管理”数据库中，选择【表】选项，在右侧的列表框中选择【课程】选项。
5. 选择菜单栏中的【文件】/【导出】命令，弹出【将“选课管理”导出为】对话框，在其中选择“新选课管理”数据库。
6. 在【将表“课程”导出为】对话框中，在【文件名】组合框中输入“新选课数据库”，单击 导出(X) 按钮，弹出【导出】对话框。在该对话框中输入“课程表”，然后单击 确定 按钮，数据库表导出成功。
7. 在“选课管理”数据库中，选择【表】选项，在右侧的列表框中选择【学生】选项，单击 打开(O) 按钮，打开“学生”表。
8. 选择菜单栏中的【工具】/【Office 链接】/【用 Microsoft Office Excel 分析】命令，系统将自动产生一个与源数据对象同名的Excel文件。导入Excel表格完成。
9. 在“选课管理”数据库中，选择【表】选项，在右侧的列表框中选择【选课】选项，单击 打开(O) 按钮，打开“选课”表。
10. 在数据库窗口中，选择菜单栏中的【工具】/【Office 链接】/【用 Microsoft Office Word 发布】命令，系统将自动产生一个与源数据对象同名的Word文件。
下面完成导入的操作。
11. 打开“选课管理”数据库。
12. 选择菜单栏中的【文件】/【获取外部数据】/【导入】命令，系统会自动弹出一个【导入】对话框。
13. 在【导入】对话框中，选择要导入的数据库，本示例选择“选课管理”数据库，单击 导入(M) 按钮，打开【导入对象】对话框。
14. 在【导入对象】对话框中，打开【表】选项卡，选择【课程】选项，单击 确定 按钮，导入成功。
15. 在Excel中按照“学生”表的字段结构编辑一个表格，任意输入几组数据。
16. 在“选课管理”数据库窗口中，选择菜单栏中的【文件】/【获取外部数据】/【导入】命令，打开【导入】对话框，选择导入类型为【Microsoft Excel(*.xls)】，选择【学生.xls】文件。
17. 单击 导入(M) 按钮，打开【导入数据表】对话框，保持默认选项，单击 下一步(N) > 按钮，打开下一个对话框。在【数据保存位置】下拉列表中选择【现有的表中】选项，在后面的下拉列表中选择【学生】选项。
18. 单击 下一步(N) > 按钮，显示【数据表导入向导】最后一个对话框，单击 完成(F) 按钮，数据表导入完成。打开“学生”表，即可看到导入的数据。

实训二　设置与撤销“选课管理”数据库的密码

【实训要求】

在“选课管理”数据库中设置与撤销数据库密码。

【步骤提示】

1. 启动 Access 2003。
2. 通过“以独占方式打开数据库”打开“选课管理”数据库。
3. 选择菜单栏中的【工具】/【安全】/【设置数据库密码】命令，打开【设置数据库密码】对话框。
4. 在【设置数据库密码】对话框中，在【密码】和【验证】文本框中输入相同的密码，单击确定按钮，密码设置完成。
5. 重新打开“选课管理”数据库，出现【要求输入密码】对话框。
6. 选择菜单栏中的【工具】/【安全】/【撤销数据库密码】命令，弹出【撤销数据库密码】对话框。
7. 在【密码】文本框中输入为数据库设置的密码，单击确定按钮，密码撤销成功。

实训三 设置用户与“数据维护”组的权限

【实训要求】

在“选课管理”数据库中，添加一个“数据维护”组和 3 个用户，分别设置他们的权限。

【步骤提示】

1. 启动 Access 2003。
2. 打开“选课管理”数据库。
3. 选择菜单栏中的【工具】/【安全】/【用户与组账户】命令，弹出【用户与组账户】对话框。
4. 选择【组】选项卡，单击新建(W)...按钮，弹出【新建用户/组】对话框。
5. 在【新建用户/组】对话框中，在【名称】文本框中输入“数据维护”，在【个人 ID】文本框中输入“sjwh”，单击确定按钮，用户组创建完成。

   下面再添加 3 个用户。
6. 打开【用户与组账户】对话框中的【用户】选项卡。
7. 单击新建(W)...按钮，弹出【新建用户/组】对话框，创建 3 个用户，名称分别为用户 1、用户 2、用户 3，个人 ID 分别为 user1、user2、user3。
8. 单击确定按钮，用户创建完成。
9. 选择菜单栏中的【工具】/【安全】/【用户与组权限】命令，弹出【用户与组权限】对话框。
10. 在【用户与组权限】对话框中，打开【权限】选项卡，选中【组】单选按钮，可以看到已经设置的 3 个组以及可选的权限。
11. 在【权限】选项卡中，可以根据不同的需求选择权限。同理，选中【用户】单选按钮，可以根据不同的需求对不同的用户赋予不同的权限。

实训四　对“选课管理”中的数据进行压缩、修复和备份

【实训要求】

对“选课管理”中的数据进行压缩、修复和备份操作。

【步骤提示】

1. 启动 Access 2003。
2. 打开“选课管理”数据库。
3. 在“选课管理”数据库窗口中，选择菜单栏中的【工具】/【选项】命令，弹出【选项】对话框，在该对话框中打开【常规】选项卡，勾选【关闭时压缩】复选框，然后单击 确定 按钮，数据库压缩设置完成。
4. 在多数情况下，在试图打开 Access 2003 数据库文件时，Access 2003 会自动检测该文件是否损坏，如果发现有损坏，就会提供数据库修复选项。
5. 选择菜单栏中的【文件】/【数据库备份】命令，在打开的【备份数据库另存为】对话框中，选择备份数据库的存储位置，单击 保存(S) 按钮，数据库备份成功。

项目拓展　“网上书店”数据库的管理

【实训要求】

打开“网上书店”数据库，导出其中“出版社”、“用户”和“订单”表的结构以及数据，并将表结构与数据分别导入到 Excel 中。设置数据库的密码、分组和权限，对“网上书店”中所有的数据进行压缩，之后进行备份。

【步骤提示】

1. 将“出版社”、“用户”和“订单”表的结构和数据分别导出。
2. 将表结构与数据分别导入到 Excel 中。
3. 选择菜单栏中的【工具】/【安全】/【设置数据库密码】命令，设置密码，之后对该数据库设置用户分组并对访问权限做出限定。
4. 选择菜单栏中的【工具】/【选项】命令，之后对数据进行压缩和备份。

思考与练习

一、简答题

1. 数据库管理的意义是什么？
2. 数据库导出有哪几种方法？
3. 如何将 Excel 中的工作表导入到数据库中？
4. 数据可以从 Word 中导入到数据库中吗？
5. 为什么要为数据库设置密码？

6. 数据库备份有哪几种方法？

二、操作题

1. 在“员工工资管理”数据库中，把“员工”表导出到 Excel 表中。
2. 在“员工工资管理”数据库中，把“工资”表导出到 Word 文件中。
3. 设置和撤销“员工工资管理”数据库的密码。
4. 设置“员工工资管理”数据库中用户的权限。
5. 对“员工工资管理”数据库进行压缩、修复和备份操作。